MITTEILUNGEN

der

Geographischen Gesellschaft in Hamburg

Bd. XLV.

Im Auftrage des Vorstandes herausgegeben

von

Prof. Dr. Rudolf Lütgens
Mitglied des Vorstandes

Mit 6 Textfiguren und 13 Tafeln.

HAMBURG
1937
Kommissions-Verlag:
Friederichsen, de Gruyter & Co. m. b. H.

Druck von Hammerich & Lesser, Hamburg-Altona

Vorwort.

Der 45. Band sollte an erster Stelle ursprünglich den zweiten Teil der Geographie von Süd- und Mittelguatemala von Herrn Professor Dr. Termer bringen. Wechsel des Wohnsitzes und starke berufliche Inanspruchnahme im neuen Amt bedingen leider eine Verzögerung der Fertigstellung der Arbeit. Um nun trotzdem den Mitgliedern und den zahlreichen Tauschbeziehern einen neuen Band bieten zu können, hat sich der Vorstand entschlossen, den jetzt vorliegenden 45. Band mit den außerdem zur Veröffentlichung angenommenen Beiträgen erscheinen zu lassen.

Die Wiedergabe der Gedenkworte von Herrn Rudolph Helm (Hamburg) für den hamburger Afrikaforscher Dr. A. Roscher erfüllt die Ehrenpflicht der Gesellschaft, den 100. Geburtstag des im Dienste der geographischen Wissenschaft Frühvollendeten und seine Leistungen nicht zu vergessen.

Besonderes Interesse wird bei allen unseren Mitgliedern die stark heimatkundliche Untersuchung von Herrn Professor Dr. O. Jessen (Rostock) über „Die Heckenlandschaften im nordwestlichen Europa" finden. Es dürfte nicht allgemein bekannt sein, daß unsere heimische „Knick"landschaft zur Hauptsache erst im Zusammenhang mit der Koppelwirtschaft und der Separation im achtzehnten Jahrhundert entstanden ist.

Die alte Tradition der Geographischen Gesellschaft Hamburg, Forschungen in den befreundeten iberoamerikanischen Ländern zu fördern, wird durch die Arbeit von Herrn Dr. Arnold Schultze (Ambato, Ecuador) fortgeführt. Das Problem der Waldverwüstung und deren Folgen ist in der Gegenwart in manchen Ländern brennend, so daß eine auf sorgfältige Beobachtung gestützte, lebensfrische Darstellung ihren praktischen Wert schon in sich trägt. Darüber hinaus birgt der Beitrag die wissenschaftliche Frage der Landschaftswandlung von Regenwaldgebieten. Herr Professor Passarge, der in dankenswerter Weise für den fernweilenden Verfasser die Fertigstellung und Druckaufsicht übernommen hat, weist in seinem Geleitwort darauf hin.

Wie seit Jahren hat die hamburgische Kultur- und Schulbehörde (Hochschulwesen) wieder durch ihre Jahresbeihilfe das Erscheinen dieses Bandes mit unterstützt. Ihr gebührt auch an dieser Stelle der Dank der Gesellschaft.

Hamburg, November 1937. Rud. Lütgens.

Es ist eine Ehrenpflicht der Geographischen Gesellschaft in Hamburg, in ihrer ersten Allgemeinen Sitzung nach dem hundertjährigen Geburtstag von Dr. Albrecht Roscher des Afrikaforschers zu gedenken, der im Oktober 1859 im jugendlichen Alter von 23 Jahren als erster Europäer den Nyassa-See entdeckte, den die Eingeborenen den Nyassa Mkubwa oder das große Binnenmeer nennen.

Ich muß ehrlich gestehen, daß mir als altem Hamburger, dem Ostafrika seit 44 Jahren ein wohlvertrautes Land ist, während meines Aufenthaltes in Ostafrika nicht bekanntgeworden ist, daß nicht Livingstone, wie es noch heute im Konversationslexikon heißt, sondern der Hamburger Albrecht Roscher, der Bruder des bekannten Hamburger Senators Dr. Heinrich Roscher, als erster Europäer unter sehr erschwerten Umständen den See erreichte.

Es bleibt ein großer Verlust von Hamburg und für sein deutsches Vaterland, daß der körperlich und geistig aufs beste vorbereitete Forscher am 20. März 1860 in der Nähe des Nyassa-Sees, während er friedlich in einer Negerhütte schlief, das Opfer eines Meuchelmordes durch Giftpfeil werden mußte, und daß die Früchte seiner mühsamen Arbeit, der Tagebücher, seiner wissenschaftlichen Aufzeichnungen und seiner Karten von seinem überlebenden schwarzen Diener nicht haben gerettet werden können.

Roscher, dessen ganzes Streben schon in seiner Schulzeit auf dem Hamburger Johanneum dem damals schwarzen Erdteil zugewandt war, der schon als Zwanzigjähriger eine kritische Schrift über die Erforschung des Niger verfaßte, hat schon 1856 ein Werk über Ptolemäus und die Handelsstraßen in Zentralafrika herausgebracht.

Richtig hatte Roscher erkannt, daß die Insel und Stadt Zanzibar, der Sitz des Sultans, als Stapelplatz den Handel an der Ostküste beherrschte, und daß von der gegenüberliegenden Küste sogenannte Karawanenstraßen strahlenförmig nach allen Richtungen in das Innere des Kontinents gingen. Für die Wahl von Zanzibar sprach aber auch mit, daß in Zanzibar schon damals drei Hamburger Firmen kaufmännische Niederlassungen hatten, und daß der deutsche Handel in Ostafrika einen starken Einfluß ausübte. So machte Roscher der Forschung diesen Stützpunkt zunutze. Der Sultan von Zanzibar beherrschte damals die Ostküste von Cap Gardafui bis zum

Cap Delgado. An den größeren Plätzen der Küste hatte er Verwalter eingesetzt, die Liwalis genannt wurden, und in denen, was für den Säckel des Sultans wesentlich war, auch Zolleinnehmer waren. An den Küstenplätzen unterhielt der Sultan eigenes Militär. Die tatsächliche Macht des Sultans ging aber nicht weit über die Küstenplätze hinaus, und auf den Karawanenstraßen nahmen die Waren- und Sklavenhandel betreibenden Araber das Recht des Raubritters für sich in Anspruch.

Es spricht für das wissenschaftliche und persönliche Ansehen des jungen Roscher, daß der König Max von Bayern die Forschungsreise geldlich unterstützte, und daß auch Senat und Bürger sowie später auch die Handelskammer seiner Vaterstadt Hamburg trotz der erst gerade überwundenen Krisis von 1857 ihre Hilfe nicht versagten.

Roscher war für seine Reise gründlich vorbereitet. Neben den wissenschaftlichen Zielen war seine aus den ältesten Forschungen geschöpfte Absicht, neue Verkehrswege zu entdecken, die besonders dem deutschen Handel zugute kommen sollten.

Nach seiner Ankunft in Zanzibar machte Roscher sich durch längeren Aufenthalt auf der Insel mit Land und Leuten und der Sprache der Eingeborenen vertraut. Er benutzte seine Zeit, um die Fauna und Flora der Insel zu studieren.

Die Entdeckungsreise nach dem Nyassa-See, die seinem kurzen Leben ein Ende bereitete, war nur als Vorläufer von weiteren größeren Reisen auch nach den unbekannten Quellen des Nils gedacht. Eingeleitet wurde die Reise nach dem Nyassa-See durch einen Fußmarsch, den Roscher, von nur 6 Trägern begleitet, von der Zanzibar gegenüberliegenden Festlandsküste nach der 45 deutsche Meilen südlich gelegenen Stadt Kilwa antrat. Das Festland wurde damals von Europäern kaum betreten. Was Speke und Burton mißlang, erreichte Roscher, der das sumpfige Delta des Rufiji unter großen Gefahren erforschte.

Bevor Roscher endgültig von Kilwa abmarschierte, fuhr er auf dem Seewege mit einer arabischen Dhau nach Zanzibar zurück. Wer die Freuden und Leiden einer mehrtägigen Dhau-Reise kennt, weiß, daß sie in Erinnerung schön sein mag, häufig aber alles andere als ein Vergnügen ist. Die Reise von Zanzibar trat Roscher mit Fieber an, das er später durch eine Wasserkur heilte. Der Zusammenhang Mosquito-Anopheles und Malaria war noch nicht bekannt, wie auch das Chinin als Heilmittel noch nicht erfunden war.

Die Firma O'Swald in Zanzibar, bei der Roscher während seines ganzen Aufenthaltes wohnte und bei der er durch John Witt und durch den späteren Bürgermeister O'Swald weitgehende Unterstützung fand, rüstete ihn für seine Reise von Kilwa nach dem Nyassa-See aus, die er unter Führung des Arabers Salim bin Abdallah aus dem auch heute noch hoch geachteten Geschlecht der Masrui im März 1859 antrat. Der Araber, der sich trotz seiner vornehmen Abstammung durch Roscher bereichern wollte und ihn in Not und Krankheit im Stiche ließ, dürfte an dem traurigen Ausgang der Expedition wesentlich mit schuld sein. Trotz allen Ungemachs und aller Strapazen berichtet Roscher vom Nyassa-See begeistert, daß es kein schöneres Land gäbe als das des Nyassa, an dem er sich länger aufhalten wollte, um den Rückmarsch forschend über Mozambique vorzunehmen. Es sollte anders kommen. Als er den von Zanzibar nachgesandten Lasten entgegenmarschieren wollte, erreichte ihn am Rowuma das Verhängnis.

Von der Decken, der sich ihm hatte anschließen wollen, bei dessen Ankunft in Zanzibar aber die Todesnachricht schon vorlag, hat auch seine Spuren nicht erreicht. — Ein Zeitgenosse von Barth und Vogel, Krapp und Rebmann, sowie Livingstone, Speke und Burton, ein Mann, der die körperliche Eignung und das geistige Rüstzeug für einen großen Forscher hatte, ging dahin im Alter von nicht einmal 24 Jahren.

In weiteren 24 Jahren machte Peters die ersten kolonialen Erwerbungen, denen 1885 der kaiserliche Schutzbrief ausgestellt wurde. 1890 stand der Nyassa-See unter deutscher Kolonialverwaltung. Dem Hamburger Forscher Roscher ist der Hamburger Forscher Stuhlmann gefolgt, der Hamburger Vorkämpfer für die koloniale Frage, Zache, war Bezirksamtmann im deutschen Langenburg am Nyassa-See.

Auf den Wegen, die Roscher zum Nyassa-See gewandert ist, zogen in den neunziger Jahren aus dem damals aufblühenden Kilwa die Handelskarawanen der Araber und Inder, ausgerüstet durch deutsche Kilwa-Firmen, nach dem Nyassa-See mit Waren, die gegen Gummi und Elfenbein ausgetauscht wurden, deutsche Handelsniederlassungen wurden am Nyassa-See gegründet, und der Bau einer Bahn von Lindi nach dem Nyassa-See war geplant.

Die Handelsstraßen in Zentralafrika, die ein Ziel der Forschung von Roscher waren, wurden als feste Straßen für die langen Trägerkarawanen von der deutschen Regierung in Ostafrika fertiggestellt und fanden ihre Vollendung in der deutschen Zentralbahn von Daressalam nach Kigoma. Die englische Mandatsregierung konnte den weiteren Fortschritt der Technik ausnutzen, so daß heute in dem Lande, in dem man keine Entfernungen kennt, Autostraßen den Nyassa-See berühren und ihn auch über die Zentralbahn mit Daressalam verbinden. Deutsche Siedler pflanzen heute Kaffee am Nyassa-See und erwarten mit ihren Volksgenossen in Deutsch-Ostafrika, dem heutigen englischen Mandat, daß ihr Boden und die Kolonie wieder deutsch wird.

Im Rückblick auf die deutsche koloniale Tätigkeit gedenken wir des Dr. Albrecht Roscher, der im damals unerforschten Afrika als Pionier der Wissenschaft und Entdecker der Handelswege auch ein kolonialer Schrittmacher war. Deutschlands koloniale Zukunft aber liegt in den Händen unseres Führers.

Heckenlandschaften im nordwestlichen Europa

von

O. Jessen, Rostock.

Mit 4 Textkarten
und 2 Karten auf 2 Tafeln.

Inhalt.

Tafeln.

1. Einleitung.

Eine der interessantesten Formen der Feldeinfriedigung sind die „K n i c k s", auch „W a l l h e c k e n" oder „K a m p e n w ä l l e" genannt, Wälle aus Erde und Steinen, die mit Hecken aus Büschen und Bäumen bestanden sind und von mehr oder minder deutlich erhaltenen Gräben begleitet werden. Wer in Nordwestdeutschland war, wird die Knicks als einen bedeutsamen Bestandteil der Landschaft kennengelernt haben. Aber sie finden sich weit darüber hinaus in großen Teilen Dänemarks, der Niederlande, Belgiens, Westfrankreichs, Englands, Schottlands, Irlands, also des atlantischen Klimabereichs Europas. Hier im nordwestlichen Europa stehen sich überall das offene, ungehegte Land und das von einem dichten Netz von Feldeinfriedigungen überzogene „gehegte" Land (pays d'enclos) als zwei grundlegend verschiedene Erscheinungsformen der Kulturlandschaft gegenüber. Nach der Art der Einfriedigung wären wieder zu unterscheiden: die Grabenlandschaften der Marschen, Flußniederungen und Moore und die Wallheckenlandschaften mit vorwiegend echten Knicks oder doch verwandten Einfriedigungsarten, wie einfachen Hecken oder heckenlosen Wällen. Form und Ausdehnung der Einhegung sind auf den beigegebenen Karten dargestellt. Als Grundlage dienten die amtlichen topographischen Kartenwerke der verschiedenen Länder, mit Ausnahme der Britischen Inseln, wo andere Quellen herangezogen werden mußten, da die One inch-map (1 : 63 360) überhaupt keine Flurgrenzen enthält und auf den Six inch-Karten (1 : 10 560) wohl die Feldgrenzen bezeichnet sind, aber nicht klar zwischen den verschiedenen Arten von Feldeinfriedigungen unterschieden wird. Die folgenden Ausführungen sollen die Eigenart und heutige Verbreitung der Wallheckenlandschaften näher erläutern; sie werden aber auch die Frage nach deren Alter und Entstehung berühren, ein Problem, das landschaftskundlich und agrargeschichtlich von großem Reiz ist.

2. Knicks in Schleswig-Holstein und Mecklenburg.

Das Preußische Meßtischblatt unterscheidet sieben Einfriedigungsarten: Zaun, Drahtzaun, Mauer, trockener Graben, Hecke, Wall, Knick (kleiner Wall mit Hecke). Der Knick ist durch eine dünne geschlängelte Linie mit weitständiger Buschsignatur gekennzeichnet. Ihrer landschaftlichen und militärischen Bedeutung wegen sind die Knicks auch auf der Karte des Deutschen Reiches 1 : 100 000 eingetragen. Stimmen auch die Karten heute vielfach nicht mehr, da im Laufe der letzten 50 bis 60 Jahre viele Knicks abgetragen und durch Drahtzäune ersetzt worden sind, so hat sich doch deren allgemeines Verbreitungsgebiet nur unwesentlich geändert.

In keinem anderen Teile Deutschlands sind wohl die Knicks ein so charakteristisches Merkmal der Landschaft wie in Schleswig-Holstein (Taf. 1). Von den Geestrandhöhen im Westen erstrecken sie sich durch die Sandergebiete der Mitte und die Moränenlandschaften des Ostens bis nach Fehmarn und südwärts bis zu den Elbmarschen. Nur die Niederungen, Moore, Marschen, Waldbrüche und die Ödländereien sind frei davon. Über das ehemals lübische und lauenburgische Gebiet ziehen sie sich auch in das westliche Mecklenburg hinein: im Norden durch den knickreichen Kreis Ratzeburg bis in den fruchtbaren Klützer Winkel und Grevesmühlen, im Süden durch das Bauernland und Sandgebiet des Kreises Hagenow vereinzelt bis Ludwigslust und Lüblow. Erst dort gelangen die weiten offenen Fluren des Großgrundbesitzes voll zur Herrschaft.

Die Koppeln ringsum begrenzend und die Feldwege beiderseits begleitend schließen sich die Knicks in Schleswig-Holstein zu einem feingliedrigen Netz zusammen, das nur dort weitmaschiger ist, wo sich die großen gutsherrlichen Schläge zwischen den Bauernkoppeln breitmachen.[1]) Hohe Hecken aus Haselbüschen, Holunder, Hain- und Weißbuchen, Erlen, Birken, Weiden, Zwergeichen, Schlehdorn und sonstigen Buschpflanzen („Pathen"), im Frühling blüten-, im Herbst beerenreich, krönen die Wälle und geben der Landschaft ein waldiges Aussehen. Sie bilden den Sammelplatz für viele Insekten und Vögel, namentlich auch Singvögel. Bei dem typischen holsteinischen Knick ist der Wall auf jeder Seite von einem Graben begleitet, dem Hauptgraben auf der Außen- und dem Vorwallgraben auf der Innenseite der Koppel. Im ganzen sind nach G. Hanssen[2]) 16 Fuß in der Grundbreite erforderlich: 7 Fuß für den

[1]) Vgl. als Beispiel M.-Bl. 838 Bargteheide.

[2]) G. Hanssen, Agrarhistorische Abhandlungen. Bd. II. Leipzig 1880, S. 259.

Wall, 5 Fuß für den äußeren, 4 Fuß für den inneren Graben. Der Hauptgraben ist 4 Fuß, der Vorwallgraben 3 Fuß tief. Der Wall hat oben 4 Fuß Breite. Zwischen hohen Buschwänden führen die Feldwege, die „R e d d e r", wie man die Knickwege in Schleswig-Holstein nennt, dahin. Nur wo sich eines der charakteristischen Hecktore öffnet, sind Wall und Hecke unterbrochen. Will man abseits der Wege von einer Koppel zur andern, so muß man die sog. S t e g e l s, d. h. die aus wenigen Stufen hergestellten Wallübergänge und Durchschlüpfe aufsuchen. Die Knicks machen die Landschaft unübersichtlich und hindernisreich, beleben und verschönern sie aber auch zugleich. Die Natur ist, wie J. G. K o h l sagt, „in eine Menge kleiner Bilder", das Land in viele kleine Kammern zerlegt. Es gewährt einen überaus anheimelnden, friedlichen Anblick, auf den knickumhegten Feldern den Ackersmann bei der Arbeit und auf den grünen Koppeln das Vieh grasen oder im Schutze der Hecken sich ausruhen zu sehen.

Am schönsten ist die Knicklandschaft im O s t e n Schleswig-Holsteins entwickelt. Im Westen hemmen die heftigen Winde vielfach das Gedeihen des Busches, so z. B. auf der Dithmarscher Geest und in der Gegend von Tondern, wo man daher oft nur Gräben und Wälle antrifft. Ebenso auf den Geestinseln Nordfrieslands. Hier ist die Windwirkung so stark, daß zum Schutz der kleinen Gärten vielfach Schirmwände aus Reth errichtet werden. Bei Nieblum (Föhr) pflanzt man Fichten reihenweis in den G r ä b e n. In den Sand- und Heidegegenden der Mitte müssen die Wälle des lockeren Bodens wegen an den Seiten mit Heideplaggen befestigt werden, oder man verwendet Steinwälle. Auf solchen Sand- und Steinwällen gedeihen die Pathen auch nur kümmerlich[3]). Im Wiesen- und Moorgelände bezeichnen Gräben die Grenzen.

Obgleich die Knicks heute ein so allgemeines Kennzeichen der Landschaft bilden und vom Volk als ein echtes Stück Heimat empfunden werden, sind sie bekanntlich in Schleswig-Holstein doch erst im 18. und 19. Jahrhundert zu allgemeiner Verbreitung gelangt. Vordem waren zur Hauptsache tote Zäune aus Reisig im Gebrauch. Jedes Dorf hatte im ehemaligen Herzogtum Schleswig seinen „Hauptzaun" um die Feldmark und ferner die Feldzäune, welche die Wiesen vom Frühjahr bis zur Beendigung der Heuernte und das Ackerland in der Regel von der Zeit der Aussaat bis nach der Ernte vor dem Weidevieh schützten[4]). Diese toten Zäune

[3]) B r u h n s, Die Knicke der Herzogtümer Schleswig-Holstein usw. Eutin 1864.

[4]) F r. M a g e r, Entwicklungsgeschichte der Kulturlandschaft des Herzogtums Schleswig in historischer Zeit. Veröff. d. Schl.-Holst. Univ.-Ges. 25, I, Breslau 1930, S. 214.

wurden also alljährlich abgebrochen und wieder errichtet. Darüber, sowie über den Anteil jedes Landmannes an der Herstellung und Unterhaltung des gemeinsamen Zaunes gab es genaue Bestimmungen. Außerdem waren zum Schutz der Äcker Zäune entlang der Triftwege notwendig, auf denen jeden Morgen das Vieh vom Dorf nach der Weide getrieben wurde. Da sie für dauernd stehen blieben, hat man hierfür wohl auch lebende Hecken benutzt. Die Reisigzäune verbrauchten sehr viel Holz und Buschwerk, denn sie mußten oft ausgebessert und erneuert werden. Wohl verwendeten die Bauern in erster Linie das Unterholz, aber sie hieben auch von den jungen Eichen und Buchen die Zweige, ja, wohl gar die ganze Krone ab, so daß sich der Niederwald mehr und mehr ausbreitete. Dieser Holzvergeudung und Waldverkrüppelung vorzubeugen, waren nach Fr. Mager[5]) schon im 16. und 17. Jahrhundert energische Bestrebungen einzelner Grundherren im Gange, die toten Zäune abzuschaffen und durch Knicks, Steinwälle oder Gräben zu ersetzen. Es wurden genaue Bestimmungen über die Anlage von Knicks getroffen. Empfohlen wird die Bepflanzung mit Haselstauden, in nassen Gegenden mit Bindweiden. Der Ersatz der toten Zäune durch Knicks geht indessen sehr langsam vonstatten, so daß ein Verbot, tote Zäune anzulegen, erlassen und den Bauern vorgeschrieben werden muß, wieviel Faden lebende Zäunung sie alljährlich zu pflanzen haben[6]). Aber erst die Verkoppelung hat mit den toten Feldzäunen gänzlich aufgeräumt.

Wie in anderen Teilen Norddeutschlands war es auch in Schleswig-Holstein so, daß ursprünglich die Einfriedigungen nicht den Zweck hatten, das Vieh einzuschließen, sondern von bestimmten Stücken der Feldmark das Vieh und Wild fernzuhalten. Nicht die Weiden, sondern die Äcker und Gärten waren eingehegt. Als im 17. und Anfang des 18. Jahrhunderts die Milchwirtschaft in Schleswig-Holstein zunahm und viele Wiesen angelegt wurden, die Winterheu lieferten, mußten auch diese zum Schutze gegen die gemeine Weide mit Knicks umgeben werden[7]). Ebenso wurden bestimmte herrschaftliche Waldstücke durch Knicks vor dem Verbiß des bäuerlichen Weideviehs geschützt.

So gibt es schon seit langem Knicks in Schleswig-Holstein. Zu einem das ganze Land überspinnenden Netz verdichten sie sich aber doch erst im Gefolge zweier Maßnahmen, welche die gesamte Landwirtschaft auf eine völlig neue Grundlage stellten: der Einführung der Koppelwirtschaft

---

[5]) Fr. Mager, a. a. O. S. 219.

[6]) Ebendort S. 222.

[7]) P. v. Hedemann-Heespen, Zur Geschichte von Wiese und Knick. Z. Ges. f. Schl.-Holst. Gesch. Bd. 48. 1918, S. 384—86.

und der Separation. Mit dem Übergang der genossenschaftlichen Wirtschaftsweise zur Einzelwirtschaft Ende des 18. Jahrhunderts ergab sich die Notwendigkeit, daß jeder Hufner seine Besitzstücke von denen des Nachbarn trennte[8]). Die Ackerstücke wurden ausgetauscht, zusammengelegt und mit Wallhecken umgeben. Später wurden auch die Anteile aus der gemeinsamen Weide herausgenommen und eingehegt. Mit der Einkoppelung der Bauernstellen waren die Voraussetzungen zur allgemeinen Einführung der holsteinischen Koppelwirtschaft in den bäuerlichen Betrieben gegeben. Die alte Feldwirtschaft mit permanentem Ackerland wich der schlagmäßigen Feldgraswirtschaft. Auf mehrjährigen Getreidebau folgt in geregeltem Turnus die Weide. So mußten nun alle Äcker und Weiden eingefriedigt werden, und da fortan die Grenzen der einzelnen Schläge konstant blieben, war es das Gegebene, feste Wälle und lebende Hecken anzulegen. Das Vieh weidet seitdem frei auf den festumhegten Koppeln; Hüten oder „Tüdern" (Anpflocken) ist nicht mehr notwendig, zumal auch die Gemeinweide allmählich aufgeteilt wurde. Das Hirtenwesen ging um 1800 stark zurück; es hat sich nur dort erhalten, wo keine Knicks angelegt wurden, überhaupt jede Art von Einhegung fehlt, wie im Kreise Oldenburg (Halbinsel Wagrien), einem der Distrikte des Großgrundbesitzes. Auf den Gutshöfen Schleswig-Holsteins wurde bereits erheblich früher als auf dem Bauernland eine schlagmäßige Wirtschaft mit geregeltem Turnus auf lebendig eingehegten Koppeln eingeführt, nämlich mit dem Übergang zur Milchwirtschaft im 17. und 18. Jahrhundert. So entstand dort langsam die Knickwirtschaft, die dann auf das ganze Land übergriff, zunächst auf die bäuerlichen Gemarkungen im Osten und in der Mitte, dann auf die westliche holsteinische und zuletzt auf die westliche schleswigsche Geest.

Im benachbarten Mecklenburg gab es bis zur Mitte des 17. Jahrhunderts fast nur tote Zäune. Um 1700 wurde verfügt, daß im Interesse des Waldes die toten Zäune abgeschafft und an deren Stelle Gräben ausgehoben und Weiden angepflanzt werden sollten[9]). Ähnliche Verordnungen wurden in der Mark Brandenburg und in Vorpommern[10]) erlassen. Seither bilden die Weiden an den Gräben und Koppelrändern ein so charakteristisches Element der mecklenburgischen und pommerschen Landschaft. Die Einführung der Feldgraswirtschaft erfolgte auf den ritterschaftlichen

---

[8]) G. Pfeifer, Das Siedlungsbild der Landschaft Angeln. Veröff. d. Schl.-Holst. Univ.-Ges. 18, 1928, S. 78.

[9]) H. Dade, Die Entstehung der mecklenburgischen Schlagwirtschaft. Diss. Rostock 1891, S. 56.

[10]) W. Kasch, Cummerow und Sommersdorf, zwei ländliche Siedlungen in Vorpommern. Beiheft 5 d. Mitt. Geogr. Ges. Rostock 1937, S. 104.

Gütern in der ersten Hälfte des 18. Jahrhunderts, auf den städtischen und Dominialgütern in der zweiten Hälfte des 18. Jahrhunderts, während in den bäuerlichen Betrieben noch Ende des 18. und vielfach noch weit in die erste Hälfte des 19. Jahrhunderts hinein die Drei- oder Vierfelderwirtschaft, meist mit Feldgemeinschaft, herrschte. Es wurde im 18. Jahrhundert versucht, mit der Koppelwirtschaft auch die Knicks nach Mecklenburg einzuführen[11]). Gräben wurden ausgehoben und der Aufwurf mit Hecken aus Weißdorn, Hagebüchen, Haselstauden bepflanzt. Da jedoch auch bei der neuen Wirtschaftsweise der Kornbau überwog und — schon aus klimatischen Gründen — der Weidebetrieb nicht die Bedeutung erlangte wie in Schleswig-Holstein, die Vorteile der Knicks sich aber in erster Linie bei dieser auswirken, wurden schon in den letzten Jahrzehnten des 18. Jahrhunderts die lebenden Hecken wieder abgeschafft. Sie haben sich nur in den oben bezeichneten Grenzgebieten erhalten. Die Schmettausche Karte von Mecklenburg-Schwerin und Lauenburg vom Jahre 1788 zeigt sie bereits ungefähr in der heutigen Verbreitung. Mit dem Verschwinden der Hecken und Knicks kam seit 1800 die Bezeichnung „Mecklenburgische Schlagwirtschaft" statt Koppelwirtschaft mehr und mehr in Gebrauch.

War in Schleswig-Holstein einer der Gründe, die toten Zäune durch Knicks zu ersetzen, der gewesen, der Busch- und Waldzerstörung Einhalt zu tun, so stellten in der Folge die Knicks selbst eine wertvolle Reserve für den Landmann dar, den Bedarf an Busch und Holz in dem waldarmen Land zu decken. Das war besonders früher der Fall, als die Industrie den Bauern noch nicht mit allem versorgte, sondern dieser sich seine Geräte größtenteils selbst herstellte. Das Knickholz fand mannigfaltigste Verwendung[12]). Es lieferte Brennholz, Zaunpfähle, von denen man vor der Erfindung des verzinkten Eisendrahts sehr viele brauchte, Buschwerk für tote Zäune, wofür sich Weiß- und Schlehdorn besonders eigneten, ferner das Material für Bohnenstaken, Sensen-, Harken- und Hammerstiele, Kienspäne, Peitschenstiele, Eßlöffel, Besen, Körbe und vieles andere. Jedes Holz wurde nach seiner besonderen Eignung verwendet.

Das Kappen des Knickbusches erfolgt im Abstand von mehreren Jahren, wenn im Turnus der Fruchtfolge die Graskoppel unter den Pflug genommen wird, und zwar im Winter. Nach dem Ausschneiteln des Busches geht der Bauer dann auch daran, den Wall auszubessern und den Seitengraben neu zu öffnen. Mit der herausgeschafften Erde wird der Damm erhöht. Während

---

[11]) H. Dade, a. a. O. S. 190.

[12]) Chr. Kock, Die einstige Bedeutung des Knicks für den bäuerlichen Haushalt. „Die Heimat". 1936. S. 181—185.

des folgenden mehrjährigen Getreidebaus wächst der Knickbusch langsam nach; man hält ihn absichtlich niedrig, weil sich dann seine Nachteile für den Feldbau weniger geltend machen. Bis zum Beginn der Weidezeit hat er sich aber wieder so weit entwickelt, daß er dem Weidevieh Schutz gegen Wind und Wetter gewährt. Daß die Knicks als Wetterschutz für die Viehzucht sehr nützlich sind, wird allgemein anerkannt[13]). Im Frühjahr kann die Weide früher beschickt werden und sind die Tiere nach der langen Winterstallung nicht so sehr den Unbilden der Witterung ausgesetzt. Im Sommer bietet der Busch den Kühen Schutz gegen die brennende Sonne, und im Herbst können die Tiere länger draußen bleiben. Auch wird durch den Windschutz die Weide feucht erhalten und dadurch der Grasertrag erhöht. Ja, durch Heckenschutz wird unter Umständen eine vorteilhafte Grasmischung in den Wiesen erreicht[14]). Obgleich aber in diesen Vorzügen heute — auch von den Bauern selbst — der Hauptnutzen der Knicks gesehen wird, war es doch nicht so, wie vielfach angenommen wird, daß bei der Anlage und Ausbreitung der Knicks in Schleswig-Holstein klimatische Gründe die ausschlaggebende Rolle gespielt haben. Sie haben nur die Beibehaltung der Knicks vorteilhaft erscheinen lassen.

Was den Einfluß der Knicks auf das Getreideland betrifft, so gehen die Ansichten auseinander. Sicherlich kann unter Umständen ein gewisser Windschutz wertvoll sein, nämlich bei leichtem Boden, der sonst zu schnell austrocknet, ja, bei heftigem Wind wohl gar fortfliegt, so daß die Saat freigeblasen wird. Hecken begünstigen auch die Taubildung. Im allgemeinen aber ist es doch wohl so, daß in dem feuchten Klima Schleswig-Holsteins geringe Luftbewegung und Beschattung eher von Nachteil sind, da das Reifen des Getreides verzögert wird. Die Knicks verursachen zudem Schneewehen, die nur langsam auftauen, stören die Beackerung durch die Wurzeln, fördern die Ausbreitung von Unkraut und bieten Unmassen von Vögeln und Insekten Unterschlupf. Letzteres darf jedoch durchaus nicht ohne weiteres als ein Nachteil angesprochen werden, wie es von Seiten der Landwirte meistens geschieht. Wiegt man das Für und Wider gegeneinander ab, so kommt man vielmehr zu der Überzeugung, daß auch in dieser Hinsicht der Nutzen größer ist als der Schaden. Einsichtige treten deshalb seit langem für die Erhaltung der Hecken im Interesse der Schädlingsbekämpfung ein[14a]).

---

[13]) Daß sie andererseits nicht unbedingt notwendig sind, beweist die blühende Viehzucht im heckenlosen Marschland.

[14]) C. A. Weber in Abhandl. naturw. Ver. Bremen. Bd. 25, 1921, S. 1—63.

[14a]) K. Friederichs, Die Grundfragen und Gesetzmäßigkeiten der land- und forstwirtschaftlichen Zoologie. 2. Bd. S. 106 ff. und S. 141 ff.

Diese tatsächlichen oder vermeintlichen Nachteile, sowie der Umstand, daß die Knicks viel Platz wegnehmen, haben dazu geführt, daß seit den 70er und 80er Jahren des vorigen Jahrhunderts in Schleswig-Holstein und anderen Gegenden Norddeutschlands viele Knicks abgetragen und durch den bequemeren Drahtzaun ersetzt wurden. Auf Fehmarn waren sie um 1870 ein bestimmender Landschaftsbestandteil und um 1930 auf weiten Flächen bereits wieder völlig verschwunden[15]). Einen Anreiz zu ihrer Entfernung bot dort u. a. auch der Verkauf der in den Knicks angehäuften Findlinge. Behördlicherseits hat man mitunter sogar durch Unterstützungen nachgeholfen. J. Kruse[16]) erzählt, daß die Bauern, welche er beim Abwracken eines Knicks antraf, von der Behörde eine Geldvergütung erhielten. Sie entfernten die Knicks, weil sie die rasche Austrocknung der Wege verhinderten. Schon vor dem Kriege wurden warnende Stimmen laut, die auf den vielseitigen Nutzen der Knicks, vor allem für die Viehzucht, hinwiesen und eindringlich vor Augen stellten, wie sehr die Landschaft veröde, wenn man sie eines so schönen Schmuckes beraube. Aber erst in jüngster Zeit fanden diese Stimmen allgemeinen Widerhall. Im Jahre 1936 wurden die Knicks mit ihrem Busch- und Baumbestand unter Denkmalschutz gestellt. In der Begründung heißt es, daß sie von mancherlei praktischem Nutzen seien und dieses landschaftliche Merkmal hohen Ranges weiter niederdeutscher Gebiete erhalten bleiben müsse. Die planmäßige Verwertung des Knickbusches bleibt den Bauern weiterhin belassen.

3. Entstehung und Verbreitung der Knicks in Dänemark.

Von Schleswig-Holstein haben sich die Knicks nach Dänemark ausgebreitet (Abb. 1.) J. G. Kohl[17]) wurde 1846 in Angeln erzählt, daß es damals in Jütland wenige oder gar keine Knicks gab, daß man aber jetzt damit dort auch anfange. Nach Fünen und Seeland seien in neuerer Zeit viele Holsteiner gekommen und hätten die Knicks eingeführt. Auf Seeland lag noch zu Anfang des vorigen Jahrhunderts alles Land ganz offen da, ohne jede Einhegung. Der Graf von Holstein, ein eifriger Verbesserer und Förderer des Ackerbaus, sei eifrig bemüht gewesen, überall die holsteinischen Knicks einzubürgern. Es habe sehr viel Mühe gekostet, die Bauern

[15]) K. Düring, Weltanschauung und Landschaftsbild. Geogr. Wochenschr. 1935. S. 1097—1101.

[16]) J. Kruse, „Die Knicks". Niedersachsenbuch I (1914), S. 162.

[17]) J. G. Kohl, Reisen in Dänemark. Bd. I. Leipzig 1846.

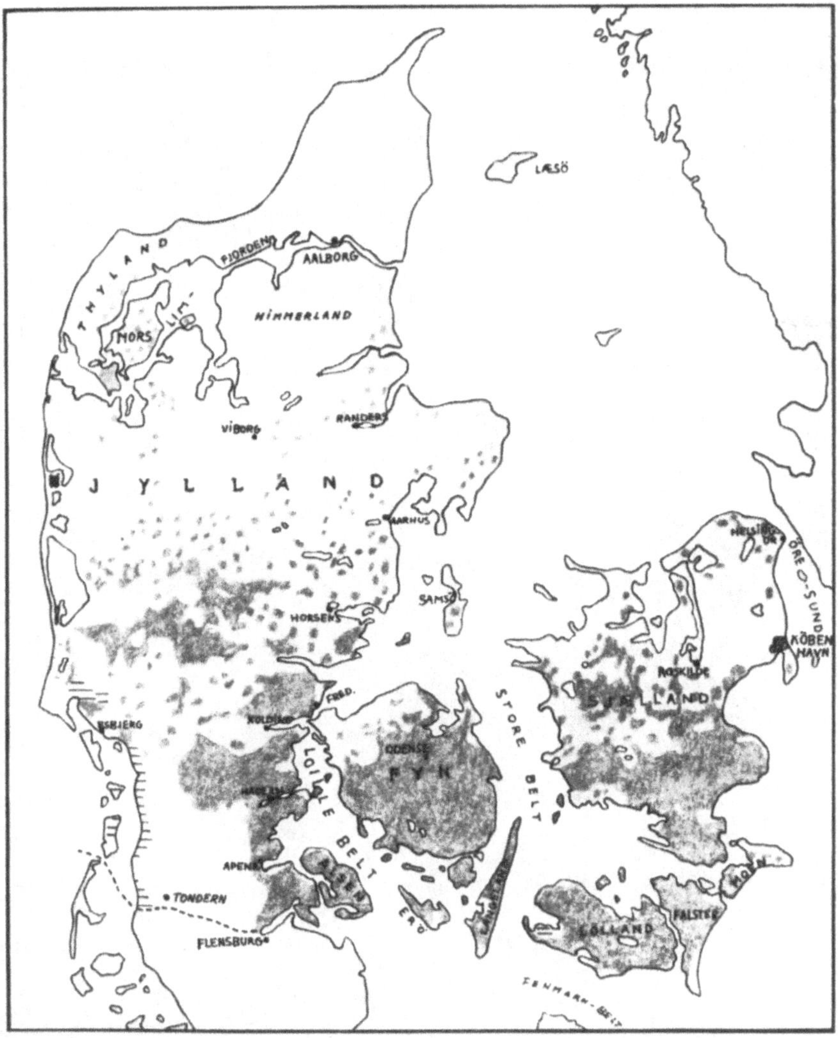

Entwurf O. Jessen

Abb. 1. Eingehegtes und offenes Land in Dänemark.
Wallheckenlandschaften mit Wallhecken, Hecken, Stein- und Erdwällen geschummert. Grabenlandschaften schraffiert.

Maßstab 1 : 2,8 Mill.

allmählich dahin zu bringen, aber zu seiner Zeit, so berichtet J. G. Kohl, sei tatsächlich das meiste auf holsteinische Weise eingefriedigt. Auch viele Gutsbesitzer auf den dänischen Inseln hätten die Verbesserung übernommen.

In Wirklichkeit hat man aber doch auch in Dänemark schon früher, nämlich seit der Mitte des 18. Jahrhunderts, mit der Einhegung begonnen. Sie breitete sich wie in Schleswig-Holstein mit der Koppelwirtschaft und der Separation nach und nach aus, zuerst in Südjütland, dann in Fünen und später in den anderen noch heute von Hecken durchzogenen Gegenden. Vor jener Zeit markierte man nach P. Hansen[18]) die Feldgrenzen durch Steine, Pfähle oder schmale Grenzraine, wo sich nicht die Möglichkeit der Anlehnung an einen natürlichen Bachlauf, Sumpf oder dergleichen bot. Wohl war auf Fünen, den kleinen Inseln und in Ostjütland mitunter die ganze Gemarkung eingefriedigt, nicht aber das einzelne Feld, ja, das dänische Gesetz verbot den Bauern sogar das „indgrave eller indelukke nogen ager osv." (P. Hansen). Dieses Verbot wurde 1758 aufgehoben. Indessen machte die Einhegung wenig Fortschritte. Wälle aus Sand, die man in sandigen Gegenden Jütlands errichtete, hatten keinen Bestand. In Nordseeland klagte man darüber, daß das Wild die jungen Triebe der lebenden Hecken verbiß, und für Reisigzäune fehlte es infolge der Waldarmut des Landes an Material. Weitaus am besten bewährten sich Knicks nach holsteinischem Muster und deren Maschenwerk überzog daher auch bald immer größere Teile des Landes. Aus Erde und Steinen, die in Massen auf den Äckern herumlagen, wo sie die Feldbestellung behinderten, machte man Wälle, die mit lebenden Hecken bepflanzt wurden. Vielmals begnügte man sich mit einfachen Steinwällen, wie sie übrigens auch in Südschweden häufig anzutreffen sind.

Das dänische Kartenwerk 1 : 40000 (Atlasblade) verzeichnet Drahtzäune, lebende Hecken, Erdwälle und „Wälle mit Bepflanzung" (Dige med Beplantning). Letztere finden sich im südlichen Dänemark in weiter Verbreitung und oft außerordentlich dicht gedrängt. In Nordschleswig ist die Knicklandschaft zwischen Flensburg und Hadersleben auf einen relativ schmalen Streifen entlang der Ostküste beschränkt. Die Halbinsel Sundewitt und die Insel Alsen sind ganz von Knicks überzogen (vgl. z. B. Blatt Nordborg). Im südlichen Jütland treten die Knicks bei Esbjerg und anderwärts bis nahe an die Westküste heran; besonders zahlreich sind sie aber auch hier im Osten, z. B. im Hinterland von Fredericia. Nordwärts finden sie sich in einer gewissen Häufigkeit bis etwa in der Breite von Aarhus,

---

[18]) Pool Hansen, Bidrag til Hegnenes Historie. Aarb. f. Dansk Kulturhistorie 1900. Kop. 1900, S. 155—163.

es scheint aber, daß sie hier vielfach von einfachen Hecken abgelöst werden. Getrennt davon ist ein kleines Verbreitungsgebiet im Nordwesten, auf der Halbinsel Thyholm. Fünen, Langeland, Erö sind fast ganz von Knicks übersponnen und auch auf Laaland und Falster sind Wallhecken und Hecken ohne Wälle überaus zahlreich. Hervorgehoben seien die Umgebung um Faaborg (auf Fünen), die Gegend um Sakskóbing (auf Laaland) und die kleine Insel Fejö. Auf Seeland reicht das Heckenland etwa bis zur Breite von Roskilde. Schon in Mittelseeland ist es seltener und der Nordosten ist wie in früheren Jahrhunderten, so auch heute noch größtenteils offenes Land; Rinder und Pferde werden in Reihen getüdert.

4. Wallhecken und Hecken in Hannover, Oldenburg und Westfalen.

Es ist auffallend, mit wie scharfer Grenze die Knicklandschaft an der Unterelbe abschneidet. Zwischen Elbe und Weser werden Knicks selten angetroffen, etwas häufiger erst wieder gegen die untere Weser hin, in der Gegend von Beverstedt und Scharmbeck-Osterholz. Niedrige Findlingsmauern, Wälle aus Plaggensoden, geflochtene Zäune aus totem Strauchwerk, an dem ja kein Mangel ist, und manchmal noch der althergebrachte „Ekenboltentun" vertreten in der Lüneburger Heide Knick und lebende Hecke. Wenn in früheren Zeiten ein Stück Heide durch Aufforstung urbar gemacht werden sollte, umgab man es mit einem Wall aus Plaggensoden, um die Schafe fernzuhalten, und ließ es sich dann von selbst bestocken. Durch Umhegung weiterer Teile der Gemeinheide wurde der Wald vergrößert. Derartige zum Schutz gegen die Schnucken errichtete Wälle trifft man im Bauernwald noch häufig[19]).

Echtes Knickland sind die Geest Ostfrieslands und des mittleren Oldenburg. Das engmaschige Netz von Wall und Hecke macht die Aufteilung der Flur aufs deutlichste sichtbar. Mitunter sind Fluren von wenigen Scheffelsaat Größe in dieser Weise umhegt. Nur ein einziger Zugang mit dem Hecktor führt auf die ringsumschlossene Weidekoppel. Statt der Wallhecke finden sich auch sorgfältig aufgebaute Wälle ohne Hecken. Wo die Geest an die Marsch grenzt, gehen die Knicks in Gräben über.

Zwar ist auch hier wie in Schleswig-Holstein für die älteste Zeit anzunehmen, daß Zäune aus totem Strauchwerk und Baumästen fast ausschließlich benutzt wurden und die Knicks sich erst mit der Zeit durchgesetzt haben, aber letztere sind doch offenbar viel früher als in Schleswig-

[19]) R. Linde, Die Lüneburger Heide. Monogr. z. Erdk. 1920, S. 68.

Holstein zur Herrschaft gelangt. Sie waren schon zur Zeit der alten Dorfgemeinschaft allgemein im Gebrauch. Es ist anzunehmen, daß auch hier der Holzmangel entscheidend mitgewirkt hat. War man doch in holzarmen Gegenden Ostfrieslands und des Ammerlands gezwungen, Teile der gemeinen Mark im Naturzustand liegen zu lassen, um die darauf wachsenden Erlen und Weiden als Zaunholz verwenden zu können; oder es mußte dieses wertvolle Gut von auswärts bezogen werden[20]).

Die Geschichte der Knicks hängt aufs engste mit der gesamten Agrargeschichte und der Entwicklung der Besitzverhältnisse zusammen. Zum Schutz der Äcker gegen das Wild und Weidevieh wurden um die Gewanne (Esche) Knicks gelegt, sofern nicht von Natur ein Schutz vorhanden war. Die Knicks mußten von den Nutznießern gemeinschaftlich instandgehalten werden; Verfehlungen gegen die Zaunpflicht wurden streng geahndet. Die einzelnen Stücke („Flage") der Esche waren unter sich nur durch einen Rasenstreifen von 1 bis 2 Pflugfurchen Breite, die „Schandfurche", geschieden. Vor allem aber wurden seit alten Zeiten Knicks zur Umhegung überall dort verwendet, wo es sich um persönliches Eigentum handelte, das abgesondert und geschützt werden mußte. Jede Wohnstätte mit dem dazu gehörenden Gartenland war nach K. Ostermann[21]) auf der mittleren oldenburgischen Geest ursprünglich wohl von einem Knick umschlossen. Für Gärten wählte man allerdings auch gern geflochtene Zäune, da sie besonders des Schutzes bedurften. Desgleichen wurden Wald und Wiese, die man im allgemeinen schon früh aus der gemeinen Mark aussonderte[22]), mit Wallhecken umgeben. In besonders enger Beziehung aber stehen die Knicks, wie schon der Name „Kampenwälle" andeutet, zu den Kampfluren. Siedler, die einen Kamp aus dem Gemeinbesitz angewiesen bekamen, oder Bauern, die ihren Ackerbesitz auf diese Weise vergrößerten, waren verpflichtet, ihn mit einem Knick zu umgeben[23]); er mußte von dem Besitzer selbst unterhalten werden. Solche Kämpe hat es im Oldenburger Land schon im 11. und 12. Jahrhundert gegeben.

Mit der Zunahme der Kampsiedlungen wurden auch die Knicks häufiger. Zur maximalen Verbreitung gelangten sie, als in der ersten Hälfte des 19. Jahrhunderts der Gemeinbesitz ganz aufgeteilt und damit Sondereigentum wurde. Die bisherige gemeine Viehweide unter der Obhut eines

[20]) C. Baasen Niedersächsische Siedlungskunde. Oldenburg 1930. S. 100—101.

[21]) K. Ostermann, Die Besiedlung der mittleren oldenburgischen Geest. Forsch z. d. Landes- u. Volksk. Bd. 28, Heft 2, 1931, S. 224.

[22]) Nach C. Baasen (Das Oldenburger Ammerland. 1927, S. 108) war die Aussonderung im Ammerland schon um das Jahr 1400 allgemein vollzogen.

[23]) K. Ostermann, a. a. O. S. 211.

Hirten fiel fort; das Vieh mußte daher auf der Weidekoppel eingesperrt werden, was fast überall durch Wallhecken geschah. In Oldenburg war nach Ostermann jeder verpflichtet, die ihm zugeteilte Fläche „binnen 3 Jahren gehörig mit einem Knick zu umfrieden".

So waren vor 100 Jahren, wie die Katasterflurkarten erkennen lassen, die Knicks überaus zahlreich. Allerdings hat sich durch die Verkoppelung das Netz der Einfriedigungen nicht überall in gleichem Maße verdichtet. Indem man dazu überging, statt der Äcker die Weiden einzufriedigen, wurden an manchen Stellen die Knicks um die Esche sogar überflüssig und abgetragen, zumal auch der Wildbestand stark zurückgegangen war. Weitere sind in den letzten 50 bis 60 Jahren beseitigt worden, besonders solche um Ackerland, teils weil man sie für schädlich hielt, teils um die Ackerfläche zu vergrößern.

C. Baasen[24]) unterscheidet in Niedersachsen zwei Arten von Knicks. Die aus der älteren Zeit stammenden, welche zum Schutz der Esch- bzw. Kampfluren gegen das auf der gemeinen Mark weidende Vieh dienten, waren ungleichseitig. Die Front mit dem Steilabfall und Graben war der Mark zugewendet. Anders die Knicks, mit welchen die aus der Markenteilung hervorgegangenen Parzellen eingefriedigt wurden. Sie sind beiderseits gleich geböscht, von zwei Seiten aufgeworfen und also auf jeder Seite mit einem Graben versehen. Die letztere Art beschreibt auch K. Ostermann[25]) von der Oldenburger Geest. Sie erhielten dort eine Breite von unten 3 m, oben 2 m und eine Höhe von 1.20 m. Der Wall wurde zur Befestigung des Sandes mit Torfsoden und Heideschollen sorgfältig aufgemauert. Auf der Höhe der Wälle wurden, etwa 30 cm von der Kante entfernt, auf jeder Seite Buschwerk und Bäume angepflanzt. Anfangs wählte man dafür hauptsächlich Eichen, später Birken. Alle 4 bis 5 Jahre wurde der Knick ausgeholzt. Einzelne junge Bäume aber ließ man stehen; sie wurden niedergebogen („geknickt"), die Zweige seitlich verflochten, und so entstand mit der Zeit eine dichte, undurchdringliche lebendige Hecke. Auf alten Wällen sieht man heute noch vielfach dicke knorrige Bäume, welche durch das „Knicken" eine merkwürdige Krüppelform mit wagerecht abgebogenen Stämmen erhalten haben. Die Anlage eines Knicks begann naturgemäß mit dem Ausheben des Grabens. Der Ausdruck „Begraben" bedeutet daher seit altersher „ein Stück Land mit einem Knick umgeben". Noch heute ist im Oldenburgischen und anderwärts „Graben" gleichbedeutend mit Knick oder Wall. Ein Wassergraben wird „Holl-

---

[24]) C. Baasen, Nieders. Siedlungsk. S. 93ff.
[25]) K. Ostermann, a. a. O. S. 200—201.

graben" (Hohlgraben) genannt[26]). In neuerer Zeit sind die Knicks vielfach verfallen, teils fehlt der Graben, teils ist nur noch der Wall oder die Hecke vorhanden.

Wallhecken finden sich, mehr oder weniger zahlreich, auch im südlichen Oldenburg, bis zu den Dammer Bergen. Weiter östlich, im Hannoverschen, z. B. in der früheren Grafschaft Diepholz, die an die Lüneburger Heide erinnert, treten sie nur ganz vereinzelt auf. Etwas häufiger werden sie noch einmal gegen die Weser hin, in der Umgebung von Bücken. Damit dürfte der Name dieses Ortes im Zusammenhang stehen. Wie Knick vom „Knicken" des Busches, so ist „Bücken" vom „Biegen" des Busches herzuleiten. Im Westfälischen wird die Bezeichnung „Gebück" (ein rheinisches Wort) allgemein für Knickbusch gebraucht. Das Wort ist von mhd. Gebucke herzuleiten und steckt übrigens auch in „Bückeburg"[27]). Jenseits der Weser, wo noch heute die geschlossenen Dörfer vorherrschen, scheinen Knicks nicht mehr vorzukommen[28]) (Taf. 1).

Der Hümmling ist unfruchtbar und dünn besiedelt; Knicks treten daher wenig in Erscheinung. Viele sind auch bereits wieder verschwunden. Statt der Erdwälle hat man vielfach Mauern, welche aus den dort massenhaft vorkommenden Findlingsblöcken aufgeschichtet sind. Weiter südlich, gegen die Hase zu, sieht man die Dorfflur sehr oft in derselben Weise aufgeteilt. Die trockenen, milden, für Roggenbau geeigneten Böden der niedrigen Anhöhen werden von Eschfluren eingenommen, die nur als Ganzes von Knicks eingefaßt sind. An deren Rand erstrecken sich in die Talungen und in die Heide hinein die Kämpe, rechteckig aufgeteilte und von Knicks, seltener einfachen Hecken umgebene Wiesen und Weiden, zum Teil auch Äcker. Gute Beispiele dafür sind das Dorf Apeldorn auf Meßt.-Bl. 1657 und Dorf Lähden auf Blatt 1658, wo die von Knicks eingeschlossenen Weiden kranzförmig die alte Eschflur des Dorfes umrahmen; weitere finden sich auf den Blättern 1660, 1661 und 1729, 1730, aber die

---

[26]) K. Ostermann, a. a. O. S. 211.

[27]) R. Much, (Teuthonista 10. Jahrg. [1934], S. 99) möchte auch den Namen des nördlichsten Alemannenstammes, der „Buccinobantes", mit diesem Wort in Zusammenhang bringen, und zwar mit dem großen Landgebück, einer aus Buschwerk dicht verflochtenen Wehr, welche den Rheingau, wo die Buccinobantes saßen, gegen Norden als Grenze und Schutz umgab.

[28]) Wenigstens nicht als gebräuchliche Feldeinfriedigung. Im Braunschweigischen gab es früher die „Dorfknicks" mit lebenden Hecken und Gräben, welche die dörflichen Siedlungen umgaben und wohl als Schutzwehr gedacht waren. Sie wurden im 18. Jh. eingeebnet und für Wege und Wohnstätten freigegeben (K. Maßberg, Die Dörfer der Vogtei Gr. Denkte, ihre Flurverfassung und Dorfanlage. Stud. u. Vorarb. zum Histor. Atlas Niedersachsens. Heft 12, 1930 S. 56ff.)

gleiche Anordnung der Felder ist auch für große Teile Weltfalens bezeichnend. Im Emsland südlich der Hase sind die Knicklandschaften besonders ausgedehnt im Bereich der Blätter 1801 (Backum) und 1802 (Lengerich i. Hann.).

In Westfalen herrschen ähnliche Verhältnisse. Eine typische Wallhecken- und Heckenlandschaft erstreckt sich vom Niederrhein und der niederländischen Grenze durch das ganze Münsterland (Taf. 1). Im Nordosten bildet der Teutoburger Wald mit dem Osning die Grenze. Im Lippischen finden sich Knicks und Hecken nur noch ganz vereinzelt; wo sie früher die Kampfluren umgaben, sind sie heute meistens verschwunden[29]). Weiter südlich ist das Paderborner Land ausgeschlossen. Im Süden verläuft die Grenze zwischen offener Landschaft und Heckenlandschaft nördlich des Hellwegs von Lippstadt über Herzfeld, Hamm nach Lünen, wo sich ja auch Dörfer und Einzelhöfe begegnen. Besonders scharf ist sie zwischen Lippstadt und Herzfeld (Meßt.-Bl. 2436, 2437). Von Lünen umzieht sie in weitem Bogen das Land an der unteren Lippe. Im großen und ganzen fällt das Verbreitungsgebiet der Knicks und Hecken mit dem der Streu- und Schwarmsiedlungen zusammen und wird der Bereich der geschlossenen Dörfer im bergigen Süden und Osten gemieden. Aber es ist doch nicht so, daß wir überall, wo Streusiedlung herrscht, auch diese Form der Einfriedigung finden; sie fehlt z. B. in der Gegend nördlich und westlich von Bielefeld, einem typischen Streusiedlungsgebiet mit nur vereinzelten kleinen, lockeren Dörfern.

Das innere Münsterland, dieses Kerngebiet der Kämpe und Einzelhöfe, ist auch das Hauptverbreitungsgebiet der Knicks[30]). Nur 18 Prozent der gesamten Bodenfläche sind Wald, und doch macht das Land einen durchaus waldigen Eindruck, da es nach allen Richtungen von Wallhecken durchzogen ist, viele Waldparzellen kleinsten Ausmaßes eingestreut sind und die Gehöfte von hohen Bäumen beschattet werden. Die münsterländischen Wallhecken sind durchschnittlich drei Meter, wenn man die sie auf beiden Seiten begleitenden Gräben hinzunimmt, fünf Meter breit[31]), oben abgeplattet, oft doppelkämmig und mit allerlei Buschwerk aus Eichen, Weiden, Buchen, Schlehdorn usw. dicht bewachsen; nicht selten finden sich darunter alte, knorrige, von Grund an verzweigte Bäume mit kurzen, dicken, vielfach horizontal abgebogenen Gebückstämmen. Ihr ausgedehntes Wurzelwerk gibt den Wällen ein festes Gerüst. Der grüne Busch zerlegt

[29]) H. Hunke, Landschaft und Siedlung im Lippischen Lande. Wirtschaftswiss. Ges. z. Studium Niedersachsens. Reihe B, Heft 9, 1931, S. 82.

[30]) Vgl. als Beispiel Meßt.-Bl. 2142 (Altenberge) und 2285 (Buldern).

[31]) Fr. Mielert, Westfalen. Monogr. zur Erdk. 30. 1925. S. 40.

das ganze Land in eine Unzahl von Kammern, in die jeweils nur ein Zugang führt, der durch das schwere, eichene Heck geschlossen wird. Auch die Feldwege sind von hohen grünen Buschwänden begleitet. Noch heute lassen nach Fr. Mielert[32]) die Bauernhöfe den zweifachen Schutz durch Wallhecken und Gräben erkennen, den „Butensingel" und den „Binnensingel" (zingel = Umzingelung, Umwehrung); zwischen beiden liegen die Gärten und Wiesen. Ein beiderseits von Wallhecken eingeschlossener Weg, die „Stiege", führt von der Landstraße zum Hoftor.

Die Entstehung der Wallheckenlandschaft ist auch hier aufs engste mit der Siedlungs- und Agrargeschichte verknüpft. Indem im Laufe einer langen Entwicklung durch die ganze Zeit des Mittelalters und der Neuzeit sich jener Vorgang der individuellen Ansiedlung vollzog, den man als Kampsiedlung bezeichnet und für den die Streulage der Gehöfte charakteristisch ist, wurde das Land allmählich und immer vollkommener in ein Heckenland verwandelt. Mögen auch vielleicht mit der ältesten, aus vorgeschichtlicher Zeit stammenden Flurform, dem Esch, Wallhecken verbunden gewesen sein, so waren sie doch selten, denn so lange es nur Esche gab, war die Bevölkerungsdichte gering und nur jede Eschflur als Ganzes eingehegt[33]). Der Flurzwang machte die Einfriedigung der einzelnen Anteile unmöglich. Die Kämpe dagegen waren als individueller Besitz von jeher, sei es durch Gräben, sei es durch Wallhecken, eingefriedigt, ursprünglich wohl zum Schutz gegen das Weidevieh der Mark, später auch zum Zusammenhalten des eigenen Viehs, denn mit der Ausbreitung der Kampsiedlung gingen die Ausbreitung der Viehzucht und die Verbesserung der Viehwirtschaft Hand in Hand. Im inneren Münsterland herrscht der Kamp fast allein und so hat es sich zu einem besonders typischen Heckenland entwickelt. Ackerland, Weiden, Waldungen, alles ist kampartig gestaltet. Leider sind auch dort viele Wallhecken und mit ihnen die alten knorrigen Bäume verschwunden. An ihre Stelle sind dann die nüchternen Drahtzäune getreten, oder, soweit es sich um Ackerland handelt, hat man überhaupt auf eine Einfriedigung verzichtet, so daß dann solche Kämpe von den sich zur Eschflur zusammenfügenden Feldern kaum zu unterscheiden sind.

Fr. Mielert[34]) schreibt, daß man im Münsterland vor dem Krieg begonnen habe, die Wallhecken zu beseitigen, einmal, weil sie zu viel Platz beanspruchen — man hatte ausgerechnet, daß 80 Prozent der Bodenfläche

[32]) Fr. Mielert, a. a. O. S. 39.

[33]) R. Martiny, Hof und Dorf in Altwestfalen. Forsch. z. d. Landes- und Volksk. Bd. 24, Heft 5, 1926, S. 40.

[34]) Fr. Mielert, a. a. O. S. 40f.

von Wallhecken eingenommen würden, — und zweitens, weil man deren Nachteile für größer hielt als die Vorteile. Sie böten allerlei schädlichen Tieren Unterschlupf, nähmen den Feldern viel Sonne weg und die Wurzeln der Bäume entzögen den Feldfrüchten die Nahrung. Nach dem Kriege aber habe man die Hecken als Holzreservoir und wegen ihrer sonstigen mannigfaltigen Vorteile wieder mehr zu schätzen begonnen und sie wieder mehr geschont. Über den Rückgang der Wallhecken wurde von vielen Seiten geklagt. Der Dichter Hermann Löns[35]) hat sich einmal in einem Aufsatz „Die Wallhecke" in bewegten Worten dazu geäußert: „Es ist nicht nur das Gesicht der Landschaft, das durch das Ausroden der Wallhecken seine Züge verliert, es ist nicht nur die Tierwelt, die dadurch Einbuße erleidet, auch des Bauern innere Art wird sich, und wohl kaum zum Bessern, verändern. Die schöne, hier und da wohl einmal schädliche, im großen und ganzen aber zur Vertiefung und Verinnerlichung führende Abgeschlossenheit, die den Bauern auszeichnete, wird ihm verloren gehen." Dadurch, daß die Wallhecken neuerdings, wie erwähnt, unter Denkmalschutz gestellt sind, ist die Gefahr behoben.

5. Gräben, Wallhecken und Hecken in den Niederlanden.

In den Niederlanden treffen wir ähnliche Verhältnisse wie in den benachbarten deutschen Landschaften (Taf. 2). Für die Marschen sind Gräben bezeichnend, für die Geest Hecken und Wallhecken. Letztere finden sich in großer Verbreitung in den Provinzen Friesland, Drente und Overijsel. Das altbesiedelte, trockene Heideland der Landschaft Drente hat wie das deutsche Emsland mit dem Hümmling durchaus vorherrschend Eschfluren; Kämpe kommen nur untergeordnet, als Weidekämpe, vor (R. Martiny). Weiter südlich dagegen, in Overijsel, gewinnen wie im nordwestlichen Münsterland neben den Eschen die Kämpe große Verbreitung. So geht man denn auch wohl nicht fehl in der Annahme, daß sich das Heckenland von Süden nach Norden ausgebreitet hat. Im Süden sind die Wallhecken an die Kämpe geknüpft, daher alt und von vornherein zahlreich; in Drente und Friesland sind sie dagegen erst mit der Auflösung der Markgenossenschaft allgemein geworden. Den Hecken kommt in den waldarmen Landschaften eine erhebliche wirtschaftliche Bedeutung zu. Dennoch schwindet, z. B. in Drente, das „Akkermaalshout", d. h. das Baum- und Strauchwerk (vornehmlich Eichen), mit dem die Erd-

---

[35]) H. Löns, Ges. Werke, Bd. II.

wälle bepflanzt und die Felder eingehegt sind, mehr und mehr dahin[36]). Besonders engmaschig ist das Heckenland im sandigen Hügelgebiet von Twente und in den an Westfalen angrenzenden Teilen von Gelderland. Nur die Moore und unkultivierten Heiden sind frei davon. Auch im niederländischen Kempenland sind die oft winzig kleinen Parzellen fast ausnahmslos von Gebüsch aus Eichen, Birken, Haselnußsträuchern umgeben. Ursprünglich mag es sich auch hier um echte Wallhecken gehandelt haben, aber die Karte des Königreichs der Niederlande 1 : 50 000 verzeichnet fast nur Hecken; die Signatur für Erdwälle findet sich nur ganz vereinzelt. Ein Heckenland besonderer Art ist die „Dünengeest", ein schmaler Streifen sandigen Flachlandes, der sich in Nord- und Südholland zwischen die Dünen und das grüne Weideland einschiebt und der Hauptsitz der holländischen Blumenzwiebelkultur geworden ist. Niedrige Hecken durchziehen das ganze Land, grenzen die Felder der Gärten voneinander ab und dienen als Schutz gegen Wind und Sandflug.

6. Graben- und Heckenlandschaften in Belgien.

Von Nordbrabant und Nordlimburg erstreckt sich das Heckenland weiter nach Belgien hinein (Taf. 2). Von Südosten nach Nordwesten lassen sich drei Gürtel unterscheiden. In Hochbelgien und dem größten Teil von Mittelbelgien ist die Landschaft im allgemeinen offen; Hecken treten ganz zurück. Auf den welligen Höhen der Ardennen sind die Weiden mit Drahtzäunen umgeben. Eine Ausnahme macht nur das Plateau des Hervelandes, das von Hecken ganz kariert ist. Es hängt das mit dem üppigen Wiesenwuchs und der ausgedehnten Viehzucht, die hier betrieben wird, also letzten Endes mit dem besonderen Niederschlagsreichtum zusammen. Das Heckenland erstreckt sich von den Maashöhen östlich und nordöstlich Lüttich bis in das Eupener Gebiet. Der zweite Gürtel, das Heckenland Niederbelgiens, durchzieht geschlossen das ganze flandrische Land von Frankreich bis zur Unterschelde und das belgische Kempenland zwischen Schelde und Maas. Den dritten Gürtel bildet die schmale flandrische Küstenebene mit den nördlichen Poldern. Ackerfelder und Weideland sind von Gräben eingefaßt, hecken- und baumfrei, bis auf einige Pappeln und

---

[36]) W. Tuckermann, Die ostniederländische Provinz Drente. Philippson-Festschrift. 1930, S. 65. — „Maal" bedeutet soviel wie Grenze, Zeichen. Für Wallhecken ist in den nördlichen Niederlanden auch die Bezeichnung „Knik" im Gebrauch.

knorrige, flechtenbehangene Weiden, die an den Straßenrändern gedeihen. Der Wind unterdrückt den Baumwuchs. Bei Ostdünkirchen und Nieuport sind in den Dünentälern und hinter den Dünen kleine Ackerflächen von Sandwällen und teilweise auch Hecken umgeben.

Im Gegensatz zu dem offenen Polderland an der Küste ist das innere Flandern sehr baumreich; es wird geradezu als „Houtland" bezeichnet, obgleich der Wald in dem überaus dicht besiedelten Land selten und nur in ganz kleinen Parzellen und Streifen erhalten ist. Die Gehöfte und Dörfer sind in dem Grün der Baumgärten förmlich vergraben, und die Hecken, welche die oft winzig kleinen Feldstücke einfassen, bzw. den Graben auf beiden Seiten begleiten, schließen sich fast lückenlos zu einem derart feinmaschigen Netz zusammen, daß man in der Tat, aus der Ferne gesehen, manchmal einen Wald vor sich zu haben glaubt. Teils besteht die Einfassung aus dichten Buschhecken, teils aus lockeren oder engen Reihen hoher Bäume, Pappeln, Eichen, Buchen, Weiden mit Erlen und anderem Gesträuch dazwischen, wie im Waesland und in Westflandern. Der Baumbestand wird gepflegt, da er wertvolles Nutzholz liefert. Auch bieten Büsche und Bäume willkommenen Windschutz. J. G. Kohl[37]) bemerkt, daß man den Heckenschutz, wo nicht ringsherum, so doch wenigstens nach Norden und Westen mache und gewöhnlich auch die Verschanzung an diesen Seiten stärker sei. Allerdings soll das Wurzelwerk mancher Bäume, wie der kanadischen Pappel, den Boden sehr auszehren. So sind denn oft die Pächter für die Entfernung, die Besitzer der Ländereien für die Erhaltung der Bäume an den Ackergrenzen.

Besonders schön kommt der Charakter der Heckenlandschaft einerseits, des grabendurchzogenen Polderlandes andererseits auf Blatt 12 (Ostende) und Blatt 24 (Aerschot) der Top. Karte des Kgs. Belgien 1 : 40 000 zur Darstellung. Auch Blatt 15 (Anvers) zeigt sehr schön das erstaunlich dichte Geäder der Hecken. Gegen Südosten reicht die flandrische Heckenlandschaft bis zur Schelde. Östlich Gent bildet diese auffallend scharf die Grenze.

Jenseits des Schelde-Abschnittes Dendermonde — Antwerpen kommt man wieder in eine unübersichtliche Heckenlandschaft. Auch dort sind ganze Blattflächen in Zwergparzellen aufgeteilt. Sind es zunächst meistens Gräben, beiderseits von Hecken begleitet, welche die Felder einschließen, so mischen sich weiter östlich, in der Campine, immer häufiger heckentragende Stein- und Erdwälle darunter. Und im Limburgischen herrschen Wallhecken durchaus vor. Hier hat sich eine von ausgedehnten Wäldern

[37]) J. G. Kohl, Reisen in den Niederlanden. Leipzig 1850. Bd. II, S. 75.

und Mooren unterbrochene Knicklandschaft entwickelt, die wohl am schönsten nördlich und nordwestlich von Hasselt zur Ausbildung gelangt (Bl. 25 Hasselt). Häufig ist es so, daß die Erhebungen Ackerfluren mit Knicks tragen, während die feuchten Niederungen von Wiesen und Weiden mit Grabenhecken eingenommen werden. Die Knicklandschaft umfaßt im Norden, Osten und Süden das heckenlose Hageland.

Daß in dem Gebiet zwischen Maas und Schelde Hecken schon sehr früh im Gebrauch waren, bezeugt Caesar B. Gall. 2,17. Es heißt an dieser für uns bedeutsamen Stelle, daß die Nervier, jener dort ansässige keltisch-germanische Stamm, keine Reiterei besaßen und, um die Raubzüge der Reiter ihrer Nachbarn leichter abwehren zu können, überall Hecken angelegt hätten. Die jungen Bäume wurden gekappt, so daß sie an den Seiten neue Zweige ansetzten, und dann Brombeer- und Dornsträucher in die Lücken gepflanzt, so daß eine mauerartige Hecke entstand, die nicht nur den Durchgang, sondern selbst den Durchblick unmöglich machte. Man darf wohl annehmen, daß es sich um die landesübliche Form der Feldeinfriedigung handelte. Daß ein solches Gelände dem Verteidiger durch die Unübersichtlichkeit und Unwegsamkeit und durch die vorzügliche Eignung zum Kleinkrieg, zum „Heckenkrieg", viele Vorteile bietet, hat sich durch die ganze geschichtliche Zeit, vom Feldzug Caesars (B. G. 2,22) bis zum Weltkrieg, immer wieder gezeigt. Die Flurgestaltung und die Siedlungsformen geben die Erklärung für das hohe Alter der Hecken. Die blockförmigen, unregelmäßigen kleinen Felder, die bunte Mischung von Feld, Grasland und kleinen Wäldchen, die als Reste der alten Wildnis erhalten geblieben sind, die Besiedlung in Form von Einzelgehöften oder kleinen, ganz locker gebauten, weilerartigen Dörfern: alles bezeugt, daß das germanische Belgien mit den angrenzenden Teilen der Niederlande großenteils altes Kampland mit starker Viehhaltung ist.

So erstreckt sich ein nur stellenweise lückenhafter Gürtel von Wallhecken- und Heckenlandschaften entlang der Küste von Flandern bis Jütland, im Norden auf das deutsche Ostseegestade und die dänischen Inseln übergreifend. Die Tatsache, daß die meisten altgermanischen Sprachen schon eine Bezeichnung für „Dornbusch zum Einhegen" haben, wie die Etymologie des Wortes „Hagedorn", engl. hawthorn, zeigt, läßt den Schluß zu, daß die Verwendung von lebenden Hecken bei den Germanen sehr alt ist. Zu einem landschaftsbestimmenden Element aber dürften diese sich zuerst in den flämisch-niederrheinischen Kampgebieten entwickelt haben. Mit der Ausbreitung der Kämpe nach Gelderland und Westfalen, deren Beginn wir mit Martiny[38]) wohl erst nach der Unter-

[38]) R. Martiny, a. a. O. S. 41.

werfung der Sachsen und deren Christianisierung anzusetzen haben, verwandelten sich auch jene Gebiete durch die Jahrhunderte des Mittelalters allmählich in Wallhecken- bzw. Heckenlandschaften. Diese dringen dann mit den Kämpen weiter nach Norden ins Eschgebiet vor (Overijsel, Drente, nordwestl. Westfalen, Emsland). Im 17. und 18. Jahrhundert erfolgte dann auch eine starke Zunahme der Kampsiedlungen im Oldenburgischen und Hannoverschen. In den eigentlichen Esch- und Gewanngegenden südlich der Elbe aber ist jene Form der Einfriedigung erst seit der Markenteilung allgemeiner geworden. In Schleswig-Holstein und dem angrenzenden Mecklenburg hängt die Umwandlung in eine Knicklandschaft mit der Einführung der Koppelwirtschaft und der Separation zusammen[39]). Von Schleswig-Holstein aus verbreiten sich die Knicks Ende des 18. und im 19. Jahrhundert nach Jütland und den dänischen Inseln. In Teilen von Westfalen, der Niederlande, Belgiens werden statt der echten Wallhecken mit Graben, Wall und Buschwerk, Hecken mit oder ohne Gräben verwendet. Zwischen beiden Einfriedigungarten besteht aber kein prinzipieller Unterschied. Erstere kennzeichen die mehr trockenen Geestgebiete. Der Graben enthält nur vorübergehend oder überhaupt kein Wasser, daher müssen Wall und Hecke gut instand gehalten werden. In feuchten Gegenden wird dagegen auf die Gräben das Hauptgewicht gelegt.

7. Die Bocage-Landschaften im westlichen Frankreich.

Zu großartiger Entfaltung gelangt die Wallheckenlandschaft im westlichen Frankreich (Abb. 2). Wie in Deutschland und Belgien stehen sich auch in Frankreich seit alters die offenen Landschaften und die Heckenlandschaften gegenüber. Der Gegensatz beschränkt sich nicht

---

[39]) In diesem Zusammenhang sei erwähnt, daß auch in Oberschwaben mit der Separation regelmäßig die Einzäunung verbunden war. H. Ditz, Geschichte der Vereinödung im Hochstift Kempten (Kempten 1865), schreibt darüber (S. 44—45): „Sehr nötig war dies eben nicht. Aber es war jedenfalls ein behagliches Gefühl für den aus dem Flurzwang herübertretenden Landwirt, seine unumschränkte Herrschaft durch völlige Absperrung des Feldes wenigstens andeuten zu können". Im 16. u. 17. Jahrh. machte man tote Stangenzäune, das 18. Jahrh. aber forderte lebendige Hecken. In den letzten Jahrzehnten des 18. Jahrhunderts war das ganze Land in eine Hecke verwandelt. „Wenn es eine Statistik der Sperlinge gäbe, so würden die Folgen dieses Systems hinlänglich beleuchtet sein." Um 1865 waren die lebendigen Hecken bereits wieder vom Feld verschwunden, die Zäune sehr vermindert.

auf das rein äußere Erscheinungsbild, sondern prägt sich auch in den Wirtschaftsformen, der Kultur, ja der Wesensart der Bevölkerung aus. In Frankreich nennt man nach altem Sprachgebrauch das offene Land „Champagne" oder „Plaine", das Heckenland „Bocage". Letzteres nimmt große Teile des atlantischen Westens ein.

Südlich der flandrischen Ebenen mit dem Grabengewirr der Küstenniederungen und den von Baumreihen und Buschwerk umhegten Feldern weiter landeinwärts sind Artois und Picardie durchaus offene Landschaften, fast ununterbrochenes, flachwelliges Ackerland mit Getreide- und Zuckerrübenanbau. Im Gegensatz zu Flandern und der Normandie wohnt die Bevölkerung in geschlossenen, ziemlich gleichmäßig verteilten Dörfern. In Küstennähe tritt, vom feuchten Klima begünstigt, die Viehzucht stärker hervor, und dort sind auch die Hecken etwas zahlreicher, so z. B. in der Landschaft des Boulonnais und an der Somme-Mündung. Weiter südlich, im Pays de Caux zwischen der Kanalküste und der unteren Seine, herrschen auch noch im allgemeinen die offenen Campagnen vor, einförmige, waldlose, mit Lehm bedeckte Ackerfluren, aber zwischen Fécamp und dem Seine-Trichter beginnt bereits die normannische Streusiedlung in Form von Einzelhöfen und kleinen weitläufigen Weilern[40]). Die Gehöfte, zu denen eine meist mehrere Hektar große, rechteckige Fläche gehört, die als Obstgarten und Viehweide dient, sind von Wallhecken umgeben.

Die eigentliche Bocage-Landschaft aber entfaltet sich erst in den Viehzuchtgebieten der Niedernormandie. Das im Mittelalter gerodete Pays d'Auge mit seinen Acker-, Wiesen- und Obstbaumkulturen ist ganz durchsetzt mit Wallhecken. Verteilt zwischen Busch und Bäumen liegen die Einzelsiedlungen. Die fruchtbare Kalkebene von Caen ist heute eine einförmige Fläche mit Raps- und Getreidefeldern, war aber noch im 18. Jahrhundert eine echte Heckenlandschaft. Nach M. Bloch[41]) wurden viele von den Hecken, welche den Chouans als Versteck dienten, in der Revolution abgeschlagen, andere verschwanden im 19. Jahrhundert, als man von der Rinderzucht und dem Obstbau zum Getreidebau und zur Aufzucht junger Pferde überging. Die Pferde weiden, an Ketten gebunden, von Mai bis Juli im Freien (Scheu). Die Landschaft Bessin hat dagegen noch intensive Rinderzucht. In dem milden ozeanischen Klima und im Schutz der Wallhecken kann das Vieh den ganzen Winter über auf den saftigen Weiden bleiben. Das gleiche gilt von der Halbinsel Cotentin und den südlich anschließenden Teilen der Normandie, die den eigentlichen

[40]) E. Scheu, Frankreich (in Klutes Handb. d. geogr. Wiss. 1933).

[41]) M. Bloch, Les caractères originaux de l'histoire rural française. Inst. for Sammenlignende Kulturforskning. Serie B XIX. Oslo 1931. S. 212.

„Bocage Normand" bilden. Wiesen und Weiden nehmen bis 75 Prozent der Kulturfläche ein (S c h e u). Wallhecken säumen überall Äcker, Wiesen und Weiden, so daß das an sich waldarme Land doch ganz von Büschen und Bäumen erfüllt und sehr unübersichtlich ist. In kleinen weitständigen Gruppen liegen die ärmlichen Gehöfte darin verborgen.

Noch weit ausgedehnter ist die b r e t o n i s c h e B o c a g e l a n d - s c h a f t. R. C r e d n e r[42]) hat sie anschaulich beschrieben. „Vom äußersten Osten bis fast zum westlichen Ende der bretonischen Halbinsel, überall, wo nicht sterile Heide oder Waldbestand den Boden bedeckt, sieht man das Land durch eine Giederung in lauter meist viereckige, verhältnismäßig kleine Parzellen beherrscht, die durch hohe, dicht bewachsene Wälle gegeneinander und gegen die sie durchziehenden Straßen und Wege abgegrenzt werden." Die Wälle sind bis über einen Meter hoch, aus Erde, Gesteinsschutt und Blöcken aufgeworfen und dicht bewachsen, nicht nur mit Gebüsch aus Brombeer-, Wachholder-, Haselnußsträuchern, Stechpalmen, Adlerfarn, Heidekraut und dergl., sondern auch vielen Bäumen, Eichen, Edelkastanien, Walnußbäumen, Ulmen. Obwohl oft von gewaltigem Stammdurchmesser und nach den Seiten hin mit einem sehr ausgebreiteten dichten Astwerk versehen, sind diese Bäume doch nicht hoch, sondern zwerghaft verkrüppelt und mißgestaltet, denn sie werden in ihrer Jugend wie in Nordwestdeutschland „geknickt" und wenige Meter über dem Boden gestutzt. Wo sie aber zu großer Höhe aufragen, sind sie nach R. C r e d n e r bis hoch hinauf glatt geschoren, da das Holz benötigt wird. Wie man die Knicks in Niedersachsen „Graben" nennt, so heißen sie hier allgemein „fossés"[43]), obwohl der Knickgraben für die Einfriedigung von geringer oder überhaupt keiner Bedeutung ist, da er selten Wasser führt. Eine interessante Parallele! Der Graben ist eben das Primäre; der Wall (talus) wird aus der Erde des Grabens aufgeworfen und langsam wächst erst die Hecke darauf empor. Wall und Hecke bilden dann später die eigentliche Schutzwehr. Was man sonst als fossé bezeichnet, heißt dort allgemein „douve".

Die Wälle werden im Winter instandgesetzt und die Hecken ausgeholzt. Innerhalb der grünen Umrahmungen liegen die üppig grünen Weiden, auf denen Rinder und Pferde das ganze Jahr über grasen, und die Buchweizen- und sonstigen, meistens auch gleichzeitig Obstbäume tragenden Getreidefelder. Und in diesem fast waldartig wirkenden Bestand von Bäumen und Büschen verbergen sich die kleinen bretonischen Weiler und Einzelgehöfte.

---

[42]) R. C r e d n e r, Armorika. Geogr. Zeitschr. 7 (1901). S. 263—264.

[43]) M. B l o c h, a. a. O., S. 57. — Nach J. B r u n h e s (Géogr. humaine de la France. Bd. II, S. 421) gibt es dafür auch die Bezeichnung „guianes".

Zahllos sind in dem französisierten Osten der Bretagne und den angrenzenden Teilen von Maine die Flur- und Ortsnamen in der Zusammensetzung mit bocage, bosq, haie usw. Frei von Hecken sind die großen Heidegebiete der Bretagne. Die Hänge der Montagne d'Arrée, der Montagne noire, der Landes de Lanvaux, die großen Granitplateaus im Norden und Süden tragen solche unübersehbaren Heideflächen. Gegen Osten erstreckt sich der Bocage bis in die Landschaft Maine, nicht nur über den Teil, der noch zum Armorikanischen Massiv gehört, sondern auch über große Teile der ehemaligen Campagnen und fruchtbaren Getreidelandschaften der Mitte und des Ostens. Bei Cloyes reicht er bis auf wenige Kilometer an den Loir heran. In stärkstem Gegensatz dazu steht das weite offene Plateau von Orléans mit seinen großen Gewanndörfern. Auch die Landschaft Le Perche mit ihren fruchtbaren Äckern, schönen Wiesen und ihrer berühmten Pferdezucht hat viele Hecken und meist Streusiedlung. Besonders schön ist der Bocage zwischen Angers und Le Mans entwickelt[44]). Gegen die den heftigen Seewinden ausgesetzte Küste hin verschwinden zunächst die hohen Bäume und schließlich auch die Hecken. Kahl, flach und steinig ist z. B. die Umgebung von Brest. Die Wege laufen zwischen Mauern dahin, und Mauern umgeben auch die oft winzig kleinen Hafer- und Buchweizenfelder. Sie sind so niedrig, daß sie den Blick über die engmaschig gegitterte Landschaft nicht behindern. Ebenso ist es auf den vorgelagerten Inseln Ouessant, Ile de Sein u. a.

Gegen die Loire hin, in der Gegend von Pontchâteau, setzt die Knicklandschaft aus, das Land ist offen. Und südlich der Loire ist der Marais, ein fruchtbares Getreide- und Wiesenland mit Streulage der von Baumgruppen beschatteten Höfe ähnlich unseren Marschen, von vielen natürlichen und künstlichen Wasserläufen durchzogen. So bleibt ein breiter Streifen entlang der Küste heckenfrei. Im übrigen weist aber auch die Kulturlandschaft der V e n d é e die typische Zellstruktur des Bocage auf. Die kleinen, nur wenige Hektar großen Wiesen- und Ackerlandparzellen sind von Wallhecken und Gräben umgeben, die Wege von grünem Busch eingefaßt, ja fast überwölbt und die Gehöfte von Eichen-, Nuß- und Kastanienbäumen beschattet. Diese anmutige, aber auch höchst unübersichtliche Landschaft war oft der Schauplatz von Freiheitskämpfen und Parteifehden und zur Verteidigung wie geschaffen; 1793 bekämpfte die Bevölkerung hartnäckig die Revolution.

Zwischen Nantes und Angers zieht der Bocage-Gürtel über die Loire und in die Vendée hinein. Seine Ausdehnung deckt sich ungefähr mit der

---

[44]) Vgl. z. B. Blatt 92 La Flèche der Carte de France 1 : 80 000.

des Armorikanischen Massivs; nur wo sich große Heideflächen ausbreiten, wie in den Hauteurs de la Gâtine, fehlen die Hecken. Sehr dicht und fast lückenlos ist das Maschenwerk z. B. westlich und südwestlich Cholet, südwestlich Bressuire, östlich und südöstlich La Roche sur Yon. Im Osten und Süden schneidet der geschlossene Bocage scharf an der Grenze Paläozoikum—Jura ab.

Zusammenfassend läßt sich also feststellen, daß die Bocagelandschaften im Westen Frankreichs vorwiegend Gebiete der Viehzucht und Wiesenkultur sind, mit relativ wenig Wald und Ackerland, vorherrschend Streusiedlung und mit einem Klima, das durch starken Wind, viel Nebel, große Luftfeuchtigkeit und milde Winter ausgezeichnet ist. Sie nehmen etwa den Raum der Armorika ein, greifen aber stellenweise ziemlich weit auf die Kreide- und Juraebenen über.

Der Gegensatz von Campagne und Bocage ist alt, er liegt in der durchaus verschiedenen Gestaltung des Flur- und Siedlungsbildes begründet. M. Bloch[45]) zitiert den normannischen Dichter Wace, der 1170 eine Versammlung von Bauern aus der Normandie beschreibt und sagt, daß sie „cil del bocage e cil del plain" gekommen seien. Die offenen Landschaften sind oder waren Gebiete mit Gewannflurverfassung und dörflicher Siedlung. In den alten Bocagelandschaften des Westens (Vendée, Bretagne, Niedernormandie) dagegen kannte man nicht den Flurzwang. Dort herrschte von jeher die Individualwirtschaft, und deren Kennzeichen war die Wallhecke. Jeder Bauer hatte seinen *eigenen* Acker, den er mit einer Wallhecke umgab, und der Brachacker wurde nur von seinem *eigenen* Vieh beweidet. Wurde der Acker geteilt, etwa durch Erbschaft, so zog man eine neue Wallhecke. Wurden dadurch die Feldstücke zu klein, so kam es nach Bloch wohl auch vor, daß die Besitzer auf die Einfriedigung verzichteten. Der Acker erhielt dann äußerlich Ähnlichkeit mit einer Gewannflur und es konnte sich auf ihm nachträglich vielleicht etwas wie eine Flurgemeinschaft herausbilden. Die Besiedlung der „terres encloses" erfolgte nach Bloch[46]) nicht in Form geschlossener Dörfer, aber auch nicht in Form von Einzelsiedlungen, wie man nach dem gegenwärtigen Siedlungsbild meinen könnte, sondern die Gehöfte bildeten kleine, lockere, weilerartige Gruppen, wie sie noch heute in jenen Gebieten so oft angetroffen werden. Die Einzelsiedlung ist eine Erscheinung, die sich erst später herausgebildet hat, sei es dadurch, daß ein Einzelner sich abseits des Weilers niederließ und rodete, oder daß ein ganzer Weiler zu einem

[45]) M. Bloch, a. O. S. 58.
[46]) M. Bloch, a. a. O. S. 60.

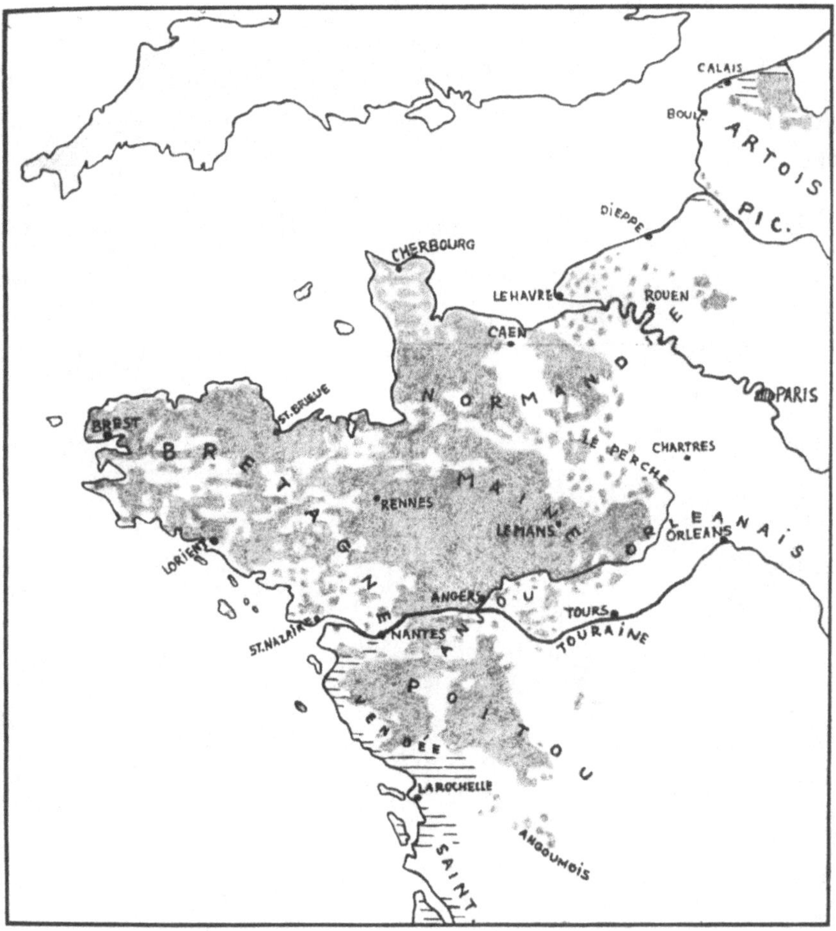

Entwurf O. Jessen

Abb. 2. Die Verbreitung des Bocage im Nordwesten Frankreichs.

Das Heckenland (Bocage) mit Wallhecken, Hecken, Steinwällen usw. geschummert. Grabenlandschaften schraffiert.

Maßstab 1 : 5,6 Mill.

einzigen großen Besitztum zusammengeschlagen wurde. So gab es zwar keine eigentlichen Dörfer, aber es waren doch immerhin Gruppensiedlungen mit dörflicher Organisation. Und es gab, was besonders hervorgehoben werden muß, neben dem in Privathand befindlichen Ackerland auch ausgedehnten Gemeinbesitz (pâquis communaux), der als Weide genutzt, vorübergehend wohl sogar extensiv bestellt wurde.

Nach diesen neueren Ergebnissen der französischen Flur- und Siedlungsforschung wird man sich die Entwicklung der Bocagelandschaft, z. B. in der Bretagne, folgendermaßen vorzustellen haben. Das im allgemeinen wenig fruchtbare Land war zunächst nur sehr dünn besiedelt. In der Nähe der zu lockeren Weilern vereinigten Gehöfte lagen die umhegten Feldstücke („terres chaudes"); man wählte zu deren Einfriedigung Wallhecken, da diese dem Boden und Klima am besten entsprachen und die Feldgrenzen festlagen. In der Umgebung aber dehnten sich weite Ländereien, die teils als pâquis communaux dienten, teils völliges Ödland waren. Auf diesen „terres froides" wurden mit der Zeit Neusiedler angesetzt. Bald hier, bald dort wurde nach Art der westfälischen Kampsiedlungen ein neues Stück durch Privatinitiative in Dauerkultur genommen, das dann zum Schutz gegen die Gemeinweide ebenfalls mit Wallhecken umgeben werden mußte. So breitete sich das Zellwerk der Bocage immer weiter aus, bis zuletzt nur die oben genannten Heidegebiete der Bretagne und Vendée übrigblieben. Die fast ganz auf Viehzucht und Koppelweide eingestellte Wirtschaft aber zwang dazu, auch nach der gänzlichen Aufteilung des Gemeinbesitzes die Wallhecken beizubehalten. Sie griffen im Gefolge der Separation und mit der Ausbreitung der Viehzucht im atlantischen Westen sogar auf ehemals offenes Land, die Campagnes und Plaines, über, wie das auch in Norddeutschland der Fall gewesen ist. Kehrte man wieder mehr zum Getreidebau zurück, so verschwanden auch die Hecken (Ebene von Caen).

Wo sich sonst noch in Frankreich ein „pays d'enclos" entwickelt hat, kann man ebenfalls feststellen, daß es sich fast ausnahmslos um Gebiete mit vorherrschender Viehzucht und Weidewirtschaft handelt. Das gilt insbesondere von dem Französischen Zentralplateau, das wald- und ackerarm, aber reich an Vieh ist und unter den Futter-, Weide- und Viehzuchtgebieten Frankreichs mit an erster Stelle steht. Ausgenommen ist der Nordwesten (Limousin), der zu den Plaines gehört und keine Hecken hat. Ferner zeigen Teile des Französischen Jura, wo ja gleichfalls die Viehzucht die Hauptrolle spielt, jene Zellstruktur.

Folgen wir von der Vendée der atlantischen Küste weiter nach Süden, so stoßen wir nach langer Unterbrechung (Saintogne, Landes) im französischen Baskenland, zwischen den Landes und den Westpyrenäen, wieder auf ein pays d'enclos. Es erstreckt sich südlich des Adour bis ans Meer und ist ein niederschlagsreiches Gebiet, reich an Wiesen und Maisfeldern, von Hecken durchzogen und von Obstbaumgruppen erfüllt, in denen sich die verstreuten stattlichen Baskenhöfe verbergen.

8. Heckenlandschaften im Norden und Nordwesten der Pyrenäen-Halbinsel.

Der gleiche Landschaftstyp setzt sich in den beiden baskischen Provinzen Spaniens Guipuzcoa und Vizcaya fort. In den tieferen Regionen und auf den Terrassen des immerfeuchten Berglands sind die Weiden, Äcker und Gärten allgemein von Hecken, vorwiegend Brombeerhecken, mit viel Efeu und zahlreichen anderen, teils sommergrünen, teils immergrünen Gewächsen, wie Rosa, Ilex, Quercus ilex, umgeben[47]). Der Heckenreichtum, die saftigen Wiesen, das feuchte und ozeanisch milde Klima, die sauberen Gehöfte in Streulage, die Aufteilung des Kulturlandes in Kleinbesitz erinnern an die Bretagne oder Südengland. Das hindernisreiche, kleingekammerte Gelände ermöglichte der Bevölkerung während der Karlistenkriege, dem Madrider Regiment jahrelang hartnäckigen Widerstand zu leisten. Heckenreich, wenn auch nicht in dem Maße wie das Baskenland, sind weiterhin Asturien und Galicien, vornehmlich die Ebenheiten und Hügelländer in Küstennähe, aber es reichen die kleinen heckenumsäumten Parzellen an den Hängen oft hoch hinauf. Nicht nur die Wiesen, sondern auch die Klee-, Mais-, Bohnenfelder und anderes Ackerland sieht man in Asturien häufig von Buschgrün umsäumt. Weiter oben im Gebirge werden die Hecken von Mauern abgelöst, die aber auch unten nicht fehlen. Gärten, Weide und Ackerland der Gebirgssiedlungen Asturiens und Galiciens pflegen von solchen eingefaßt zu sein. Überall ist in den genannten spanischen Randlandschaften die Rinderzucht hoch entwickelt; sie ist die bedeutendste ganz Spaniens.

Auch noch im nördlichen Portugal trifft man viele Hecken an, wenn sie auch in der Physiognomie der Landschaft keine größere Rolle spielen. Am stärksten verbreitet sind sie im Nordwesten zwischen der Minho- und Douromündung, im Bereich des Kleinbesitzes, der Einzelhöfe und Weiler, z. B. in der Umgebung von Braga[48]). Sie treten auch noch im nördlichen

[47]) M. Willkomm, Grundzüge der Pflanzenverbreitung auf der iberischen Halbinsel (Engler-Drude, Die Vegetation der Erde I) 1896, S. 122.

[48]) Nach freundl. Mitteilung von Prof. E. Lautensach (Greifswald).

Mittelportugal, der Beira Alta, auf, verschwinden aber im Bereich des Großgrundbesitzes. Im trockenen und heißen Süden säumen Steinmauern und Hecken aus Opuntien und Agaven die Gemüsegärten und Apfelsinenhaine.

9. Die englische und walisische Heckenlandschaft.

Zu einem überaus charakteristischen Landschaftsbestandteil, ja, man könnte sagen zum Symbol eines ganzen Landes, sind die Hecken Englands geworden (Abb. 3). Fast ganz England hat das Gepräge eines Bocage. Erdwälle (banks) mit lebenden Hecken (hedges) aus Büschen und Bäumen, von Gräben begleitet, umgeben Weiden und Ackerfelder, säumen Wege und Straßen. Besonders beliebt ist der Weißdorn, der ja in germanischen Ländern schlechthin Hagedorn (hawthorn) genannt wird; er erfüllt zur Blütezeit die Landschaft mit seinem eigenartigen Duft und weißen Blütenschnee. A. von Weckherlin[49]), der England vor 100 Jahren bereiste, rühmt die sorgfältige Pflege der Wälle und Hecken gegenüber den holsteinischen Knicks und weist noch auf einen anderen Unterschied hin. Um den Wall oben nicht so breit machen zu müssen, pflanzt man vielmals die Hecke nicht obenauf, sondern an der Seite. Der Wall bleibt daher oft dem Blick verborgen. Der Busch muß dann allerdings 6 bis 7 Jahre gegen den Verbiß des Weideviehs geschützt werden, wenn er gedeihen soll. Auffallend zahlreich sind im Englischen die Namen von Pflanzen und Tieren in Verbindung mit „hedge".

Bewegt man sich in ebenem Gelände auf den engen Heckenwegen (lanes), so sucht man vergebens nach einem Ausblick. Besteigt man einen Hügel, so täuschen die vielen Büsche und Bäume Wald vor. Aber aus der Vogelperspektive gesehen löst sich der Wald in ein mehr oder weniger engmaschiges Gewebe von Hecken auf. Felder, Weiden, Wiesen, Gärten, alles ist eingehegt. Es fehlt das „freie Feld", das offene Land, das die reisenden Engländer in Deutschland daher auch so fremd anmutet. Diese Kammerung der Landschaft, die betonte Absonderung vom Nachbarn, die ja auch in der ländlichen Siedlungsweise zum Ausdruck kommt, entspricht durchaus dem Nationalcharakter des Engländers, seinem Individualismus, dem Grundsatz „help yourself". „Love your neighbour, but pull not down your hedge" ist ein altes englisches Sprichwort. Die eingehegten Felder, sagt J. G. Kohl[50]), haben etwas Heimliches, Häusliches, etwas was die

[49]) A. von Weckherlin, Über englische Landwirtschaft. 3. Aufl. Stuttg. u. Tüb. 1852, S. 68.

[50]) J. G. Kohl, Land und Leute der Britischen Inseln. 1844. Bd. I, S. 82.

Engländer „domestic scenery" nennen. Wie dem Engländer das Haus zur Burg wird, der Garten zum Park — eine Bezeichnung, die ja auch den Begriff der Einfriedigung einschließt; das Wort ist mit paddock, Gehege, und unserm „Pferch" verwandt —, so bilden die von Wallhecken umsäumten Äcker und Weiden gleichsam Futterkammern und Stallungen unter freiem Himmel.

Selbstverständlich sind auch alle anderen Arten von Feldeinfriedigungen vertreten; in weiten Gebieten treten die Hecken ganz zurück, ja, fehlen sie wohl sogar völlig. Der Wind kann so heftig sein, daß Büsche und Bäume nicht gedeihen. So muß man sich in Nordwestwales (Anglesey) meistens mit kleinen Graswällen oder Steinmauern begnügen. In Innerwales werden die Bergweiden, sofern sie nicht überhaupt der Einhegung entbehren, wie dort, wo sie gemeinschaftlich genutzt werden, und in den höchsten Teilen des Berglands, teils durch Steinmauern, häufiger noch durch Stacheldraht, der von England eingeführt wurde, abgeteilt. Hecken sind auf die windgeschützten Täler beschränkt. Ähnlich ist es in anderen, den Westwinden stark ausgesetzten Bergländern. Dämme und Steinwälle bilden ein engmaschiges Netzwerk auf den kahlen, offenen Hängen von Westcornwall. Auf dem südpenninischen Hochland von Derbyshire und Staffordshire vertreten weiße Kalksteinmauern die Hecken. Und in den cumbrischen und nordpenninischen Bergen ist es in der Regel auch so, daß Steinwälle die tiefer gelegenen Weiden und armen Felder trennen; darüber folgt die offene Schafweide mit Gras und Heide. In den Industriegebieten, z. B. von Lancashire und Cheshire, beeinträchtigt der Fabrikrauch stark das Wachstum der Bäume und Hecken. Gräben treten im Flußschwemmland und in den Seemarschen an die Stelle der Hecken; so auf den weiten Flächen des Fenlands und in den Marschen von Lincolnshire. Südlich der Humbermündung sind aber doch auch lebende Hecken im Marschengebiet nicht selten. Für die Kalklandschaften des Lias und des Ooliths sind in ganz England Steinmauern als Einfriedigung der Äcker in hohem Maße bezeichnend[51]). Ein solcher Gürtel erstreckt sich durch das ganze mittlere England von Dorset bis Lincolnshire.

Wie die Knicklandschaft in Deutschland und der Bocage in Frankreich haben sich auch die hedges in England im Laufe der Jahrhunderte immer weiter ausgebreitet, um schließlich nahezu ganz England zu erobern. In Gebieten ursprünglicher Einzelwirtschaft geschah das mit der zunehmenden Rodung, Kultivierung und Siedlungsverdichtung. Wo aber die alte angel-

---

[51]) H. Keldorfer, Die Landwirtschaft von England und Wales. Bad. Geogr. Abh. 1933. S. 47.

Entwurf O. Jessen

Abb. 3. Heckenlandschaften (fencing country) auf den Britischen Inseln.

Senkrecht schraffiert: Wallhecken- und Heckenlandschaften. Wagerecht schraffiert: Landschaften mit vorherrschend Stein- oder Erdwällen. Punktiert: Grabenlandschaften.

Maßstab 1:7,8 Mill.

sächsische Feldgemeinschaft herrschte, war die Ausbreitung der Heckenlandschaft vornehmlich eine Begleiterscheinung des Übergangs zur Individualwirtschaft und der damit in der Regel verbundenen Verkoppelung der Flur. Allerdings sind in vielen Fällen die Hecken erheblich jünger als die „Einhegung" (enclosure). Von wesentlichem Einfluß waren ferner das Klima und jene tiefgreifenden landwirtschaftlichen Umwälzungen, welche erstmals Ende des 15. Jahrhunderts und dann wieder in der zweiten Hälfte des vorigen Jahrhunderts zu einer starken Ausdehnung des Weidelandes auf Kosten des Ackerlandes führten. Schließlich hat auch wie auf dem Festland das Schrumpfen des Waldes, das im 17. und 18. Jahrhundert in England bedenklichen Umfang annahm, zur Ausbreitung der lebenden Umzäunungen beigetragen.

Sehr alt sind die Heckenlandschaften in Wales und Südwestengland, Gebiete, welche hierin wie in so vielen Zügen der Natur- und Kulturlandschaft den keltischen Teilen des benachbarten Festlandes, der Bretagne, gleichen. Reichliche Niederschläge und große Luftfeuchtigkeit begünstigen in hohem Maße den Wiesenwuchs und damit die Viehzucht, die hier daher auch wohl von jeher im Vordergrund gestanden hat. Die Wintertemperaturen sind so milde, daß in vielen Gegenden des westlichen und südwestlichen Englands und westlichen Wales das Vieh das ganze Jahr über auf der Weide bleiben kann. Aber der heftigen Winde wegen ist es zweckmäßig, ja notwendig, Weiden und Äcker mit Wallhecken, oder, wo Hecken nicht gedeihen, wenigstens mit Grasdämmen bzw. Steinwällen zu umgeben. Es hat das außerdem den Vorteil, daß sich das Vieh frei und ohne Hirten auf der Weide und auf der zeitweiligen Weide des Ackerlandes aufhalten kann. Die ursprüngliche Funktion der Wallhecken aber waren doch ohne Zweifel die Abgrenzung und der Schutz des Eigentums nach außen hin. Denn hier fand die germanische Feldgemeinschaft nur teilweise Eingang; Äcker und Wiesen waren wie in der Bretagne meistens von Anfang an Privatbesitz. Freilich gab es daneben auch Gemeinland; es waren das weiter entfernt gelegene unkultivierte oder nur zeitweilig genutzte Ödländereien, besonders die als Schafweide dienenden mageren Bergweiden, die heute noch vielmals der Einhegung entbehren. Auch die Besiedlung wird in ähnlicher Weise wie in der Bretagne vor sich gegangen sein. Ob von jeher die Einzelsiedlung geherrscht hat, ist ungewiß. Eher ist anzunehmen, daß die Gehöfte, wie es M. Bloch für die Bretagne nachgewiesen hat, in kleinen weitläufigen weilerartigen Gruppen beisammen lagen. War das noch wenig gerodete und dem Boden nach größtenteils ziemlich ärmliche Land zunächst nur dünn besiedelt, so verdichtete sich allmählich die Bevölkerung. Die neuen Siedler wurden auf dem Gemeinland angesetzt, oder rodeten in der Wildnis, oder erhielten durch Erbteilung ein Stück des schon kultivierten Landes. Sie ließen sich abseits der dörflichen Gemeinschaft auf ihrem Grund und Boden nieder und umhegten ihre Felder ebenfalls mit Graben, Wall und Hecke. So wurde die Streusiedlung immer ausgeprägter, das Netz der Wallhecken immer ausgedehnter und engmaschiger.

Einige sprachkundliche, geographisch interessante Bemerkungen seien hier eingeschaltet[52]). Das übliche kymrische (walisische) Wort für das, was wir Wallhecke, Knick, die Engländer hedge nennen, ist der Bedeutung nach clawdd[53]). Das Wort ist etymologisch identisch mit neuirisch (gälisch) claidhe; die bretonische Entsprechung ist kleuz[54]) (= clôture, fossé, haie). Diese Worte bedeuten aber von Haus aus „Graben" (ditch), was sich heute noch in dem Verbum cy. claddu = graben, ir. claidhim = I dig, eccarate, fence zu erkennen gibt. So finden wir im Keltischen überraschenderweise dieselbe sprachliche Eigentümlichkeit wie in Westdeutschland und in Westfrankreich, wo das Wort „Graben" (fossé) für Wallhecke verwendet wird. Eine englische Parallele dazu wäre der Gebrauch des Wortes „dike", das einerseits und wohl ursprünglich Graben, andererseits Deich, Damm (franz. digue) und als Verbum sowohl „graben" als „mit einem Wall umgeben" bedeutet. Indessen werden dike bzw. ditch nicht für Wallhecken gebraucht. Es gibt für diese überhaupt keine besondere Bezeichnung; man nennt die Hecken allgemein, ob tote oder lebende, ob mit oder ohne Wall und Graben, „hedges". Das Wort hedge, Hecke, ist nach den Lautgesetzen aus urgermanisch *hagio entstanden; die indogermanische Grundform war *kaghio, auf welche auch das kymrische (walis.) Wort cae (= eingefriedigtes Stück Land) zurückgeht[55]).

Gebiete alter Einhegung sind nach den Untersuchungen von G. Slater, H. L. Gray u. a. außer Wales und dem Südwesten die an Wales angrenzenden Teile Westenglands, sowie gewisse Gegenden des nördlichen und nordwestlichen Englands von der Westküste bis zur Ostabdachung des penninischen Berglands. Wo es sich nicht um ursprüngliche Einzelwirtschaft handelt, erfolgte doch relativ früh die Abkehr vom „open field"-System. Offensichtlich besteht auch hier ein kausaler Zusammenhang zwischen Flursystem, Feldnutzung und — cum grano salis — der Siedlungsform, denn West- und Nordengland sind gleich Wales und Devon-

---

52) Nach freundlicher Auskunft von Herrn Prof. Dr. H. Huscher (Rostock).

53) w gespr. u; dd = stimmhaftes engl. th.

54) z = stimmh. s.

55) Fence (= Zaun, Einfriedigung) hat die Grundbedeutung Verteidigung, Schutz (etymologisch = defence).

Cornwall Gebiete mit vorherrschender, naturbegünstigter Weidewirtschaft und Einzel- bzw. Weilersiedlung.

Schließlich ist auch der Südosten Englands bis Ende des 16. Jahrhunderts schon größtenteils eingehegt. Teile von Kent, Surrey und Sussex — wiederum Landschaften mit überwiegend Viehzucht und Einzelsiedlung — scheinen nach G. Slater[56]) das common field-System gar nicht gekannt zu haben. Auffallend ist die frühe, jedenfalls bis zum Beginn des 18. Jahrhunderts abgeschlossene Einhegung in den Ackerbaudistrikten von Essex, Suffolk und Teilen von Norfolk. Sie wird wie in anderen Gegenden Südostenglands mit dem starken Anwachsen der Bevölkerung erklärt[57]).

Zwischen diesen Gebieten älterer Einhegung im Südwesten, Westen, Norden und Südosten erstreckte sich bis Ende des 17. Jahrhunderts ein breiter Gürtel quer durch England von Dorset und Hampshire im Süden bis Lincoln und York im Osten, in dem sich die alte Feldgemeinschaft, verbunden mit Flurzwang, Gewanndorfsiedlung und vorherrschendem Ackerbau, fast überall erhalten hatte. Er fällt, worauf in der Literatur mehrfach hingewiesen worden ist, im großen und ganzen mit der Verbreitung der mesozoischen Formationen zusammen[58]). Erst die „Parlamentarische Einhegung" im 18. und 19. Jahrhundert hat dort mit dem open field-System aufgeräumt, und erst seit dieser Zeit begann daher auch mit der Verkoppelung die Umwandlung in Heckenlandschaften, bei gleichzeitiger Zunahme der Einzelsiedlungen, der Weidewirtschaft und Viehzucht.

So ist denn mit unbedeutenden Ausnahmen überall in England das „common open field" oder „champaine", „champion", wie man es in Übereinstimmung mit dem französischen „champagne" früher nannte, verschwunden. Das arme, der Schafzucht dienende Bergweideland ist vielfach Gemeinbesitz geblieben. In Westmorland, Northumberland und Cumberland entfällt darauf nach H. Keldorfer[59]) sogar mehr als die Hälfte der Fläche. Ungehegtes, offenes Land findet sich auch z. B. in großer Ausdehnung im Bereich der Sandheiden des Londoner und Hampshire-Beckens, der Downs und der großen Hochmoore und Ginsterheiden Südwestenglands. Schließlich fehlen Hecken dort, wo mit dem Übergang zur Eigenwirtschaft die Verkoppelung nicht verbunden war, wie im Bereich der Isle of Axholme.

---

[56]) G. Slater, The English Peasantry and the Enclosure of Common Fields. London 1907. S. 232.

[57]) H. Peake, The English Village. 1922.

[58]) F. Haverfield in Geogr. Journal 30,2 (1907).

[59]) H. Keldorfer, a. a. O. S. 158.

Die Heckenlandschaft des Gürtels der parlamentarischen Einhegung trägt im allgemeinen ein durchaus anderes Gepräge als im übrigen England und Wales[60]). Hier ist das Gewebe engmaschiger, die Hecken sind höher, die Wege eng und gewunden und förmliche Heckenhohlwege. So dicht und hoch sind die Büsche und Bäume, daß in älteren Werken die Bezeichnungen „Heckenland" und „Woodland" vielfach gleichbedeutend gebraucht werden[61]). In Devonshire sind die von lebenden Hecken gekrönten Wälle nicht selten 8 Fuß hoch und 6 bis 7 Fuß breit, und die Knickwege („lanes" oder „hedge rows") so eng, daß beladene Kornwagen nicht durchkommen und das Getreide auf dem Rücken der Pferde eingebracht werden muß. Ähnlich ist es in anderen Gegenden im Westen und Südosten. Sich begegnende Kraftwagen geraten auf den engen Wegen und Straßen in nicht geringe Schwierigkeiten, da sich die Wallhecken zu beiden Seiten unvermittelt erheben und nur hin und wieder ein Hecktor die Möglichkeit zum Ausweichen bietet. Fußgänger übersteigen die Wälle auf den „stiles" (= Zauntritt, altengl. Stigel)[62]), um von einem Feld ins andere zu gelangen. In den nationalen Kämpfen zur Zeit der Königin Elisabeth spielte das Gewirr der Hecken in Devonshire eine ähnliche Rolle wie der Bocage der Vendée und Bretagne zur Zeit der französischen Revolution.

Anders in dem Gebiet junger Einhegung. Abgesehen davon, daß dort statt der Hecken, wie erwähnt, vielfach Steinmauern auftreten, ist das Geflecht, der Feldgröße entsprechend, im allgemeinen weitmaschiger, sind die Hecken niedriger, die Wege breit und gerade und beiderseits von Grasrainen begleitet. Nicht selten findet man die Hecken vernachlässigt und lückenhaft. So z. B. in Hampshire, Wiltshire, Berkshire, Dorset, wo sie große rechteckige Felder umgeben. In diesem Teil der Midlands hat sich die Einhegung mit am wenigsten sichtbar ausgewirkt; das Kulturland ist auffallend offen geblieben und eine Umwandlung von Acker- in Weideland und von Dörfern in Einzelsiedlungen nur in geringem Umfang eingetreten. Auf den Salisbury Plains und in manchen anderen Gegenden der Downs sind vielfach nur noch Reste der Einfriedigung vorhanden; der Wall ist zerstört, von den Hecken nur noch hier und dort ein Hagedornbusch übriggeblieben.

---

[60]) Vgl. G. Slater, a. a. O. S. 261 und vom selben Verf. „The Inclosure of Common Field considered geographically." Geogr. Journ. 29 (1907). S. 35—55.

[61]) G. Slater, The English Peasantry etc. S. 216.

[62]) Dieses alte, dem in Schleswig-Holstein gebräuchlichen „Stegel" entsprechende Wort wird auch bildlich verwendet. „To help a lame dog over the stile" heißt soviel wie „Jemandem über Schwierigkeiten hinweghelfen". — „Hedge" findet sich in verschiedenen engl. Sprichwörtern und Redewendungen (z. B. „to be on the wrong side of the hedge" = sich irren).

Auch in England ist man sich wohl bewußt, daß mit den Wallhecken gewisse Nachteile verbunden sind, zumal beim Ackerland. Sie nehmen ziemlich viel Platz ein, verzögern im niederschlagsreichen Westen das Reifen des Getreides, da sie den Wind abhalten, und sind Sammelplätze für Unkraut und allerlei Ungeziefer, Ratten und Vögel. In Nordwestwales wird der Gartenbau durch die vielen Kaninchen, welche in den die Felder umschließenden Grasdämmen hausen, erschwert[63]). Hecken sind auch beim Pflügen hinderlich.

Aber viel größer ist doch, gerade in England, der Nutzen der Wallhecken. In erster Linie als Windschutz. Für das Weidevieh und für eine möglichst intensive Ausnutzung der Weiden ist der Schutz gegen Wind und Wetter unentbehrlich. Wo die Hecken nicht ausreichen, errichtet man oft noch Schutzdächer, wie übrigens auch in Schleswig-Holstein. Aber auch das Ackerland braucht Windschutz, da die Samen der Kulturpflanzen leicht freigeblasen werden, das im Halm stehende Getreide, z. B. die in Westengland viel angebaute breitährige Gerste, leicht abknickt und im Reifezustand die Körner herausschlagen. In dem regenarmen Südosten und Osten halten die Hecken die besonders im Frühling und Sommer vorherrschenden kontinentalen Ostwinde ab. Daneben haben die Hecken mit ihren Büschen und Bäumen in dem waldarmen Land einen nicht zu unterschätzenden Wert als Holzlieferanten. Von allem anderen abgesehen, bietet aber schon der konservative Sinn der englischen Landbevölkerung die Gewähr dafür, daß die so beliebten hedges, dieser Schmuck und so charakteristische Bestandteil der englischen Landschaft, erhalten bleiben.

10. Das eingehegte Land in Schottland und Irland.

Echte Knicks mit Hecktoren und stiles sind auch in den schottischen Lowlands, den fruchtbaren Landschaften von Strathmore, Fife, des Carse of Gowrie und auf der Südseite des Firth of Forth um Edinburg, in den Lothians, sehr verbreitet. Die Bevölkerung legt auf ihre Instandhaltung großen Wert, niemand denkt daran, sie zu entfernen, denn sie werden in vielerlei Hinsicht als sehr nützlich angesehen. Auch haben die Bewohner ein lebhaftes Empfinden dafür, daß die aus Schlehdorn, Heckenrosen, Stechpalmen und anderem Gesträuch zusammengesetzten Hecken sehr zur Verschönerung des Landes beitragen. Man sucht sogar günstige Nist-

[63]) H. Keldorfer, a. O. S. 77.

gelegenheiten für die Vögel zu schaffen, indem man Sträucher wählt, deren Früchte, wie die Vogelbeeren, den Tierchen den Winteraufenthalt erleichtern[64]).

Anbau ist auch im klimatisch begünstigten Osten Schottlands über 300 m M. H. nicht mehr möglich, und in dieser Höhe hört auch die Knicklandschaft auf. Weiter oben, im Bereich der Bergweiden, stößt man hin und wieder noch auf einen Steinwall, sonst ist alles offenes Land. Im Westen gedeihen Hecken nur noch im Windschatten der Berge und in den geschützten Tälern. Und auch gegen Norden verkümmern die Hecken immer mehr. In Caithness und auf den sturmgepeitschten Orkney- und Shetlandinseln säumen Steinmauern die wenigen ärmlichen Felder.

Das Kulturland Schottlands war noch vor wenigen Jahrhunderten „open field". Es herrschte — wie auch in Cumberland — die Gemeinschaft in der Form des altschottischen „run-rig" Systems[65]). Man unterschied das „infield", d. h. das gute, dauernd beackerte, in schmale Streifen aufgeteilte Land, und das „outfield", das nicht gedüngt wurde, mehrere Jahre hindurch brach lag, dann umgepflügt und mit Hafer bestellt wurde, so lange es lohnte. In bergigem Gelände war es gewöhnlich so, daß am unteren Hang, von der Bachgrenze an aufwärts, das nach dem runrig-System bewirtschaftete infield lag. Darüber folgte, von jenem durch den „head dyke" getrennt, das outfield und auf der Höhe dehnte sich die „common pasture". Schon vor der mit der enclosure verbundenen allgemeinen Reform der ländlichen Besitzverhältnisse wurde nach und nach das alte Flursystem in der Weise abgewandelt, daß die Feldstreifen nicht von Jahr zu Jahr neu verteilt, sondern den Bauern für ständig zugeteilt wurden. Das gesamte Land aber blieb uneingehegt; die Gewannstreifen waren nur durch Furchenraine (baulks) voneinander getrennt. Erst mit dem Verschwinden der Gemeinwirtschaft seit Ende des 17. Jahrhunderts und seit der damit verbundenen Verkoppelung beginnt das Gewebe der Wallhecken und anderer Einfriedigungen das Kulturland Niederschottlands zu überziehen. Das auch in Schottland feststellbare starke Anwachsen des Grünlands auf Kosten des Ackerlands seit der Mitte des vorigen Jahrhunderts hat zur Ausbreitung und Pflege der Wallhecken noch wesentlich beigetragen.

In Irland spielen Knicks, Wälle, Mauern und andere Umzäunungen eine nicht geringere Rolle im Landschaftsbild wie in England, Wales und Schottland. Die Aufteilung des Kulturlandes ist ungeheuer stark und alle die vielen kleinen und kleinsten Feldstücke pflegen eingehegt zu sein, am

[64]) J. Kruse, Niedersachsenbuch I (1914), S. 162.

[65]) J. F. Grant, The Highland Openfield System. The Geogr. Teacher 1925/26. S. 480—488.

sorgfältigsten das Weideland, das — ungerechnet die Bergweide — über die Hälfte der landwirtschaftlich genutzten Fläche Irlands ausmacht. So kann man das Vieh auf den Koppeln Tag und Nacht sich selbst überlassen.

Die Wälle bestehen größtenteils aus Geschiebeblöcken, die aus dem Glazialschutt, der in den unteren Regionen zwei Drittel der Oberfläche der Insel bedeckt, herausgelesen sind, sonst aus Erde oder Grassoden. In den Karstgebieten sind Steinmauern verbreitet[66]). Lebende Hecken, die sich an Üppigkeit mit denen Englands messen können, krönen vielfach die Wälle auf der geschützteren Ost- und der milden Südseite, z. B. in Teilen von Antrim, Down, Cavan, Meath, Wexford, Cork und in windgeschützten Gebirgstälern. Im Bereich der zentralen Ebene aber und in den Gebirgen des Westens und Nordwestens hemmen die Stürme das Wachstum. Da werden die Büsche kümmerlicher und über weite Flächen bildet nur noch der unverwüstliche Stechginster eine üppig wuchernde gelbe Umrahmung der Weiden und Äcker. Sehr häufig fehlt den Wällen und Mauern jegliches Buschwerk und nur kümmerlich ist der Windschutz, den sie dem Vieh, den Feldfrüchten und Gärten gewähren. Gras überzieht die Erdwälle, Moos und Efeu überkleiden die Steinmauern, die also dennoch grün erscheinen, wie alles auf dieser „grünen Insel". Die Wälle und Mauern sind nur mäßig hoch; sie hemmen nicht den Blick. In dieser so charakteristischen Landschaft entwickelte sich das berühmte irische Hindernis- und Jagdrennen als Volkssport, dem noch heute mit Leidenschaft gehuldigt wird. Die Steeple Chase, ursprünglich ein Querfeldein-Hindernisrennen, ist irischen Ursprungs. Und der „Irische Wall" ist als traditionelles Hindernis in den internationalen Rennsport eingegangen. Er ist ein etwa ein Meter hoher Erdwall von solcher Breite, daß die Pferde ihn nicht überspringen können, sondern hinauf- und hinabspringen müssen.

Wälle und Mäuerchen ziehen sich als Umgrenzung der Schafweiden bis hoch in die Berge hinauf. Neuerdings werden, wie in Wales, für die Schafe im Gebirge auch mehr und mehr Drahtzäune verwendet. Statt der Wälle und Hecken kennzeichnen Gräben die weiten, einsamen Ebenen der Moore.

Das übliche irisch-gälische Wort für Wall und Graben mit oder ohne Hecke ist „claidhe", ein Wort, das, wie oben schon gesagt, ursprünglich „Graben" bedeutet. „Fál" (= vallum) ist der Wall ohne Hecke, die tote Feldeinfriedigung schlechthin (wall, barrier, pailing, dead hedge). Der Wall mit lebender Hecke heißt „fál beo" (= lebender Wall), und so nennt man auch wohl die lebende Hecke (quickset hedge) allein.

[66]) Nach freundl. Mitt. von Herrn Dr. G. Hasenkamp (Tübingen).

A. Meitzen[67]) zitiert nach Fr. Seebohm irische Quellen, welche besagen, daß es bis zum 7. Jahrhundert auf der Insel weder einen Graben, noch einen Zaun, noch einen Steinwall um Grundstücke gab, sondern alles ebenes Land (smooth fields) war. Meitzen schließt daraus, daß um 600 n. Chr. die Bevölkerung des Landes auf dem Punkte angelangt war, wo „die alte Weidewirtschaft mit geringfügigem Ackerbau zum Unterhalt nicht mehr ausreichte, sondern die Notwendigkeit erkannt wurde, zu regelmäßiger Ackerbestellung in dauernden, fest eingezäunten, also auch der allgemeinen Weide nicht mehr zugänglichen Kämpen überzugehen, wie sie uns noch heute überall auf den irischen Flurkarten begegnen." Fr. Seebohm[68]) vertrat demgegenüber eine andere Auffassung. Er war der Ansicht, daß vor dem Auftreten der Zäune und Mauern Feldgemeinschaft in Form des Rundale- oder Runrigsystems herrschte, d. h. also mit gewannförmiger Aufteilung der Feldfluren, Gemenglage der Grundstücke und regelmäßigem Besitzwechsel der Streifen in den Schlägen. Es dürfte wohl so sein, daß sich die Besiedlung, Bewirtschaftung und Flurgestaltung im allgemeinen in ähnlicher Weise entwickelt haben wie in den anderen keltischen Siedlungsräumen (Wales, Bretagne), nämlich auf der Grundlage der Einzelwirtschaft. Andererseits ist zuzugeben, daß doch auch in Irland zahlreiche Beispiele von Feldgemeinschaft bekannt sind, ja, daß in einigen Fällen sogar bis in die neueste Zeit das Runrigsystem in Anwendung gewesen ist[69]).

Im Laufe der Zeit gelang es den Adeligen und anderen Mächtigen, einen immer größeren Teil des Kleinbesitzes in ihrer Hand zu vereinigen. Der Landlord wurde der Grundherr, das Landvolk sank auf die Stufe des Pächters herab und seine Lage wurde im 18. und 19. Jahrhundert immer unerträglicher. Seit 1847 hat auch in Irland, veranlaßt durch die englische Agrarpolitik und wie kaum irgendwo sonst begünstigt durch die Natur des Landes, fast ohne Unterbrechung ein Anwachsen des Weideareals auf Kosten des Ackerlandes stattgefunden[70]). Erst dadurch hat die irische Kulturlandschaft ihr heutiges Gepräge erhalten. Mit der Umwandlung der Äcker in Weiden war ein starker Rückgang der kleinen Güter zugunsten des größeren Grundbesitzes verbunden.

In den westlichen Counties hatten Ende des vorigen Jahrhunderts die Maßnahmen der „Congested Districts Board" vielfach den Ausbau, bzw.

---

[67]) A. Meitzen, Siedlung und Agrarwesen der Westgermanen und Ostgermanen usw. 1895. Bd. I, S. 193—194.

[68]) Fr. Seebohm, The English village Community. London 1883. S. 225.

[69]) A. Meitzen, a. a. O. S. 208f.

[70]) H. Dörries in Klutes Handb. d. geogr. Wiss. Bd. West- und Nordeuropa, S. 326.

eine Umgestaltung des Netzes der Feldeinfriedigungen im Gefolge. Diese Behörde war 1891 ins Leben gerufen worden, um von Staatswegen die Lebensbedingungen der Bevölkerung in den ärmsten Distrikten des Westens zu bessern. Dort herrschte teilweise noch die alte Wirtschaftsform des „rundale". In anderen Gegenden war die Feldzerstückelung zu einem solchen Ausmaß gelangt, daß eine Fläche von 1 Acre Größe unter 12 verschiedenen Personen aufgeteilt sein konnte. Durch Arrondierung des Besitzes (striping) und Anlage von Wegen, Gräben, Zäunen usw. galt es, gesundere Verhältnisse zu schaffen. Als Beispiel sei die Clare-Insel an der Westküste von Connaught genannt[71]). Auf der Insel gab es keine Zäune, die Rinder und Schafe weideten frei überall umher und nur mit Mühe konnten sie vom Fruchtland ferngehalten werden. Wenige Pächter wußten, wo ihr Land und ihre Rechte begannen und aufhörten. Das erste war, daß ein Steinwall von etwa 5 engl. Meilen Länge über die Insel gezogen wurde, um das Kulturland von der Bergweide zu trennen. Von ihm aus wurden zahlreiche Stein- und Erdwälle und andere Umzäunungen zur Küste gezogen, mit einer Gesamtlänge von über 50 Meilen, welche das arrondierte Land der einzelnen Pächter voneinander schieden.

11. Zusammenfassung.

Kulturlandschaftlich ist im nordwestlichen und westlichen Europa allgemein zwischen eingefriedigtem Land (pays d'enclos; fencing country) und offenem Land (champagne, plaine; champaine, champion, open field) zu unterscheiden. Ersteres säumt mit Unterbrechungen in mehr oder weniger breitem Gürtel den Rand des Kontinents von Dänemark durch Nordwestdeutschland, die Niederlande, Belgien bis Französisch-Flandern, von der Ostnormandie bis zur Vendée, vom Baskenland durch Asturien, Galicien bis ins nördliche Portugal und nimmt ferner fast die gesamte Kulturfläche der Britischen Inseln ein.

Die Art der Einfriedigung ist verschieden; sie ist landschafts-, nicht stammesgebunden. Besonders weit verbreitet und für das westliche Europa charakteristisch sind die Wallhecken (Knicks, Kampenwälle), die im südlichen Jütland, auf den dänischen Inseln, in Schleswig-Holstein, in Ostfriesland, Oldenburg, Hannover, Westfalen, in den Heidedistrikten der Niederlande und Belgiens, in der Normandie, Bretagne, Vendée und in England, Wales, Niederschottland, Irland weiten Gebieten das Gepräge geben.

---

[71]) The Provinces of Ireland. Herausgegeben v. G. Fletcher. Bd. Connaught. Cambridge 1922. S. 150.

Zur echten Wallhecke gehören ein oder zwei Gräben, Wall und lebende Hecke; charakteristisch sind ferner die nach innen sich öffnenden Hecktore und die Übergänge (Stegels, stiles). Den wichtigsten Bestandteil der Einzäunung bildet die Hecke, die aus Büschen und Bäumen besteht und überall in ähnlicher Weise durch „Knicken" des jungen Holzes hergestellt und auch in ähnlicher Weise genutzt wird. Einige typische Heckenpflanzen sind allgemein verbreitet; im übrigen aber bestehen in der floristischen Zusammensetzung regionale Unterschiede. Vornehmlich finden sich solche Sträucher, die in der betreffenden Gegend den Waldrand zusammensetzen, und auch die Begleitflora in Gestalt von Schlingpflanzen und Kräutern ist entsprechend. Die Anlage einer Wallhecke beginnt mit dem Ausheben des Grabens. Daraus erklärt sich die sprachliche Eigentümlichkeit, daß sowohl im Deutschen und Französischen, wie im Keltischen das Wort Graben (fossé usw.) die Bedeutung von Wallhecke oder allgemein Hecke erlangt hat.

Wo die heftigen Winde den Busch- und Baumwuchs unterdrücken, wie in Küstennähe oder auf den Höhen der Gebirge, fehlt die lebende Hecke. Es kann wohl auch der Graben fehlen und der Wall nur aus Lesesteinen aufgebaut sein. Hecken ohne Wall oder Graben sind dagegen verhältnismäßig selten.

Jenen von Wallhecken, Wällen, Mauern, Hecken übersponnenen Gebieten in Westeuropa (Abb. 4) sind folgende Merkmale gemeinsam: Ozeanisch-feuchtes Klima, starkes Hervortreten, meist Überwiegen der Viehzucht, Waldknappheit, starke Feldzerstückelung und im allgemeinen lockere Siedlungsweise (Einzelsiedlung, Schwarmsiedlung, Weiler).

Es gibt alte und junge Heckenlandschaften. Ihre Entwicklung ist aufs engste mit der Agrargeschichte und Flurform des betreffenden Gebietes verknüpft. Am ältesten dürften die Heckenlandschaften der Niedernormandie, Bretagne, Vendée, Südwestenglands und von Wales sein, d. h. also der keltischen Siedlungsräume des an Heiden und Mooren reichen Armorikanischen Massivs mit von jeher lockerer Siedlungsweise und alter Viehzucht. Sehr alt ist auch das Heckenland im germanisch-keltischen Grenzbereich zwischen Schelde und Maas. Frühzeitig mit dem Netzwerk der Wälle und Hecken versehen wurden wohl auch gewisse Einzelhofgebiete im Westen, Norden und Südosten Englands. In Irland scheint die Entwicklung im 8. Jahrhundert begonnen zu haben. Und während des Mittelalters bis in die Neuzeit hinein breitete sich mit der Kampsiedlung in den germanischen Teilen Belgiens, in den Niederlanden und in Nordwestdeutschland das Netz der Wallhecken und Hecken immer mehr aus,

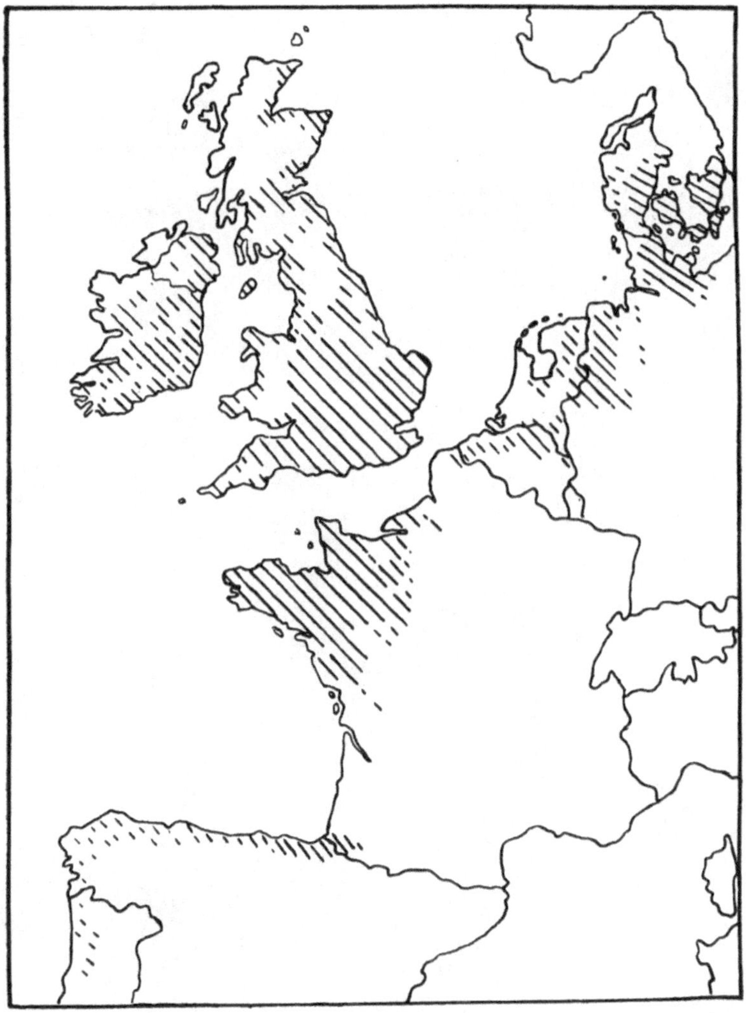

Entwurf O. Jessen

Abb. 4. Heckenlandschaften im Nordwesten Europas.
Maßstab 1 : 16,5 Mill.

sich gleichzeitig immer mehr verdichtend. Das Heckenland scheint in Nordwestdeutschland von Süden (Westfalen) nach Norden vorgedrungen zu sein.

Verhältnismäßig spät erst hat es auf Gebiete übergegriffen, wo die Gewannflur oder die Flurform des „rundale“ (Schottland, Teile von Nordengland und Irland) herrschte. Wohl gab es dort auch schon vordem Wallhecken und andere Einfriedigungen, welche die Gewanne als Ganzes, die Koppeln und Gärten umgaben, aber der netzförmige Zusammenschluß erfolgte doch erst mit dem Übergang von der Gemeinwirtschaft zur Einzelwirtschaft, womit vielfach (z. B. in England) die Umwandlung von Ackerland in Weide Hand in Hand ging. In England hatte dieser Vorgang schon zu Beginn der Neuzeit große Fortschritte gemacht, aber der größte Teil der Midlands hat doch erst im Gefolge der „Parlamentarischen Einhegung“ im 18. und 19. Jahrhundert das „open field-System“ aufgegeben. In dieser Zeit sind auch die Knicks in Schleswig-Holstein, Lauenburg und im westlichen Mecklenburg erst zu allgemeinerer Verbreitung gelangt. Von großem Einfluß war dort die Einführung der Koppelwirtschaft. Mit dieser verbreiteten sich die Knicks schließlich auch nach Dänemark. Wo man auf den Britischen Inseln und dem Festland die lebenden Hecken nicht schon unmittelbar bei der Zusammenlegung der Felder einführte, bürgerten sie sich doch später unter dem Einfluß des Klimas und der zunehmenden Entwaldung ein.

Durch die Wallhecken wurden die Feldstücke mit festen Grenzen versehen. Sie gestatteten die Haltung des Viehs auf offener Weide, auch auf der zeitweiligen Weide des Ackerlands. So ist denn das „out-door-system“ in jenen Landschaften allgemein in Anwendung; das Hirtenwesen hörte mit der Einhegung auf. Aber die Hecken erwiesen sich auch als nützlich zum Schutz der Tiere gegen Wind und Wetter; es wird auf ihre Erhaltung um so mehr Wert gelegt, je ozeanischer und stürmischer das Klima ist (Bretagne, Britische Inseln). Gewisse Nachteile haben die Wallhecken für den Getreidebau; um Ackerflächen sind sie daher vielfach verfallen und auch wohl abgetragen und durch Drahtzäune ersetzt worden, um die Anbaufläche zu vergrößern. Stark war in den letzten 50 bis 60 Jahren der Rückgang in Teilen von Deutschland, Dänemark, der Niederlande, auch Mittelenglands. Es ist das entschieden zu bedauern. Denn abgesehen davon, daß die Landschaft dadurch eines ihrer schönsten Bestandteile beraubt wird, fordern allgemeine natur- und volkswirtschaftliche Überlegungen, daß der Zerstörung der lebenden Hecken endlich Einhalt getan wird. In weiten Teilen Nordwesteuropas hatte man einst lebende Hecken statt toter Feldeinzäunungen gewählt, weil der Wald immer mehr zusammmenschrumpfte und man die Hecken als Holzlieferanten brauchte.

Aber auch klimatisch und biologisch ersetzen in jenen waldarmen Gegenden Hecken, Einzelbäume und Feldgehölze den Wald; sie sind notwendig zur Erhaltung des physischen und biologischen Gleichgewichts der Landschaft. Wo man sie entfernt, macht man aus der unserm Klima angepaßten „Kultursavanne" eine „Kultursteppe", ein Wandel, der die Ertragsfähigkeit der Felder mit der Zeit ungünstig beeinflussen muß. Und wie sich das Abholzen von Hecken und alten Bäumen biologisch auswirkt, ersieht man daraus, daß in den letzten 60 Jahren in Deutschland der Bestand an insektenfressenden Singvögeln in einem sehr bedenklichen Umfang zurückgegangen ist, während tierische Schädlinge anscheinend von Jahr zu Jahr in verstärktem Maße auftreten[72]). Es ist daher sehr zu begrüßen, daß in Deutschland die Knicks seit 1936 unter Denkmalschutz gestellt sind.

Das Maschenwerk der Wallhecken und Hecken schafft einen Kulturlandschaftstyp eigener Art. Es macht die Landschaft unübersichtlich, reich an Hindernissen und Verstecken und hat daher in Kriegszeiten überall und von jeher den Angreifer vor besondere Schwierigkeiten gestellt. Der Heckenkrieg hat seine eigene Strategie.

Der Kammerung der Landschaft und der in jenen Gebieten meist vorherrschenden Einödflur und Einzelsiedlung entsprechen manche Wesenszüge der Bevölkerung, die, mögen sie auch an und für sich den Bewohnern eigen und durch andere Faktoren mitbedingt sein, doch durch die Struktur einer solchen Landschaft sich verschärfen mußten. Denn die Heckenlandschaft erzieht zur Selbständigkeit, zur Verinnerlichung, zum Konservatismus, fördert wohl auch die Neigung zur Eigenbrötelei. So finden wir in allen Gebieten mit alter Einhegung eine Bevölkerung von betonter Eigenwilligkeit, ein selbstbewußtes Bauerntum, das zäh an den altüberlieferten Formen, an Sprache, Sitte und Religion festhält. Bei den Flamen, Bretonen, Basken, Walisern hat sich diese Art ins Extrem gesteigert, ja, zu teilweisem Stillstand und Endemismus geführt. Manche Wesenszüge des Engländers stimmen damit ebenfalls überein, und auch dem Sohn der Roten Erde wird nachgesagt, daß ihm Beharrlichkeit und ein besonderer Starrsinn eigen seien.

---

72) K. Friederichs (a. a. O. S. 108) schreibt darüber: „Wir glauben im allgemeinen eine Steigerung der Schäden auch in der Landwirtschaft konstatieren zu müssen, und es ist logisch, diese Steigerung mit der zunehmenden Verödung der Biocönosen (d. h. der Beseitigung von Hecken, Feldrainen usw.) in Verbindung zu bringen und von einer Wiederbereicherung derselben ein Aufhören der Steigerung der Schäden zu erwarten, wie vom Mischwald in der Forstwirtschaft".

Flammen
in der Sierra Nevada de Santa Marta

von

Dr. Arnold Schultze.

Mit 2 Textfiguren, 1 Kartentafel (Tafel 3) und 20 Abbildungen
auf den Tafeln 4—13 und Geleitwort von
von
Professor Dr. S. Passarge-Hamburg.

Inhalt.

Tafeln.

Geleitwort.

Vor dem Kriege war ich wiederholt mit Herrn Hauptmann Dr. Arnold Schultze zusammen; das gemeinsame Reisegebiet — Adamaua — war der äußere Anlaß. Dann kam der Krieg, und wohl 18 Jahre nach ihm sahen wir uns zum ersten Male wieder. Dr. Schultze erzählte mir von seinen Reisen in Columbien, und ich regte an, über diese ein Reisewerk zu schreiben, ähnlich dem von ihm über Südkamerun verfaßten. Das Samenkorn fiel auf guten Boden, und das Ergebnis ist der Reisebericht über die S-Nevada de Santa Marta. Die interessanten Schilderungen sprechen für sich. Zu ihnen Stellung zu nehmen, ist nicht die Absicht dieses Geleitwortes, aber auf folgenden allgemeinen Gesichtspunkt sei hingewiesen. Die Grassteppen, Savannen, Steppenbuschwälder, die in der tropischen Zone so riesige Flächen bedecken, werden von vielen für durch die Grasbrände bedingte Raublandschaften gehalten, andere glauben, sie seien Naturlandschaften. Dr. Schultzes Darstellungen sind deshalb von allgemeinem Interesse, weil in ihnen die Umwandlung einer tropischen Regenwaldlandschaft in Trockengehölze und weiterhin in Savannen geschildert wird. Dieser Vorgang der Umwandlung von Waldlandschaften in Steppen vollzieht sich aber in der Gegenwart in der S-Nevada de S. Marta. Wir dürfen aus ihr Rückschlüsse auf die Urlandschaft ausgedehnter Savannenländer machen. Das wäre der große allgemeine Gesichtspunkt; der regionale ist die Wirkung der Brände und Waldvernichtung auf den Wasserhaushalt des Landes, auf die Abnahme der Niederschläge und Bewölkung, auf die Quellen und die Wasserführung der Flüsse, auf die tropischen Kulturen, wie die von Kaffee, Kakao und Bananen. Möge der laute Warnungsruf, der in dieser Schrift ausgestoßen wird, nicht ungehört verhallen, möge Einhalt geboten werden der sinnlosen, die wirtschaftlichen Grundlagen des schönen Landes Columbia ruinierenden Waldverwüstung durch unüberlegt angelegte oder Raubbau bezweckende Brände.

Hamburg, im Oktober 1937.

S. Passarge.

Vorwort.

Diese Schrift enthält einen Teil meiner Aufzeichnungen über mehr als zweijährige Arbeiten, Beobachtungen und Erlebnisse in der Sierra Nevada de Santa Marta, im äußersten Norden der südamerikanischen Republik Colombia.

Meine Studien wurden mir ermöglicht durch die Arbeiten, die mir als „Injeniero Jefe" (Chefingenieur) der „Comision de Baldios" zufielen; einer Behörde, der in erster Linie, neben Untersuchungen geologischer und forstwirtschaftlicher Art, die Entscheidung von Grenz- und Wasserstreitigkeiten zwischen der Columbianischen Regierung und Privaten in der sogenannten Bananenzone des Staates Magdalena obliegt. — Meine Berufung in diese Stellung erfolgte mittelbar auf Grund meiner in der columbischen Presse veröffentlichten Aufsätze über die Zerstörung der Wälder und ihre Folgen, ein Gegenstand, der auch für die Herausgabe dieser Schrift an erster Stelle maßgebend war.

Geographische und geologische Probleme habe ich nur berührt, soweit sie mit dem Hauptgegenstand dieser Veröffentlichung, eben der Zerstörung der Wälder, irgendwie im Zusammenhang stehen. Die Ergebnisse der geologischen und geographischen Forschungen des verstorbenen Gießener Geographen W. Sievers (Zeitschr. d. Gesellsch. f. Erdkunde, Berlin 1888), die über vierzig Jahre zurückliegen, sind auch heute noch nicht wiederholt. Spätere umfassende, auf eigener Anschauung beruhende Veröffentlichungen über denselben Gegenstand bestehen aber nicht. (Ein einigermaßen erschöpfendes Studium würde, bei der Unzugänglichkeit der Sierra Nevada ein volles Jahr, wenn nicht mehr, in Anspruch nehmen.)

Die sehr interessanten ethnographischen Fragen werden hier nur gestreift, weil über diesen Gegenstand das ausgezeichnete Werk eines Fachmannes Bolinder, „Die Indianerstämme der tropischen Schneegebirge", Stuttgart, existiert, auf das hingewiesen sei.

Während meiner Arbeiten habe ich mich der freundlichsten uneigennützigen Unterstützung verschiedener Privatpersonen zu erfreuen gehabt, von denen hier, soweit ich sie nicht noch erwähne, besonders die Gebrüder Ujueta und Dr. Nicolas de Roces aus Barranquilla, Don Oswaldo Mestre in Pueblo-Viejo, Dr. Molina und Don José Dz. Granados in Santa Marta, sowie die Mitglieder der Kapuzinermission in San Sebastian de Rábago, besonders deren Prior, P. Bernardo, genannt sein mögen. Ihnen allen sage ich hier meinen herzlichen Dank.

Einleitung.

In den tropischen Waldländern Latein-Amerikas spielt sich, schon seit vielen Jahrzehnten, ein wirtschaftliches Drama ab, dessen einzelne Phasen die Menschheit nur hier und da in recht empfindlicher Weise spürt, ohne die Zusammenhänge zu ahnen, dessen ganze Größe aber nur dem nachdenklichen Beobachter zu Bewußtsein kommt: Durch Waldverwüstungen sind, wie an einem Beispiel in den folgenden Kapiteln aufgezeigt werden soll, die wirtschaftlichen Verhältnisse reicher, großer Länder von Grund aus in ungünstigem Sinne verändert worden. Durch das Verhalten ihrer eigenen Bewohner treiben diese Länder unaufhaltsam dem sicheren wirtschaftlichen Ruin entgegen, soweit nicht ihre Lenker einsichtig, energisch und — selbstlos genug sind, den Waldverwüstungen zu steuern.

In den USA hat man seit mehr als einem halben Jahrhundert in ähnlicher, allen ökonomischen Gesetzen Hohn sprechender Weise mit den ehemaligen großen Waldbeständen gewirtschaftet. Heute, fast schon zu spät, sucht man dort in großzügiger und nachahmenswerter Weise — sogar die amerikanische Jugend ist mobil gemacht — durch zielbewußte Wiederaufforstung die unermeßlichen, durch Waldverwüstung angerichteten wirtschaftlichen Schäden wieder gut zu machen. Diesem Beispiel sind einige der latino-amerikanischen Länder gefolgt, allen voran Costa Rica. In diesem Staate ist die sogenannte alljährlich gefeierte „Fiesta del Arbol", an der jedes Kind sein Bäumchen pflanzt, ein richtiges Nationalfest geworden — ein Fest, das reelle Werte schafft und dazu beiträgt, die Schäden, die frühere Waldverwüstung der Wirtschaft des Landes zugefügt hat, allmählich auszugleichen.

Ich hatte, vor nunmehr einem Menschenalter, an den Grenzen des großen afrikanischen Äquatorialwaldes, wiederholt Gelegenheit, Betrachtungen darüber anzustellen, inwieweit die Vernichtung des Waldes den Charakter der tropischen Landschaft beeinflußt. Ihre wirtschaftlichen Schäden kannte ich damals nur aus der Literatur. Diese Schäden selbst zu beobachten, war mir erst vergönnt, als ich viele Jahre später zum ersten Male in Venezuela und Columbien meinen Fuß auf amerikanischen Boden setzte. Achtjährige geologische, topographische und zuletzt auch agronomische Studien verschafften mir Einblick in die wirtschaftlichen

Verhältnisse dieses Landes, und gerade die Verwüstung der Wälder und ihre Folgen war eine der hervorstechendsten Erscheinungen, die sich mir aufdrängten.

In den Jahren 1923 und 1924 erhielt ich von privater Seite den Auftrag, den Ursachen nachzuforschen, die den Verfall der einst blühenden Kakaokulturen im Cauca-Tal verschuldet haben. Ganz genaue, bis ins kleinste gehende Untersuchungen zeigten mir damals, daß es keineswegs, wie allgemein geglaubt, tierische und pflanzliche Schädlinge waren, die den ehemals wichtigsten, blühendsten Zweig der columbianischen Landwirtschaft vernichtet haben, sondern eine Waldverwüstung, mit ihren Auswirkungen, die ohne Beispiel ist. Sie allein ist daran Schuld, daß im Cauca-Tal die Quellen versiegten, daß die Niederschläge innerhalb von dreißig, vierzig Jahren — wie genaue Regenmessungen ergaben — von 3 auf 1 Meter gesunken sind, daß die fruchtbare Erde fortgespült wurde und roter, unfruchtbarer, dürrer Lateritboden den Charakter weiter Strecken bestimmte, die einst ein einziger fruchtbarer Garten waren. Sie hat es verschuldet, daß sogar die Viehzucht durch Mangel an Wasser und Weide schweren Schaden litt.

Aber was für das Cauca-Tal (einst der Garten Eden Columbiens!) gilt, kann auf die gesamte Republik (ausgenommen den heute noch vollkommen unerschlossenen Südosten und Südwesten des Landes) sogar in erweitertem Maße angewandt werden. Überall zeigt sich eine bedenkliche Abnahme des Wassers, ohne Ausnahme als Folge der Entwaldung mit Axt und Feuer. Schon macht sich in Gebieten, die für den Anbau von Kaffee ehedem wichtig waren, ein Rückgang der Ernte bemerkbar, weil der Kaffeebaum, durch Mangel an Wasser oder Luftfeuchtigkeit geschwächt, den Schädlingen nicht mehr Widerstand zu leisten vermag. Also auch die Kulturpflanze, die heute in der Wirtschaft des Landes die Rolle des Kakaos übernommen hat, ist bereits bedroht.

Die Ländereien, auf denen der Wald verwüstet wurde, sind meist an dem sogenannten Rastrojo kenntlich, einem artenarmen, niedrigen Buschwald, der im Gegensatz zum Urwald, nur im seltensten Falle imstande ist, der erodierenden, abspülenden Wirkung des Regens zu widerstehen und die Bodenfeuchtigkeit zu halten. Er zeigt dem Kenner meist auf den ersten Blick den Boden an, der, von wenigen Ausnahmen abgesehen, für die Landwirtschaft auf immer verloren ist. Man übertreibt schwerlich, wenn man, auf Grund vorsichtiger Schätzungen, annimmt, daß heute dreißig vom Hundert des Gesamtareals der Republik von diesem gänzlich wertlosen, ja für die Landwirtschaft schädlichen Rastrojo eingenommen werden. Und dieses Verhältnis gestaltet sich von Tag zu Tag ungünstiger.

Indessen, die Wirkungen dieser Waldverwüstung sind nicht nur in der Landwirtschaft zu spüren: Von Jahr zu Jahr fühlbarer, ist der empfindliche Wassermangel der Städte in den letzten Jahrzehnten eine Kalamität geworden, welche die Verwaltungen vor eine der schwersten Aufgaben — nicht nur der Wasserversorgung, sondern auch der Hygiene — stellt. Die vollständige Einäscherung der aufblühenden Stadt Manizales im Jahre 1925 ist vorwiegend auf Mangel an Wasser für die Feuerwehr zurückzuführen. Jede andere der columbianischen Städte würde bei einem großen Brande ein ähnliches Schicksal wie Manizales erleiden.

Kaum weniger verhängnisvoll sind die durch übertriebene Entwaldung begünstigten Naturkatastrophen. Man muß nur einmal gesehen haben, wie die Wassermengen der — gerade in entwaldeten Gebieten zu förmlichen Paroxysmen ausartenden — Wolkenbrüche an den kahlen Hängen der Anden herabstürzen, von keinerlei aufsaugender, fester Humusdecke oder Vegetation aufgehalten. Kein Jahr vergeht, in dem die Zeitungen, namentlich zu Beginn der Regenzeit, nicht von Bergrutschen oder verheerenden Überschwemmungen melden, deren eigentliche Ursache in der Waldverwüstung zu suchen ist.

Kaum ein Problem des wirtschaftlichen Lebens in Columbien hat während der letzten Jahre dermaßen die Öffentlichkeit beschäftigt, wie die Projekte, welche die Verbesserung der Schiffahrt auf dem Magdalenenstrome zum Gegenstande haben. Diese wichtige Lebensader des Landes, eine der wichtigsten Zugangsstraßen zu der Hauptstadt Bogotá, ist heute nur noch während der Regenmonate brauchbar. Die Arbeiten zur Regulierung dieses Stromes, würden in die richtigen Bahnen gelenkt werden, wenn man den ersten Ursachen der enormen Schwankungen im Wasserstande des Flusses nachforschte. Die Lösung der Aufgabe ist meiner Meinung nach weniger im Flußbette selbst zu finden, als im Quellgebiete der vielen Hunderte von Flüssen, Flüßchen und Bächen, die in ihrer vereinigten Gesamtwassermenge das ausmachen, was als Rio Magdalena das Karibische Meer erreicht. In diesen Quellgebieten, oft viele Tagereisen vom Bette des Flusses entfernt, müssen wir den Schäden nachspüren, wenn wir das Übel beseitigen wollen. Eine Statistik über die Zerstörung der dortigen Wälder, besonders während der letzten Jahrzehnte, würde zu höchst überraschenden und traurigen, ja geradezu erschreckenden Resultaten führen.

Es gibt wohl unter den neueren, von Ausländern verfaßten Reisewerken über Columbien keines, in dem sich nicht irgendein warnender Hinweis auf die Waldverwüstung fände. Der Würzburger Geograph Karl Sapper hat sogar während seiner letzten Reise unter dem Eindruck der fortschreitenden Zerstörung der Wälder in Columbien eine Denkschrift verfaßt, die auf diesen Gegenstand Bezug nahm und vom columbianischen Ministerio de Industrias veröffentlicht wurde[1]).

Sie ist im Lande kaum bekannt geworden und hat auf die Allgemeinheit der Columbianer ebensowenig Eindruck gemacht wie gelegentlich ähnliche Publikationen anderer Ausländer in der columbianischen Presse.

Unter den Dingen, die Veranlassung werden, den Wald auszurotten, steht die Ganaderia, die Viehzucht, obenan. Viele Tausende von Quadratkilometern ausgezeichneten, ehedem von Urwäldern bedeckten Plantagenlandes wurden so für einen Zweig der Landwirtschaft geopfert, der nur einen kleinen Bruchteil von dem Nutzen einbringt, mit dem auf gleichem Raum rein tropische Erzeugnisse, wie Kaffee, Kakao und andere Produkte den Besitzer belohnen würden. Einer der früheren columbianischen Minister, Dr. Aquilino Villegas, hat dieses sogar, unter Hinweis auf den Kaffeebau, statistisch einwandfrei nachgewiesen.

Viel Unheil richtet an das Gesetz über die, durch Gesuch beantragte, Zuteilung von Nationalland (der sogenannten „terrenos baldíos") an Privatpersonen. Dieses Gesetz legt dem Antragsteller die Verpflichtung auf, innerhalb von fünf Jahren zwei Drittel des ihm zuerteilten Landes unter Kultur zu haben. Da aber nur ein ganz geringer Prozentsatz der Landwirte die Mittel besitzt, dieser Verpflichtung nachzukommen, wird in jedem Jahre ein anderes Stück Wald „kultiviert", d. h. durch Axt und Feuer vernichtet, dann in ganz oberflächlicher Weise mit Mais oder Maniok bepflanzt, um es im nächsten Jahre für immer seinem Schicksal zu überlassen. Dieses System der Brandkultur ist ein wahrer Krebsschaden. Die wertvollen Hölzer, unermeßliche Werte darstellend, werden verbrannt (nur in den seltensten Fällen nutzbar gemacht), der Boden wird ausgetrocknet und der Einwirkung der Atmosphärilien überliefert; die Quellen verschwinden, und es treten notgedrungen alle die Unzuträglichkeiten und Schäden ein, die oben auseinandergesetzt wurden. Dem columbianischen Kongreß lag im Jahre 1924 ein Gesetz vor, das zum Zweck hatte, hier Abhilfe zu schaffen. Es ist leider, wie so manche anderen segensreichen Vorlagen in Columbien, der Politik zum Opfer gefallen. So nimmt das Drama unaufhaltsam seinen Gang, und ich wüßte nicht, daß bisher irgend etwas geschehen wäre, es aufzuhalten.

Zu Ende des Jahres 1925 traf ich, von Bogotá kommend, in meinem neuen Arbeitsgebiet am Fuße der Sierra Nevada de Santa Marta ein. Ich

---

[1]) Vgl. z. B. Sievers, Reise in der Sierra Nevada de Santa Marta, p. 165; Bolinder, l. c. p. 5.

sah bald, daß alle Probleme, welche mit der Vernichtung der Wälder im Zusammenhange stehen, hier, auf verhältnismäßig engem Raume, besonders deutlich in Erscheinung traten. So beschloß ich, ihnen meine ganz besondere Aufmerksamkeit zuzuwenden, in der Hoffnung, für die so schwer mißhandelte Natur eine Lanze zu brechen, indem ich die Allgemeinheit auf die Zerstörung aufmerksam mache, die hier am Werke ist.

I. Kapitel.

Der Sierra Nevada entgegen.

Im äußersten Norden von Columbien steigt aus dem Karibischen Meere bis zu 5100 m eine gewaltige Urgesteinsmasse, die Sierra Nevada de Santa Marta, auf, ob ihrer Zerrissenheit und Unzugänglichkeit selten betreten und weniger bekannt als die küstenfernen Andenzüge des Innern, sagenumwoben, voll von Geheimnissen und ungelösten Rätseln. Nur selten und auch dann meist nur für gezählte Stunden, treten ihre Schneegipfel aus Wolken oder Dunst heraus; wenigen nur ist dieser Anblick vergönnt, sei es vom Meere aus, sei es vom Magdalenenstrome, auf dem der Reisende die Fahrt ins Innere antritt.

Als ich, Ende November aus dem Innern Columbiens kommend, vom Deck des Magdalena-Dampfers aus den Horizont im Norden nach diesem Hochgebirge absuchte, sah ich dort nichts anderes, als drohende Wolkenmassen, aus denen es unaufhörlich blitzte, die letzten schweren Wetter der zu Ende gehenden Regenzeit. Voll begreiflicher Spannung setzte ich noch am Abend meiner Ankunft in Barranquilla die Reise durch die Ciénaga grande nach meinem neuen Arbeitsfelde fort. Diese Ciénaga grande ist ein typisches Haff, das dem Rio Magdalena seine Entstehung verdankt. Es ist durch eine lange Nehrung, die nur an einigen Stellen unterbrochen wird, vom Meere getrennt. Auf dieser soll später ein Automobilweg angelegt werden, der dann Barranquilla mit der Stadt Ciénaga, die schon am Fuß der Sierra Nevada liegt, verbinden wird. Die nächtliche Fahrt auf dem primitiven Heckraddampfer, der uns nach Ciénaga bringt, gehört heute ebensowenig zu den irdischen Genüssen, wie vor vierzig Jahren zu Sievers' Zeit. Zu Hunderten und Tausenden dringen die Zancudos, die blutdürstigen Stechmücken der Ciénaga grande, in die schlechtverwahrten schwülen Kabinen, wenn der Dampfer zur Holzeinnahme an einem der Pfahlbauten in den Creeks anlegt, und das Licht des Scheinwerfers das Stelzwurzelwirrwarr der Mangroven in phantastischen Formen aus dem

Dunkel der Nacht heraushebt. Nur zur Zeit des Passates ist die Reise etwas angenehmer, dafür aber zuweilen nicht ganz unbedenklich, weil dann oft auf den offenen Stellen der Ciénaga hoher Wellengang und sturmartiger Wind das Manövrieren für den flachgehenden Dampfer schwierig und sogar gefährlich machen.

Als wir uns im ersten Morgengrauen dem Ende der Fahrt näherten, wurde mir der ersehnte Ausblick auf die Schneeberge, der aus größerer Entfernung frei gewesen wäre, durch die ihr vorgelagerten schroffen, kahlen, etwa 4000 m hohen Felsketten verwehrt. Im Dämmerlicht traten nun rechts und links von unserer Fahrstraße aus dem Brackwasser immer deutlicher die Mangrovendickichte heraus, an manchen Stellen kalkweiß von dem Guano der Tausende und Abertausende von Wasservögeln, die hier nisten und jetzt geräuschvoll den neuen Tag begrüßten. Bei einer späteren Fahrt auf diesem Teil der Ciénaga sah ich diese Tiere bei der Arbeit. Lange, dunkle, auf der Oberfläche treibende Streifen, die ich zuerst für schwimmende Inseln von Wasserpflanzen hielt, stellten sich beim Näherkommen als geradezu riesenhafte Scharen von Kormoranen heraus, die, nur den reptilartigen Kopf und Hals über dem Wasser, ein förmliches Kesseltreiben in diesen fischreichen Gewässern abhielten. Sie waren so vertieft in ihre Jagd, daß sie erst im letzten Augenblick fast von den Bordwänden des Dampfers berührt, mit unbeholfenen Flügelschlägen einige Schritte weiterflatterten. Anmutiger als sie zeigten sich in ihrem Gleitfluge, trotz des Mißverhältnisses zwischen dem monströsen Schnabel und dem Körper, die drolligen Pelikane, und über ihnen kreisten in der Luft die wundervollen Fregattvögel, mit ihren dekorativen, schmalen Flügeln und dem langen Gabelstoß die vielleicht harmonischste Flugsilhouette vorführend, welche die Vogelwelt kennt.

Der „Hafen" von Ciénaga ist ein schmaler, von nüchternen Wellblechhäusern eingefaßter Brackwasserarm, in dem die Fahrt endet und so breit, daß der kleine Dampfer gerade darin wenden kann. Der Ort ist, abgesehen von den Straßen, die sich um die Plaza gruppieren, auch heute nur ein „großes Fischerdorf", längs deren breiten und mit wahrer Raumverschwendung angelegten Wegen die hölzernen, oft nur aus Kistenbrettern erbauten Häuser mit großem Abstande sich reihen, so daß wenigstens zur Passatzeit die frische Brise den Aufenthalt in ihnen erträglich macht. Denn die Wellblechdächer, mit denen diese Häuser gedeckt sind, scheinen alle Strahlen einer erbarmungslosen Sonne auf sich zu ziehen. Der schwarze Boden, auch in den Straßen, ist von weißen Salzausblühungen stellenweise förmlich inkrustiert. Der Grund, auf dem Ciénaga steht, war nämlich vor kurzem noch Meeresboden. Noch einen Kilometer oder mehr landeinwärts vom Meeresgestade stehen mitten im Dorn- und Kaktusbusch Luftwurzeln uralter krüppeliger Mangroven. Sie können — vielleicht durch Hebung des Bodens aufs Trockene geraten — immer noch existieren, weil zur Regenzeit der undurchlässige Salzboden die Bildung zeitweiliger ausgedehnter Brackwasserflächen ermöglicht. Dann stehen auch viele Straßen von Ciénaga unter Wasser; dann ragen die Häuser wie Inseln auf, und Fahrzeuge wie Fußgänger sind zu großen Umwegen genötigt, wenn sie nicht im Schlamme steckenbleiben wollen. Die Kalamität wird noch erhöht durch den Unrat, den man auf die Straße wirft und die toten Hunde, die man meist dort liegen läßt, wo sie verreckten. Hier wirkt die Sanitätspolizei segensreich, welche die Aasgeier, die Gallinazos, im schwarzen Totengräberhabit ausüben. In nicht zu zählenden Mengen kreisen sie hoch in der Luft, ewig hungrig und niemals vergebens nach einem Aas ausspähend, oder sie hocken in langen Reihen, verdauend und in satter Beschaulichkeit, auf den Firsten der Wellblechdächer. In keinem Teile Columbiens habe ich so unendliche Scharen von Gallinazos gesehen, wie in den heißen Gegenden des Departamentos Magdalena.

Was das Meer auf der einen Seite durch Hebung des Bodens an Terrain verloren hat, erobert es sich wieder auf der anderen. Die unmittelbar am Meeresgestade gelegenen Straßen Ciénagas sind dauernd von Überflutung bedroht. Zwar ist hier die Karibische See auf viele Kilometer hinaus so flach, daß nicht einmal ganz kleine Fahrzeuge die Küste erreichen könnten, aber gewaltige Brandungswellen kommen in nicht endender Folge angerollt und sind bei hohem Seegang so mächtig, daß sie mit den unzureichenden Befestigungsbauten am Ufer leichtes Spiel haben.

Ich war froh, als ich endlich am Bahnhof der Santa-Marta-Bahn in Ciénaga meine Siebensachen beisammen hatte und im Zuge saß. Diese Eisenbahn gehört einer englischen Gesellschaft, die in engster Fühlung mit der allgewaltigen bananenpflanzenden amerikanischen Fruchtkompagnie steht. Die etwa 30 km lange Strecke zwischen Ciénaga und Santa Marta liegt noch außerhalb der eigentlichen Bananenzone. Erst neuerdings ist man dazu übergegangen, auch hier das Ciénaga zunächst gelegene Schwemmland, nördlich der Stadt am Rio Córdoba und Rio Papare (Toribio), soweit es nicht von Viehweiden eingenommen wird, in größerem Maßstabe mit Bananen zu bepflanzen. Gelegenheit zu künstlicher Bewässerung ist vorhanden. Beide Flüsse führen zu allen Jahreszeiten reichlich schönes, klares Wasser, weil die Leben und Feuchtigkeit spendenden Urwaldungen am Alto San Lorenzo, dem nordöstlichsten hohen Ausläufer der Sierra Nevada, zum großen Teil noch intakt sind. Freilich, an den tiefergelegenen Flanken des Gebirges ist das Zerstörungswerk bereits weit fortgeschritten. Die fast kahlen, den höheren Ketten vorgelagerten Kuppen und Hügel bis zu etwa 600 m Höhe, waren, wie man an Resten der ehemaligen Vegetation erkennen kann, ehedem mit Hochwald bedeckt. Heute sind sie auf größere Entfernung, wenigstens während der Trockenzeit, durch ihr ungastliches Braun und Grau kaum noch von dem Dorn- und Kaktusbusch der tiefergelegenen xerophilen Strecken zu unterscheiden. Auf diesen Kuppen ist jede Spur von befruchtendem Naß, das einst die Humusfläche barg, verschwunden, für immer, unwiederbringlich.

Als unser Zug dem am Fuß der Sierra Nevada gelegenen Ort Santa Marta zueilte, sah ich, daß man dort oben gerade wieder mit dem Abbrennen am Werke war. In den letzten armen Waldresten schwelten die Buschfeuer, Hänge und Kuppen in blauen Rauch einhüllend.

Am Rio Papare hat man neuerdings den Versuch gemacht, sogar den dürren Dornbusch für die Bananenkultur urbar zu machen und, wie es scheint, mit großem Erfolg. Es kommt eben überall auf das dauernde Vorhandensein von reichlichen Wassermengen an. Das ist der Kernpunkt. Schwinden sie, so hört die Herrlichkeit von selbst auf.

Die Bahnstrecke zwischen Ciénaga und Santa Marta führt, obschon die Natur dort das Ursprüngliche dank menschlicher Eingriffe seit langem eingebüßt hat, durch wechselvolle und oft recht eigentümliche Landschaften. Eine lange Strecke vor und hinter der Quebrada Don Jaca, einem mit mächtigen Felsblöcken angefüllten Wildbach, dessen Wasser nur zur Regenzeit während einiger Tage das Meer erreicht, bleibt der Schienenweg dicht am Gestade der Karibischen See. Hier bedingt die Steilküste, im Verein mit dem Dorn- und Kaktusbusch, Landschaftsbilder von ganz besonderem Reiz. Sievers hat diesen Dornbusch als häßlich bezeichnet. Er hat ihn allerdings nur gegen Ende der Trockenzeit kennengelernt, wenn die gewaltigen, bizarren Säulenkakteen, die stachlige Jacquinia gracilis und wenig andere Bäume die einzigen grünen Gewächse sind, inmitten einer herbstlichen melancholischen Landschaft in Braun, Gelb und Grau. Schon wenige Tage, nachdem die letzten Regen gefallen sind, setzt im Dornbusch das Sterben in der Natur ein. Als einer der letzten Bäume wirft der sonderbare Volandero (Gyrocarpus americanus) seine großen efeuartigen Blätter ab, um dann — seltsame Laune der Natur! — an den Enden seines bronzeglänzenden Gezweiges, die gelblichen Schirmblüten zu entfalten.

Die Hitze erreicht auf dem ausgedörrten Granitgrus, den der Dornbusch bedeckt, unwahrscheinlich hohe Grade. Die Sonne brennt auf ihn wie auf eine Eisenplatte. Wie oft habe ich die Gegend bei Don Jaca durchstreift, aber zu keiner Jahreszeit konnte ich eine Milderung dieser Höllenglut wahrnehmen. Selbst während der Fahrt auf einer der Motordraisinen, „Gasolina“, wie sie genannt werden — und diese Fahrt geht stets in rasendem Tempo vor sich —, spürt man keine Abkühlung. Im Gegenteil, man hat bei solch rasender Fahrt, auf der einem die überhitzte Luftwelle ins Gesicht schlägt, das Gefühl, als befände man sich ständig in einiger Entfernung vor dem Auspuff einer Bessemerbirne.

Bevor wieder die ersten Frühlingsregen fallen, nach drei oder mehr Monaten absoluter Dürre, beginnt das Blühen und Treiben im Dornbusch. Man möchte glauben, daß ihm nicht einmal die Buschfeuer viel anhaben können. Seine oft sonderbaren, verdrehten Äste und Zweige, die sich wie beim Brasilholz — ehedem ein wichtiger Farbstofflieferant — in den abenteuerlichsten Formen gefallen, sind heute noch wie tot und leblos und zudem oft angekohlt, prangen morgen aber in faszinierendem Blütenschmuck. Und so leuchtet der Dornbusch bald in unerhörter und fast in jeder Woche wechselnder Pracht, eine Farbenorgie in Weiß, blendendem Gelb, in tiefem Rosa oder Violett. Wolken unbeschreiblicher, mit nichts anderem vergleichbarer Wohlgerüche erfüllen ihn dann.

Zu den ersten blühenden Sträuchern und Bäumen gehören die zahlreichen Kapernarten, deren zarte Blüten an Stärke und Lieblichkeit des Wohlgeruchs noch die der Acacia farnesiana, dieses auch an der Riviera kultivierten Strauches, übertreffen, der Divi Divi, das Pithecolobium sericeum, über und über mit großen schneeweißen, seidigglänzenden Puderquasten bedeckt das Platymiscium urophyllum, dessen goldregenähnliche Blütentrauben von Schwärmen honigsammelnder Hummeln, Wespen und Bienen umworben sind. Zahlreich und durch erstaunlichen Blütenreichtum ausgezeichnet sind die Bignoniaceen, Bäume oder alles mit dichtem Gewirr umspinnende Lianen, deren Blüten in Goldgelb, Weiß und Lila schon durch ihre Größe und auffallende Form die Blicke von weitem auf sich ziehen. Viele dieser Bäume und Sträucher haben noch eine kürzere (zwei oder drei Tage währende) Blütendauer als unsere heimischen Obstbäume, so daß ihr Blühen selbst dem geschulten Beobachter verborgen bleibt, wenn er nicht zufällig zur richtigen Zeit den Dornbusch betritt. Von solchen ephemeren Blühern verdient einer der allercharakterischsten und häufigsten Bäume des Dornbuschs, der berühmte „Guamacho“, Peireskia colombiana, vor allen anderen genannt zu werden. Es ist eine Cactee und als solche vielleicht die sonderbarste in dieser an sich schon so arten- und formenreichen Familie. So wie der Guamacho sich gegen Ende der Trockenzeit präsentiert, würde in ihm allenfalls ein ganz sicherer botanischer Instinkt auf den ersten Blick die Cactee erkennen. Die seeigelartigen Büschel fingerlanger Dornen an dem fußdicken, glatten schlanken Stamm und an den Ästen und Zweigen der reichverzweigten Krone kommen allein als Familienkennzeichen nicht in Betracht, denn Dornen tragen ja auch so viele andere Bäume und Sträucher. In der zweiten Hälfte des Mai aber, an zwei, höchstens drei Tagen, offenbart der Guamacho in einer Metamorphose, die durch ihre Schnelligkeit ihresgleichen nicht hat, seine wahre Natur. Über Nacht — hier ist der oft mißbrauchte Ausdruck am Platze — erscheint er über und über besetzt mit dicken dunkelgelben Knospen, nachdem schon einige Tage vorher reichlicher nächtlicher Tropfenfall aus den Zweigenden angezeigt hatte, welche Feuchtigkeitsmengen in dem Baum, trotz der alles ausdörrenden Trockenheit, aufgespeichert waren. Nach weiteren 24 Stunden öffnen sich fast gleichzeitig diese Knospen zu wundervollen, gefüllten, strahlend goldgelben Kaktusblüten, denen ein eigentümlicher starker Geruch, wie von japanischem Papier, entströmt; und in solcher Überfülle erscheinen diese Blüten, daß sogar die kleinsten Zweige davon bedeckt sind, ja daß von dem Braun des Geästs selbst nichts mehr zu sehen ist. Einen einzigen Tag nur währt diese Pracht, dann aber leuchten die sonndurchglühten Granit- und Grünschieferhügel ringsum von den Tausenden und Abertausenden von gelben Riesensträußen des Guamacho, ein Bild, für das sich nur schwer ein Vergleich finden läßt. Kaum sind die Blüten verwelkt, so beginnt der zweite Akt dieses Frühlingsfestspiels. In ebenso unglaublich kurzer Zeit, wie die Blüten erschienen, kommen jetzt die Blätter — und darin unterscheidet sich die Peireskia von allen anderen Cacteen —, zarte, hellgrüne transparente Blätter, die der Landschaft stellenweise etwas von einem deutschen Buchenwald zur Zeit des ersten Frühlingsgrüns verleihen. Erst nach und nach verlieren die Blätter des Guamacho das Zarte, Transparente, werden dick, derbe und lederig und werden den Sprossen der anderen Cacteen wesensverwandt.

Trotz zeitweiliger unleugbar großer Schönheit behält doch der Dorn- und Kaktusbusch immer ein gewisses, jedes Anheimelnde schnell wieder tilgende Etwas; und auf Schritt und Tritt kommt es uns zu Bewußtsein, daß wir in den Tropen sind. Die langblätterige stachelige, zähe Erdbromelia, Bromelia chrysantha, die riesige Verwandte der kaum weniger wehrhaften Ananas, die meist den Dornbusch vollkommen undurchdringlich macht, ist als Aufenthaltsort der „Cascabel“, der Klapperschlange, verrufen. Diesem gefährlichen Reptil mit der bunten Mosaikzeichnung fällt tatsächlich manches Stück des halbwilden Viehs zum Opfer, das den Dornbusch kreuz und quer durchstreift und dabei vor dem stacheligsten Dickicht nicht zurückschreckt. Viel schlimmer als diese Giftschlangen, gegen die einige Aufmerksamkeit der beste Schutz ist, sind auch hier wie überall im heißen Land der amerikanischen Tropen, die furchtbaren blutsaugenden Insekten und als schlimmste von ihnen die kleinen winzigen „Jejenes" (eine Simulia), von denen wenige genügen, einen Menschen mit empfindlicher Haut rasend zu machen, denn die im Vergleich zur Winzigkeit des Insekts große Bißstelle, durch ein Blutpünktchen markiert, erzeugt ein geradezu unerträgliches Jucken, das je nach der Empfindlichkeit des Gebissenen stunden- und selbst tagelang anhält. Dabei kann es vorkommen, daß Hände und Gesicht förmlich punktiert sind von den Stichen dieser Quälgeister. Manche Stellen des Dornbuschs sind wegen dieser Plage geradezu unpassierbar.

II. Kapitel.

Santa Marta.

Sobald der Zug das Defilé bei Gaira passiert hat, liegt vor uns die weite, gutbewässerte Alluvialebene, die zwischen der Stadt Santa Marta und der Sierra Nevada wie eine reich gegliederte Meeresbucht rings von dornbuschbedeckten, felsigen Kuppen, Höhenzügen und Hügeln eingefaßt wird. Scharf ist der Kontrast zwischen dem glänzenden Grün der Wiesen und dem bräunlichen Ton der Dornsträucher. Unvermittelt, da und dort, aus der grünen Wiesenebene aufragende Felsinseln verstärken diesen Eindruck. Alles deutet darauf hin, daß diese Ebene ehedem von Wald bedeckt war; heute sind davon nur noch spärliche Reste vorhanden. Mächtige Saman-Bäume und andere Baumriesen, mit weit ausladenden Schirmkronen, trotz ihrer Ausmaße kaum mehr als fünfzig Jahre alt, darunter auch vereinzelte hohe Curua- und Kokospalmen, erheben sich wirkungsvoll über die hellgrünen Wiesenflächen heraus. Buntgescheckte Rinder heben sich als weiße und braune Flecken von dem satten Grün ab.

Nach Osten zu machte der Blick an der urwaldbedeckten Horqueta, im Alto de San Lorenzo mit 3000 m gipfelnd, Halt. Dunkle Regenstreifen über diesem nordwestlichsten Ausläufer der Sierra Nevada zeigten, daß dort oben die Trockenzeit immer noch nicht eingekehrt war. In den tieferen Regionen aber schwelten bereits die unvermeidlichen Buschfeuer und woben mit Qualm und Rauch einen blauen Schleier über Hügel und Täler.

In zahlreichen verschlungenen Mäandern windet sich der Rio Manzanares durch diese Ebene und spendet ihr Leben. Er versorgt auch die Stadt Santa Marta mit Wasser. Aber diese Wasserversorgung ist auch schon heute während der Trockenzeit zu einem Problem geworden, bei dem die immer weiter nach oben vordringenden Buschfeuer an den Hängen der Horqueta eine verhängnisvolle Rolle spielen.

Die Stadt Santa Marta, die für zwei und ein halbes Jahr der Ausgangspunkt all meiner großen und kleinen Expeditionen bleiben sollte, fand ich im großen und ganzen noch so vor, wie ich sie mir nach Sievers' sarkastischen und keineswegs übertreibenden Schilderungen der Verhältnisse im Departamento Magdalena vorgestellt hatte. Dennoch läßt sich, wenn man diese Schilderungen zum Vergleich heranzieht, vielfach ein wahrnehmbarer Fortschritt feststellen, der zweifellos auf die belebende Initiative der amerikanischen Bananen pflanzenden United Fruit-Company zurückzuführen ist. Bis in die jüngste Zeit hinein waren — abgesehen von einigen öffentlichen Gebäuden — alle modernen Bauten in Santa Marta und dessen nächster Umgebung Eigentum dieser mächtigen Gesellschaft oder der mit ihr in enger Fühlung stehenden Santa-Marta-Eisenbahn. Zu diesen ganz modernen Schöpfungen gehört auch der Prado, das Villenviertel für die Angestellten der Fruchtgesellschaft, in dem ich bei deutschen Landsleuten, der Familie des Kaufmanns R. und bei dem Arzte Dr. M., beide im Dienst der United Fruit Company, manchen frohen Abend verlebte. Ganz neuerdings ist auch das private einheimische Kapital aus seiner Zurückhaltung herausgegangen, hat sogar eine für die Größe des Ortes beachtenswerte Industrie ins Leben gerufen, eine Zigarettenfabrik, ein modernes Mühlenunternehmen und die unter Leitung eines Münchener Fachmannes stehende große Bierbrauerei.

Der zweifellos überall seit der alten Conquistadorengründung spürbare Aufschwung hat indes auch seine Schattenseiten. Es geht mit diesem Aufschwung genau so, wie mit dem Aufblühen eines neuentdeckten Petroleum- oder Minendistrikts. Einmal haben die Preise für alle Bedürfnisse des Lebens gleichzeitig mit der stetig steigenden Höhe der Löhne, derart angezogen, daß Santa Marta, zumal bei der Dollarwährung des Landes, heute einer der teuersten Plätze nicht allein von Colombia, sondern von ganz Südamerika ist.

Als ich in Santa Marta in den letzten Novembertagen eintraf, war die Trockenzeit in der Stadt und deren nächster Umgebung bereits unbedingter Herrscher. Das Jahr war ganz allgemein ein sehr trockenes gewesen, wenn auch keines von denen, die, wie ich aus glaubhafter Quelle weiß, im Jahre überhaupt nur zwei Regenfälle oder weniger bringen. Ich habe später, sogar im Januar, also mitten in der Trockenzeit, in Santa Marta Unwetter mit Wolkenbrüchen erlebt, die — wahrscheinlich im Zusammenhang mit Zyklonen im Karibischen Meere — in wenigen Minuten so ungeheure Wassermengen zur Erde brachten, wie ich sie bis dahin in so kurzer Zeit weder irgendwo in den Tropen gesehen, noch in dieser Stadt mit ihrer ausgedörrten Umgebung jemals für möglich gehalten hätte — Wassermengen, welche die Straßen bis an die halbmeterhohen Bürgersteige in tiefe und reißende Bäche verwandelten und die Motoren der Automobile zum Stillstande brachten.

Zur Zeit meiner Ankunft freilich herrschte, wie gesagt, uneingeschränkt die Trockenzeit, noch begünstigt durch einen von Tag zu Tag heftiger werdenden stürmischen Passatwind. Kaum ein meteorologisches Phänomen ist so bezeichnend für das Santa Marta der Trockenzeit, wie dieser sturmartige und oft tagelang mit unverminderter Heftigkeit wehende Nordostpassat, gegen den man sich nur mit Mühe aufrecht halten kann und der einen nötigt, alle Fenster und Türen der Ostseite hermetisch geschlossen zu halten. Er verdankt die Steigerung zu dieser rein örtlich auftretenden gewaltigen Stärke den topographischen Verhältnissen der Sierra im Nordosten der Stadt. Die Gestaltung des Nordwesthanges der Horqueta ist hier wie ein Hohlweg, der zur Düse eines Riesengebläses wird, wenn der Passat, nach Abgabe seines Wassergehalts an die Nordhänge des Gebirges, sich einen Ausweg nach Westen sucht. Auf seiner 25 km langen Bahn über sonnendurchglühten Dornbusch und Urgestein, über die er dahinrast, erhitzt er sich, trocknet den Boden aus und führt gewaltig hohe Wolken von Sand und Staub vor sich her. Die Kraft der so durch die Luft gewirbelten Sandkörner ist oft so groß, daß sie beim Auftreffen auf die Haut schmerzen und die freistehenden belaubten Pflanzen entblättern oder ihr Laub durchlöchern.

Santa Marta im Lichte der tropischen Sonne mit seinen weißen oder buntgetünchten Häusern und den Türmen der barocken Kathedrale, dahinter die Haine schlanker Kokospalmen an der Peripherie der Stadt, die dornbuschgekrönten Grünschieferklippen um die tiefblaue Bai mit dem kleinen Felseneiland des Morro, und über all dem das lockende, meist von Wolken verhangene Hochgebirge als Hintergrund, das ist ein Bild, dem sich kaum ein zweites an den Gestaden des Karibenmeeres vergleichen läßt. (Taf. 2 Abb. 1.)

Den freundlichsten Eindruck von Santa Marta gewinnt man unstreitig, wenn man sich auf Spaziergänge am Strande beschränkt, an dem heute eine breite zementierte Gehbahn, von Almendrones (Terminalia catappa), Königspalmen und Ficus beschattet, entlangführt, der Paseo Bastidas. Hier haben wir den Anblick des Meeres mit seinen Wundern, den Fischen der tropischen Gewässer in den klaren blauen Tiefen, mit bizarren Formen, schwarz und weiß wie Zebras gestreift oder in glänzenden Farben, in Veilchenblau, Goldgelb und Orange; ein unvergleichliches Seewasseraquarium! Hier unten am Hafen bringt auch das Kommen und Gehen der Dampfer und der dadurch bedingte rege Verkehr, Leben in das bunte Bild am Lande. Hier pulst das Herz des Staates Magdalena, wenn Zug auf Zug in den Verladebahnhof am Quai einrollt, hier freut man sich der ausgezeichneten Organisation, wenn, kaum, daß der Zug eingelaufen, die Ketten der Arbeiter die noch unreifen Bananentrauben im Geschwindschritt auf die großen Paternosterwerke tragen, die nun ununterbrochen Tag und Nacht die Ladung dem gekühlten Schiffsraume zuführen. Kaum ist der letzte Bananenbund verstaut, so wirft das Schiff die Trossen los. Nach New York, nach England, Rotterdam und Bremen bringen die durchschnittlich 5000 tons haltenden Dampfer diese Ladung, die, sofern sie für Europa bestimmt ist, als westindische Bananen bereits drei Wochen später die fernsten Punkte, an denen sich Käufer für sie finden, erreicht haben. Wie wenige der Käufer daheim in Mitteleuropa vermögen sich eine Vorstellung davon zu machen, welche Summe von Arbeit, welche Sorgen, Enttäuschungen, wie mancherlei Krankheiten und sogar Gefahren in einem der ungesundesten, heißesten Klimaten der Erde es für alle in diesem Wirtschaftszweig Arbeitenden zu überwinden galt, ehe überhaupt erst das halbreife Produkt im Leibe des Dampfers geborgen ist!

Anfangs Dezember sollte meine erste größere topographische Arbeit im Gebiet der Bananenzone von Santa Marta beginnen. Vor dieser ersten Reise in mein Arbeitsgebiet mußte ich noch Polstern-Beobachtungen in Santa Marta ausführen, die ich für meine Arbeiten im Felde nötig hatte. Der geeignetste Punkt hierfür schien mir der „Morro" zu sein, das kleine, der Bai von Santa Marta vorgelagerte Felseneiland, welches das Blinkfeuer des Hafens trägt. In einer sternklaren Nacht vertraute ich mich und meine Instrumente der Geschicklichkeit von zwei Fischern an und ließ mich in einem kleinen Canoa zum Leuchtturm herüberrudern. Auf den Wellenkämmen der leichtbewegten See glänzte in magischem Lichte das Meerleuchten, rieselte von den Paddeln und folgte in einem schimmernden Streifen im Kielwasser meines auf den Wogen tanzenden Fahrzeuges. Das Blinkfeuer des Leuchtturmes wies uns den Weg. Hoch brandete der Gischt der Wogen vom offenen Karibischen Meere her an den steilen Klippen, als nach einer knappen halben Stunde die schroffen Formen der Felseninsel im Dunkel der Nacht dicht vor uns auftauchten. Meine Ruderer waren tüchtig. Sie hatten bald, und trotz der Dunkelheit, auf der Leeseite des Eilands die einzige Stelle gefunden, an der das Landen, durch eine eiserne Brücke begünstigt, möglich ist, freilich nur bei nicht allzu hoher See. Auch bei diesem Manöver erwiesen sich meine Begleiter als geschickt, ich war aber doch froh, als nach einigen aufregenden Momenten meine Sachen glücklich auf der Landebrücke lagen, und ich mich nach einer kurzen Kletterei auf allen Vieren über die abschüssigen Schieferklippen in der Dunkelheit bis zum Leuchtturm zurechtgefunden hatte. Auf halbem Wege kam mir der Leuchtturmwärter, ein alter, baumlanger, spindeldürrer Neger und einer der sympathischsten Einwohner von Santa Marta, entgegen, um mir beim Hinaufschleppen meiner Instrumente behilflich zu sein. Er haust mit seiner Frau und einem Gehilfen, oft wochenlang von der Welt abgeschnitten, allein auf diesem brandungsumtobten, sonnendurchglühten Felsen im Karibenmeer. Nur die Besorgung von Brennstoff für das Leuchtfeuer, von Lebensmitteln und auch Frischwasser, wird für den einen oder andern von ihnen bei günstiger See Veranlassung, dies Gefängnis für einige Stunden zu verlassen. Der Alte erzählte mir, daß weniger gutes Wasser, wennschon in größeren Mengen, in einer Regenzisterne vorhanden sei, die zu dem alten spanischen Fort gehört, das die Insel einst krönte. Hätte er mir nicht von dieser Zisterne erzählt, auf ihr Vorhandensein wäre ich ohnehin in der nun kommenden Nacht aufmerksam geworden, denn dieser Wasserbehälter war die Brutstätte von ganzen Wolken von Moskitos, die erbarmungslos über mich herfielen, als ich mit meinen Polstern-Beobachtungen begann und schlimmer noch, als ich meine Arbeiten durch einige Stunden Schlaf zu unterbrechen suchte. Und dabei wäre es ein Leichtes gewesen, ein Moskitonetz mitzunehmen. Wer hätte aber auch auf dieser, vom frischen Nordostpassat umheulten, baumlosen Felseninsel Moskitos vermuten können?!

Als endlich der Morgen heraufdämmerte, und ich meine Beobachtungen an dem bereits verlöschenden Polstern abschloß, machte ich eine wenig erfreuliche Entdeckung: Aus dem weitgeöffneten Fenster, durch das ich meine nächtliche Beobachtungen angestellt hatte, fiel mein Blick im ersten Licht des Tages auf einen gerade vor mir aufgetürmten Haufen alter spanischer Eisenkanonen, die einst Santa Marta gegen die Flibustier hatten verteidigen helfen. Da wußte ich, daß die ganze Arbeit dieser Nacht umsonst war, denn solchen Eisenmassen gegenüber konnte mein Kompaß nicht teilnahmlos bleiben. Eine Tasse schwarzer Kaffee, den mir die Frau des Leuchtturmwärters braute, stellte die Lebensgeister und die gute Laune wieder her. Schnell war des Wärters kleines Canoa zu Wasser gebracht und zurück ging's zum Festlande über die im auffrischenden Passat immer höher gehenden Wellen. Aber um ein kleines interessantes Erlebnis war ich wenigstens reicher. In der folgenden Nacht glückte es mir, von der Plattform meines Hôtels Beobachtungen durchzuführen, die diesmal nicht durch die unerwünschte Anwesenheit von größeren Eisenmassen beeinflußt waren.

III. Kapitel.

Im Macondo-Wald.

Es stand nun meiner Fahrt in die „Zona reservada", die ich jetzt zum ersten Male kennenlernen sollte, nichts mehr im Wege. Sie führte mich gleich bis Fundacion, dem Endpunkt der Santa-Marta-Bahn. Nach dieser ersten Reise habe ich diese Strecke zu so und so vielen Malen wieder durchfahren, da an ihr die Ausgangspunkte für die Mehrzahl meiner Expeditionen in die Ebene und das Gebirge lagen. Schließlich kannte ich jeden wichtigen Punkt, ja fast jeden markanten Baum oder Strauch — mindestens ebenso gut wie der Lokomotivführer —, an dieser etwas weniger als 100 km messenden Bahnstrecke. Und jede Fahrt brachte mir irgendeine neue Beobachtung, so öde und langweilig sie auch scheinen mochte.

Gleich hinter Ciénaga, der Bananenzone zu, breiten sich auf weite Strecken hin die tischebenen salzhaltigen Alluvien mit Dornbüschen und Cacteen und der in dichten, heidekrautartigen Polstern wachsenden gelbgrünen Batis maritima. Dann kommen ausgedehnte Sumpfflächen, dicht vom Grün der Wasserpflanzen, Seerosen und Teichlinsen, überzogen. Scharen von Wasservögeln tummeln sich zwischen den schwimmenden Blättermassen, Rallen, Teichhühnchen schwarz und stahlblau, graue und weiße Reiher, und zwischen ihnen grasen Rinder, oft bis zum Kopf im Wasser und offensichtlich mit größtem Behagen, denn das saftige auf dem Wasser schwimmende Grün ist ein weit begehrteres Futter, als die spärlichen, welken Kräuter des Dornbusch. Auf den Masten und Drähten der neben der Bahn herlaufenden Telegraphenlinie halten unbeweglich große, ziegelrot, weiß und schieferblau gescheckte Königsfischer Ausschau nach Beute.

Und dann beginnen die Bananenfelder, zunächst noch zögernd, wenig üppig und auf kleinere nicht zusammenhängende Flächen verteilt, um sich dann bald zu diesem ungeheuren Pflanzungsgebiet zusammenzuschließen, das von irgendeinem erhöhten Punkt an den unteren Hängen des Gebirges gesehen, den Eindruck einer einzigen, wie ein Meer sich dehnenden, riesigen sattgrünen Fläche macht, die sich erst am westlichen und südwestlichen Horizonte im Dunste verliert. Diese Riesenfläche erfährt in ihrer Einförmigkeit nur wenig Unterbrechungen. Das mit großer Regelmäßigkeit angelegte Netz rechtwinklig von hundert zu hundert Meter sich schneidender Wege verschwindet fast restlos unter den mächtigen Blättern, besonders auf den fruchtbareren Böden, wo die Bananenstaude bis zu

10 m Höhe erreichen kann. Als dunklere Inseln heben sich da und dort von dem Grün der Bananen die letzten Reste des Urwaldes ab, als hellere die kleinen Weideflächen und die Arbeiterkolonien; die Flüsse aber ziehen sich wie silberne Fäden, oft noch eingefaßt von schmalen dunklen Waldstreifen, in vielfach verschlungenen und launischen Mäandern durch die weite Alluvialebene. Vielfach verzweigt, mit Nebengeleisen von 10 km Länge und mehr, dringt das Schienennetz der Santa Marta-Bahn in dieses Kulturgebiet hinein, um den Segen der eigentlich keinen einzigen Tag unterbrochenen, jahraus, jahrein anhaltenden Bananenernte, dem Hauptgeleise und damit dem Welthandel zuzuführen.

Kurz ehe die Bahn den Rio Frio kreuzt, berührt sie fast den Fuß der steil und unvermittelt aufragenden Sierra, die hier mit einem weit in die Ebene hinausgeschobenen Vorsprung ihren östlichsten Punkt erreicht. Von hier nahm die Bananenindustrie ihren Anfang. Hier liegt auch der landschaftlich reizvollste Punkt der ganzen Bahnstrecke, weil die Einförmigkeit der Bananenzone durch die unmittelbare Nähe der hohen, urwaldbedeckten Berge, durch prächtige Gruppen schattenspendender Saman-Bäume und stolzer Königspalmen und die architektonisch wirksamen Häuser der amerikanischen Fruchtgesellschaft inmitten lachender, tropenbunter Gärten unterbrochen wird. Hier beginnt aber auch der Teil der Bananenzone, in dem die Schwüle und Hitze besonders unerträglich wird, weil die Nähe der Berge, selbst zur Zeit der Passatwinde, nur selten der erfrischenden Brise den Zutritt gewährt. Von den Schneebergen ist aber noch immer nichts zu sehen, denn allzunahe liegen andere mächtige Höhenzüge der Sierra Nevada, die den Ausblick auf sie verwehren.

Erst als sich der Zug dem Rio Sevilla näherte, gaben die immer weiter sich entfernenden vorgelagerten gewaltigen Felsgrate den Blick auf die zwei höchsten Spitzen der Schneekette frei. Mit jedem Kilometer näher dem Endpunkte der Bahn traten sie dann mit mehr Einzelheiten hinter den verdeckenden grauen, wildzerrissenen Felskulissen hervor, die selbst, obschon reichlich 4000 m hoch, nur nach schweren Wettern der Regenzeit während der Morgenstunden einen Mantel von Neuschnee tragen.

Wegen der Beschaffung von Pack- und Reittieren sowie Personen, konnte ich endlich am zweiten Morgen nach meiner Ankunft in Fundacion die Mula besteigen, die mich nach Don Julian Martelo Rancho brachte, der als Ausgangspunkt meiner Arbeiten während der ersten acht Tage in Aussicht genommen war. Don Julian, ein Mulatte fortgeschrittenen Alters, war eine weitgereiste Persönlichkeit und als solche unter anderm sogar, wie er mit Stolz erzählte, Zeuge der Seeschlacht von Santiage de Cuba gewesen, die das Ende der spanischen Kolonialherrschaft in Amerika bedeutete. Sein

Besitz lag bereits außerhalb des Gebietes, das für die Bananenkultur in Frage kommt, auf hochgelegenem, trockenem Geröllboden, zu beiden Seiten begrenzt von tief eingerissenen Schluchten, mitten im Walde. Sein kleiner, mit Palmblättern gedeckter Rancho bot kaum Platz für mein Feldbett und die Hängematten meiner Begleiter, denn die Hälfte der Hütte war bis ans Dach mit der letzten Maisernte angefüllt, in der Ratten und Mäuse, nicht wenig an Zahl, allnächtlich einen solchen Lärm vollführten, daß an genußreichen Schlaf nicht zu denken war.

Von Don Julian's Finca aus lernte ich zum ersten Male den höchst eigentümlichen Macondo-Wald, ein Mittelding zwischen Regen- und Trockenwald, kennen, der einem relativ kleinen Gebiet am Südwesthange der Sierra Nevada und den vorgelagerten Ebenen ihr Gepräge gibt, und gerade zur Trockenzeit, wenn die Bäume ohne Laub sind, in seiner herbstlichen Stimmung von hohem landschaftlichen Reiz ist. Der Macondowald hat früher wohl den weitaus größten Teil der fruchtbaren Ebenen südlich vom Rio Frio bedeckt, den jetzt die ausgedehnten Bananenpflanzungen der United Fruit Company und anderer Gesellschaften einnehmen. Heute sind nur noch Reste dieses Waldes übrig geblieben. Schon während der Bahnfahrt waren mir beim Dorfe Zucurinca die merkwürdigen Baumgestalten des zu den Bombacaceen gehörenden Macondo (C a v a n i l l e s i a) aufgefallen, welche die Waldreste in der Nähe des Ortes so anziehend machen. Hier sah ich sie nun aus allernächster Nähe. (Abb. 1.)

Schon der Stamm dieses Macondo ist eine Merkwürdigkeit durch die Wulstringe, welche die glatte, silbergraue Rinde in fast gleichmäßigen Abständen vom Fuße bis zur Krone umgeben. Dadurch bekommt der Stamm eine gewisse Ähnlichkeit mit einem riesigen, durch Eisenringe verstärkten Fabrikschornstein. Er erreicht bis zur Krone die beträchtliche Höhe von vierzig Metern bei einem Durchmesser von zwei und einem halben Meter und erscheint bei alten Exemplaren im oberen Teil stets stärker als im unteren, was dann dem Baum im Verein mit der bizarren Anordnung und Form seiner Äste und Zweige, solange diese ohne Laub sind, etwas geradezu Abenteuerliches verleiht. Und dieses Besondere des Macondo ist dermaßen in die Augen fallend, und für den Charakter der Landschaft ausschlaggebend, daß der Wald, in dem er häufiger auftritt, wohl den Namen „Macondowald" verdient. Als sich mein Aufenthalt in Don Julian's Rancho dem Ende nahte, trugen die Spitzen der kahlen Macondozweige kleine Kronen dicker, kugelrunder Knospen auf radial angeordneten mäßig langen Stielen. Was mir aber einige Wochen später meine Leute als die Blüten des Macondo zeigten, waren bereits die merkwürdigen Früchte, von weitem gesehen kugelartige, blaßgelbe oder rötliche Gebilde

Abb. 1. Macondo (Cavanillesia) und abnorme Ceiba.

von mehr als zehn Zentimeter Durchmesser, aus zarten Halbkreisen, wie aus Seidenpapier zusammengesetzt, die an ihrer Vereinigungsstelle den Fruchtkern umschlossen. Es ist ein prächtiger, des Macondo würdiger Schmuck, diese hunderte und tausende von Rosetten großer, zarter Kugeln. Jeder stärkere Windstoß entführt Dutzende davon aus den Kronen, wirbelt sie wie Windrädchen hoch durch die Luft und rollt sie schließlich wie Bälle auf den offenen, durch Buschfeuer kahlgebrannten Stellen des ausgedörrten Bodens so lange weiter, bis sie an einem Hindernis hängen bleiben. Gelangen sie auf dieser Reise zufällig in einen Tümpel oder Bachlauf, so saugen sie sich schnell voll Wasser, quellen auf und werden flugunfähig. Durch solches Verhalten machen sie aber erst das Zweckmäßige ihres Baues und das zunächst so naturwidrig erscheinende Blühen und Fruchten während der Trockenzeit verständlich. Wenn zu Anfang des Monats April die ersten schweren Regen fallen, hat der Wind bereits für die Verbreitung der Früchte gesorgt. Diese bleiben, von der Nässe des Bodens festgehalten, liegen und können nun keimen. Das ist auch die Zeit, zu der der Macondo seine großen Blätter entwickelt, die dann allerdings das Pittoreske der Krone in dem Einerlei des grünen Laubgewirrs verschwinden lassen. Der Macondo hat, wie viele Bombacaceen, ein überaus schnelles Wachstum. Junge Exemplare, die ich auf sieben Jahr zuvor gerodetem Pflanzungsboden traf, hatten bereits eine Höhe von fünfzehn Metern oder mehr. Das schnelle Wachstum des Macondo macht es aber begreiflich, daß sein Holz nicht viel taugt und weich, fast schwammig ist. Gerade durch diese Eigenschaften aber bietet er, wie wir noch sehen werden, geradezu ideale Lebensbedingungen für eine wahre Überfülle an Baumhöhlen bewohnenden Vögeln. (Taf. 1 Abb. 2.)

Im Macondowald, der an Artenreichtum seiner Pflanzenwelt nicht mit andern tropischen Wäldern wetteifern kann, die durch größere und länger andauernde Regenfälle begünstigt sind, aber noch immer vielgestaltig genug bleibt, zeigen auch noch manche andere Bäume das Bestreben, sich mit ihrem Blühen und dem Reifen ihrer Früchte ganz auf die lange und scharf ausgeprägte Trockenzeit einzustellen. Von ihnen ist der Papayote, Cochlospermum ritifolium, durch die Pracht seiner großen, leuchtend goldgelben Blüten, die mitten in der Trockenzeit an den laublosen Zweigen erscheinen, einer der schönsten und, weil stellenweise überaus häufig, auch auffallendsten. Auch er bringt seine mit seidigen Flughaaren ausgestatteten Samen noch vor dem Einsetzen der ersten Regen zur Reife.

Die weitaus größte Mehrzahl der Bäume im Macondowald, wenn auch längst nicht alle, sind jedenfalls solche, die während der langen Trockenzeit oder doch am Ende dieser ganz ohne Laub dastehen; die immergrünen bevorzugen die Plätze, wo ihre Wurzeln das ganze Jahr über Grundwasser finden. So wird der Macondowald gekennzeichnet als ein Mittelding zwischen dem trockenen Busch und dem Regenwald, das je nach den Boden- und meteorologischen Verhältnissen an seinen Grenzen in eines von diesen beiden Extremen übergeht.

In großer Mannigfaltigkeit und Artenzahl erreichen die Schlingpflanzen selbst an den trockensten Stellen dieses Waldes ein Wachstum, das sonst nur den Lianen des Regenwaldes eigentümlich ist. Von ihnen erinnern manche, darunter eine, von ihrer deutschen Verwandten kaum zu unterscheidende Waldrebe, an europäische Formen, andere entwickeln sich zu gewaltigen Ausmaßen und klettern als wahre Lianenungetüme inmitten eines Wirrwarrs anderer zierlicherer Arten bis in die höchsten Baumkronen. In diesen luftigen Höhen entfalten sie dann, Malpighiaceen, Polygalaceen und besonders Bignoniaceen, ihre Blätter und die glänzenden gelben oder lilarosaroten Blüten.

Es ist selbst für den Fachmann fast unmöglich, den bunten Blütenflor da oben in Beziehungen zu bringen zu dem unentwirrbaren Durcheinander der holzigen, harten vielfach verschlungenen Lianentaue, die aus dem Stammgewirr des Waldes nach dem Lichte streben. Unverkennbar ist aber stets die „Bejuco Cadena“ (Kettenliane) genannte Bauhinia heterophylla. Keine andere Liane des heißen Tropenwaldes übertrifft sie an phantastischer Vielgestaltigkeit der Form. Bald sieht sie aus wie ein riesiger Korkzieher, bald wie ein, zuweilen fußbreites, starkgewelltes Band oder wie eine Wendeltreppe — in einigen Gegenden des tropischen Amerika wird sie Affentreppe genannt —, die vom Boden bis in die höchsten Kronen reicht, oder gar wie die Ankerkette eines Ozeandampfers. Unter den weniger starken Schlinggewächsen des Macondowaldes hatten wir uns mehr als uns lieb war, mit denen zu befassen, welche mit ihrem dichten frischgrünen Vorhang herzförmiger Blätter die durch Windbrüche und Kahlschläge verursachten Lücken in kürzester Zeit auszufüllen trachten. Sie wurden uns stets eins der lästigsten Hindernisse, wenn es galt, uns für unsere Arbeiten Durchhaue zu schaffen. Unter ihrem trügerischen Grün am Boden war es unmöglich zu sehen, wo der Fuß fest auftreten konnte und wo nicht. Zu ungezählten Malen geschah es uns an solchen Stellen, daß wir tief in ein Gewirr vermorschter Zweige oder in einen vermoderten Macondostamm einbrachen. Und wir durften noch froh sein, wenn wir bei solchen Gelegenheiten nicht Armeen von Ameisen, deren Bisse wie das höllische Feuer brannten, mobil machten. Auch diese Schlinggewächse überraschten oft durch die Formen- und Farbenpracht ihrer Blumen, wie die Aristolochien mit ihren bizarren Kannenblüten, die wundervollen Passifloren oder süßduftende Asclepiadaceen. Da und dort machten sich auch, durch die enorme Länge ihrer wie Fäden herabhängenden Blütenstiele ausgezeichnet, die gefürchteten Mucuna-Arten breit, mit dem stark juckenden, lose sitzenden Pelzbesatz ihrer großen Hülsen. An vielen Stellen waren die grünen Vorhänge der Lianen übersät von den himmelblauen oder gelben Trichtern der Ipomea oder den brennend karminroten Sternen des Quamoclit. Nur zur Nachtzeit öffneten sich die großen, zarten Blumen der „Buena noche" Calonyction bona nox, süßen Wohlgeruch verbreitend und mit ihrem reinen Weiß gespenstisch aus dem Dunkel leuchtend.

Neben dem Macondo selbst und einigen riesenhaften Laubbäumen und den ganz großen Lianen waren es besonders die Palmen, die auch dieser Region das Gepräge des amerikanischen Tropenwaldes gaben. Die niedrigen Palmen, die oft gruppenweise an feuchten Stellen zu einem schier undurchdringlichen Dickicht sich zusammenschlossen, gehörten durchweg mit langen, scharfen Stacheln bewehrten Arten an, wie die Lata gallinazo (Bactris) und die Macana (Guilielma). Imponierend durch gewaltige Masse — bis zu 30 m Höhe — erschien die mächtige Curua-Palme (Scheelea) mit ihren langen Fiederblättern und mehr als zentnerschweren großen Fruchtkolben und die noch höhere, aber schlankere Chingalé (Sabal mauritiaeformis) mit ihren langgestielten Blattfächern. Bei jungen Exemplaren dieser Art, und auf tiefgründigem Humusboden, erreichten diese Fächerblätter insgesamt acht Meter Länge oder gar mehr. Da diesen Palmen, dank der glücklichen Anordnung ihrer Gefäßbündel die sonst alles vernichtenden Buschbrände verhältnismäßig wenig anhaben können, so bleiben sie oft auch da erhalten, wo von dem verschwundenen Walde nur noch die verkohlten Stubben zeugen. Auf solchen Lichtungen bringen sie dann in unvergleichlich schönen Gruppen ihre ganze Majestät zur vollen Geltung.

Eines nur überrascht: verhältnismäßig selten und nur hie und da zeigen sich im Macondowalde, abgesehen von Bromeliaceen, die Epiphyten und besonders die Orchideen, werden aber bei Annäherung an den angrenzenden Regenwald häufiger, ohne freilich die unvergleichliche Artenfülle und Pracht zu erreichen, mit der sie in den meisten Waldgebieten der columbianischen Anden immer wieder den Naturfreund in Staunen und Entzücken versetzen.

Neben meinen topographischen Arbeiten im Macondowalde mußte ich dauernd die forst- und wasserwirtschaftlichen Gesichtspunkte im Auge behalten, und daher bemüht bleiben, mir die Kenntnis der Nutzpflanzen und ihrer Eigenschaften anzueignen. Die mir amtlich beigegebenen, alle paar Tage wechselnden Guardabosques vermochten mir wenig Aufschluß zu geben, obwohl man das nach ihrem Titel — Guardabosque heißt Förster — billigerweise hätte erwarten können. Die meisten von ihnen, mit Ausnahmen von zweien, die mir später wertvolle Dienste erwiesen, bereiteten mir im Gegenteil schweren Ärger und versagten sofort, sobald größere körperliche Anforderungen an sie herantraten oder etwas Interesse von ihnen verlangt wurde. So war ich fast ganz auf die Hilfe eines mir als Peon beigegebenen Vaquero, Elodo de Oro, aus dem Departamento Bolívar angewiesen. Dieser erwies sich im Laufe meiner Arbeiten als vollkommen unentbehrliche Stütze, obschon er selbst an Tropenanämie litt und dauernd von schweren Fiebern gepeinigt wurde. Stets war er willig, verlor nie ein Wort des Unmuts, wenn es einmal hart auf hart ging, und sorgte in rührender Weise für unser Wohlergehen. Wenn wir ermüdet von der Arbeit heimkehrten, so war er es, der auf seinem, ihn stets begleitenden Eselchen lostrottete, um auf oft stundenweiten Wegen Trinkwasser oder Lebensmittel für uns herbeizuschaffen. Ich lernte in diesem einfachen Mann einen wirklich selbstlosen Freund schätzen, den zu besuchen ich niemals verfehlte, sobald ich später nach Fundacion kam.

IV. Kapitel.

Die Tierwelt des Macondowaldes.

Gegen Weihnachten mußten wir unser Standlager, um die täglich länger werdenden großen Anmärsche zu ersparen, an einen anderen Platz verlegen. Meine Wahl fiel auf einen offenen, hochgelegenen Rancho, welcher zu der mitten im Macondowalde gelegenen Vieh-Hacienda El Salado gehörte. Es war ein prächtiger Platz. Die Brise, wenn es die einmal gab, fand überall ungehinderten Zutritt und verscheuchte die Mücken. Jeden Morgen an diesen klaren Dezembertagen genossen wir den herrlichen Ausblick auf die majestätischen Felseneinsamkeiten und die blendende Schneekette der Sierra Nevada, bis zur Mittagsstunde, wo all dies wieder in den Wolken verschwand.

Was mir aber besonders gefiel, war das Tierleben der Wildnis, in das ich, aus allernächster Nähe, fast wie in einem zoologischen Garten, Einblick gewann; und ich wachte peinlich darüber, daß dieses Idyll von meinen Gefährten nicht gestört wurde. Morgen für Morgen wurden wir geweckt von dem Spektakel, den die Brüllaffen vollführten, diesen lauten, meist im tiefsten Baß endenden Grunztönen, ohne die man sich das Erwachen des Tierlebens in den heißen Wäldern der amerikanischen Tropen nicht denken kann. Dann trat die gefiederte Welt in ihre Rechte mit ihrem geräuschvollen Treiben und der bunten Pracht ihres Gefieders. Am bescheidensten gefärbt waren noch die kleinen „Perico“ und „Catarnica“ genannten smaragdgrünen Papageien, die in großen lärmenden Schwärmen über die Lichtungen eilten, um dann in irgendeinem Baum dem Auge durch ihre Schutzfärbung völlig zu entschwinden. Unbeholfener im Fluge als sie, stets die Pärchen zusammen, stets behaglich schwatzend, auch in der Luft, waren die Loros, die Amazonenpapageien, von denen ich im Macondowalde so ungeheure Mengen beobachtet habe, wie niemals vorher in irgendeinem andern Teile des heißen Landes von Colombia. Sie und alle ihre Verwandten haben aber auch geradezu ideale Brutgelegenheiten in den zahllosen Weichholzbäumen, wie sie in solcher Überfülle nur selten vorkommen. Diese Loros, die von allen Papageien des Landes als die sprachbegabtesten gelten, werden mit Leimruten und mit Hilfe eines Lockvogels, der so nolens volens zum Verräter seiner Gattungsgenossen wird, in großen Mengen eingefangen. Das erträglichste Los wartet dann der Gefangenen, die im Lande selbst bleiben, in irgendeinem Rancho, wo sie sich dank ihrer außerordentlichen Klugheit, selbst alt eingefangen, bald in das Unabänderliche finden, sich als vollkommene Haustiere überall frei bewegen dürfen und sich schnell aus dem Wortschatz ihrer Herren die meistgehörten Worte, in der Regel sind es die weniger salonfähigen, aneignen. Zu bedauern aber sind die armen Burschen, die eng zusammengepfercht in gemeinsamem Käfig nach Santa Marta an den Dampfer gebracht werden, um die traurige Reise nach dem grämlichen, kalten Norden anzutreten. Wenige nur von diesen kleinen Auswanderern überdauern den Verlust der Freiheit und den Klimawechsel und erreichen lebend ihre neue Heimat.

Weit auffallender, wenn auch seltener als diese in der freien Natur nur aus größerer Nähe durch ihren Lärm leicht bemerkbaren grünen Papageien sind die mächtigen, farbenfrohen Ara-Arten, auf welche die Macondobäume ganz besondere Anziehungskraft auszuüben scheinen. In den heißen Niederungen kommen zwei von ihnen vor, die „Gonzala“, scharlachrot mit grünen Deckfedern der Schwingen und blauen Steuerfedern und die „Guacamaya“ mit glänzend kobaltblauer Oberseite und orangegelber Brust. Nach meinen Beobachtungen dürfte es nur wenig andere Gebiete in Columbien geben, in denen diese Prachtvögel in solchen Mengen auftreten, wie in den schwülen Wäldern am Westfuß der Sierra Nevada. In Steinwurfweite von meinem Lager hatte ich eine prächtige natürliche Vogelvoliere, unendlich viel schöner, als sie irgendeiner der reichbesetzten zoologischen Gärten daheim aufweisen kann: Einer der Waldbäume hatte eines Morgens seine Blüten entfaltet und war so zum Treffpunkt der Vogelwelt aus der nächsten Umgebung des Lagers geworden. In der blühenden, duftenden Baumkrone waren in den ersten Stunden dieses sonnigen Morgens lärmend Dutzende von den herrlichen bunten Ara's und zahlreiche grüne Loro's und Catarnica's eingefallen, und zu ihnen kamen noch einige Pärchen der possierlichen Tucane mit ihrem unförmlichen Schnabel und dem aparten Federkleide in Sammetschwarz mit feinabgestimmten Flecken und Bändern in Weiß, Gelb und Rot. Dieses bunte bewegte Bild in allen Farben des Regenbogens in dem blendenden Licht eines herrlichen tropischen Morgens, war eines von denen, die man nie vergißt, die aber selbst in den heißen, reichen Niederungen nur selten sich dem Beobachter bieten. Nur noch ein zweites Mal, auch im Macondowalde, sah ich etwas ähnliches, diesmal an einem Spätnachmittage, als in einem Papayotebaum mit der Überfülle seiner goldgelben großen Blumen ein Flug der blaurückigen Guacamayas einfielen und so, von den letzten Strahlen der untergehenden Sonne beleuchtet, eine Farbensymphonie in Gelb und Blau schufen, die einzig in ihrer Art war. Oft noch hatte ich seitdem Aras im Macondowalde aus allernächster Nähe beobachtet. Einmal passierte es mir sogar, daß ich bei meiner Arbeit am Theodoliten unter einem großen Ficusbaum stehend, plötzlich von oben mit den Resten zernagter Früchte beworfen wurde. Als ich nach oben sah, bemerkte ich nach längerem Suchen in der dichten Krone des Baumes, kaum fünfzehn Meter über mir, einen ganzen Schwarm der roten Gonzalos und sah dabei, wie schwer oft diese mächtigen Vögel, trotz ihres schreiend bunten Gefieders, in dem Nebeneinander von tiefem Schatten und grellen Sonnenreflexen zu finden sind. Meine scherzhaft in die Baumkrone gerufene Drohung wurde nun, ohne daß die Gonzalos irgendwie Miene machten, ihren Platz zu räumen, mit lautem wie höhnisches Lachen klingenden „Arra, arra" beantwortet, und unwillkürlich kam mir der Eindruck, daß diese Vögel in gewissem Sinne Verständnis für Humor haben müßten. Jedenfalls schienen sie zu fühlen, daß ihnen von mir und meinem gutmütigen Begleiter Elodeo keine Gefahr drohte.

Trotzdem kommt es bei ähnlichen Fällen leider allzu oft vor, daß die Vertrauensseligkeit dieser Papageien durch die Bestie Mensch schmählich getäuscht wird. Einmal schoß, in nichtswürdigem Aasjägertrieb, einer der mich begleitenden Guardabosques, noch ehe ich es verhindern konnte, aus den Baumkronen über uns von einem der blaugelben Guacamayas das Männchen schwer weidwund herunter. Man muß wissen, welch treue, anhängliche Ehegenossen alle Papageien sind, um zu verstehen, was nun folgte. Sofort und unbekümmert um die auch ihm etwa drohende Gefahr bemühte sich das Weibchen, um den leise klagenden Gefährten, dem das Blut über das herrliche blaue und gelbe Gefieder tropfte, in Sicherheit zu bringen und rief mit durchdringendem Arra-Geschrei noch einen ganzen Schwarm Gattungsgenossen herbei, die nun dicht über unsern Köpfen einen furchtbaren Spektakel vollführten, ganz offenbar in dem Bestreben, dem verwundeten Vogel zu Hilfe zu kommen. In dem Verhalten dieser Tiere lag so viel Rührendes, menschlichem Empfinden Verwandtes, daß ich für den Rest des Tages völlig verstimmt war.

Ein großer Saman-Baum bei meinem Lager in El Salado war der Sammelplatz der Leguane („Iguanas"), dieser mächtigen, bis zu einem und einem halben Meter langen Eidechsen, auf deren fabelhafte Schnelligkeit und Lebhaftigkeit die apathischen Gefangenen in unseren Terrarien keine Rückschlüsse zulassen. Zu Dutzenden nahmen die stattlichen Tiere auf den schwer errecihbaren, weitausladenden Ästen des Baumes, vor Verfolgungen sicher, ihr Sonnenbad oder hielten dort ihre Siesta. Die Männchen mit dem tiefausgezackten Kamm über die Rückenmitte und der phantastischen Entwicklung der Hautfalten am Halse entsprachen im kleinen etwa dem Phantasiegebilde, das sich unsere Vorfahren vom Drachen machten. Diese gänzlich harmlosen Tiere habe ich während der Mittagspause von meinem Rancho aus wiederholt beobachtet, wie sie von ihrem Ast heruntergelaufen kamen, dabei oft in drolliger Weise mit dem Kopfe nickend, um von den saftigen Kräutern am Bachufer zu äsen oder um zu trinken. Elodeo, ein ausgezeichneter Beobachter, bestätigte mir die Harmlosigkeit der Tiere, behauptete auch, daß sie lediglich von Pflanzenkost lebten und bestritt, was oft behauptet wird, daß sie Küken des Hausgeflügels und andere junge Vögel fingen.

Die Leguane hat die fortgesetzte Verfolgung, der sie von seiten der Menschen ausgesetzt sind, überaus scheu gemacht. Bei der geringsten unvorsichtigen Bewegung des Beobachters eilen sie mit unglaublicher Geschwindigkeit den Baumkronen oder schützendem Gebüsch zu.

Von größeren Säugern kommen die über das ganze tropische Amerika verbreiteten auch im Macondowalde vor. Unter ihnen ist der Jaguar, in Columbien ganz allgemein „el tigre" genannt, eines von denen, die sich gelegentlich bis in die unmittelbare Nähe der Siedlungen wagen. Die Leute haben eine geradezu kindische Furcht vor ihm. Unweit meines Lagers hielt sich zur Zeit meines Aufenthalts in El Salado ein Pärchen Jaguare in dem dichten Dschungel auf, das die träge dahinfließende Quebrada Macaraquilla säumte. Mit einem von diesen Tieren hatte ich eines Morgens eine unerwartete Begegnung, die mich an ein viele Jahre zurückliegendes Erlebnis ähnlicher Art mit einem Leopardenpaare in Afrika erinnerte: ganz in meine topographischen Arbeiten vertieft, arbeitete ich mich auf einer tags zuvor geschlagenen Trocha durch den Unterwuchs von Heliconien und Maranten, als völlig überraschend nur wenige Schritte vor mir eine der mächtigen Katzen in langem Sprunge über unsern Durchhau wechselte und fast lautlos wie ein Phantom im Dickicht verschwand. Nicht einen Augenblick kam mir der Gedanke an Gefahr, und die einzige Empfindung, der ich mich entsinne, war die des Entzückens über die Grazie der Bewegung und die Pracht der dunkelgelben, schwarzgezeichneten Decke. Den mir folgenden Guardabosque konnte ich nur mit Mühe davon abhalten, mit dem Revolver auf gut Glück nach der Stelle des dichten Gebüschs zu feuern, an der er den „Tiger“ vermutete. Diese Unüberlegtheit hätte freilich recht unangenehme Folgen für uns haben können und lieferte mir einen Beitrag zu dem Thema, wie die gefürchteten Angriffe des Jaguars zustande kommen. Schon meine erste Begegnung mit dem Jaguar, die ich einige Jahre zuvor auf einer Canoa-Reise auf dem Rio Guaviare an den Grenzen der großen südamerikanischen Hylaea hatte, war nicht geeignet, mich von der Gefährlichkeit des „Tigers“ zu überzeugen. Als ich damals mit meinen drei Begleitern während einiger Wochen Nacht für Nacht im dichten Sumpfwalde lagern mußte, nur durch ein schnell errichtetes Blätterdach gegen Regen und durch ein Moskitonetz gegen die Zancudos geschützt, entdeckten wir eines Morgens im schlammigen Boden unseres Lagerplatzes die Fährten eines riesengroßen Jaguars, der offenbar sehr genau unsere Netze von außen untersucht hatte, um dann friedlich seiner Wege zu ziehen. Wir lagen allerdings während dieses Besuches, von schwerem Tagewerk todmüde, in tiefem Schlafe und waren schon dadurch verhindert, in einer immerhin möglichen Anwandlung von Nervosität irgend etwas zu tun, das verhängnisvoll für uns hätte werden können.

Im Macondowalde verstummten auch nach Eintritt der Dunkelheit die Stimmen der Tiere nicht. Diese Laute hatten fast immer etwas Klagendes, Geheimnisvolles und klangen wie aus weiter Ferne. In stillen, klaren Mondnächten tönte der melancholische Pfiff des Faultiers — Perico ligero nennen es die Columbianer — aus den im magischen Lichte grauschimmernden Kronen der Guarumobäume (Cecropia), deren große schirmartige Blätter die fast alleinige Nahrung dieses sonderbaren, harmlosen Gesellen bilden. Der Ruf rätselhafter Nachtvögel klang dazwischen und wurde oft Gegenstand abergläubischer Erörterungen, in denen sich meine Gefährten ergingen.

Das einzige Getier im Macondowalde, von dem wir alle wirklich Respekt hatten, waren — abgesehen von den Giftschlangen — die auch hier tagsüber in unheimlichen Mengen auftretenden Simulien, die Sandfliegen, und die noch weit schlimmeren Zecken und Milben, die sich durch Artenreichtum wie durch Menge der Individuen auszeichneten. Kein Teil des Macondowaldes war frei von dieser furchtbaren Plage, und unser Tagewerk schloß jedesmal damit, daß wir Körper und Kleidung oft stundenlang nach diesen Quälgeistern absuchten. Am schlimmsten war eine winzig kleine rote Acarus-Art, die manchmal zu Hunderten über die Haut rannte und durch ihren Biß unerträgliches Jucken und unter Umständen sogar die Bildung kleiner Geschwüre veranlaßte. Das einzige Mittel, das dagegen half, war, den Körper mit einer Kreosotlösung einzureiben, ehe wir an unsere Arbeit gingen. Diese Plage wurde desto schlimmer, je mehr Trockenheit und Dürre zunahmen.

Mit jedem Tage wurde die Wasserversorgung schwieriger. Die Quebrada Macaraquilla, aus der wir bisher unser Trinkwasser entnommen hatten, versiegte zusehends mehr und mehr. Auch sie führte, wie viele andere der kleinen Wasserläufe, infolge der vernichtenden Waldbrände in ihrem Quellgebiete zur Trockenheit nicht mehr genügend Wasser, um das ganze Bett zu füllen und blieb nur noch da, wo es die Bodenverhältnisse zuließen, in Form stagnierender, oft recht tiefer Tümpel mit dichter tropischer Ufervegetation erhalten. Auf der Suche nach trinkbarem Naß sahen wir dort eines Tages, wie sich von einem abgestorbenen dicken Stamm am Rande eines solchen Tümpels ein graues Etwas in das Wasser schob, ein mächtiges Krokodil mit tückischen grünen Katzenaugen, das dann unter der trüben Oberfläche verschwand. Und da das Wasser überdies wenig einladend duftete und nicht einmal mehr zur Bereitung von Kaffee oder Kakao geeignet war, verzichteten wir gerne auf diese Wasserstelle. So mußte Elodeo von nun an jeden Tag mit seinem Eselchen den weiten Weg bis zum Rio Aracataca machen, diesem, der Schnee- und Gletscherregion entspringenden, zur Trockenzeit kristallklaren Gebirgsfluß.

Der Macondowald wurde bei der unbarmherzigen Glut, in der die Luft schon am frühen Morgen flimmerte, immer laub- und schattenloser und herbstlicher. So war ich froh, als endlich meine erste topographische Aufnahme zwischen Fundacion und Aracataca zu Ende war, und mich andere Arbeiten riefen, von denen ich neue interessante Eindrücke für mich erhoffte.

V. Kapitel.

Waldbrände und Wassermangel.

Bereits meine nächste Aufgabe in der Bananenzone gab mir Gelegenheit, mich eingehender mit dem Problem der Wasserversorgung für die Landwirtschaft zu beschäftigen. Ich hatte in den ersten Märztagen die Örtlichkeit für eine geplante Talsperre im Tal der Quebrada del Guaymaro zu untersuchen und lernte damit ein typisches Beispiel für die verhängnisvollen Folgen der Entwaldungen in der Sierra Nevada kennen. Schon bei dem langen, ermüdenden Marsch im völlig trockenen Kies- und Sandbett des Baches in der Ebene war zu erkennen, wie die ehemals üppige Ufervegetation von Pflanzen des Regenwaldes durch die periodische Austrocknung zurückgegangen oder ausgestorben war. Nur einige mächtige Caracolí-Bäume (Anacardium rhinocarpus), die mit ihrem Wurzelsystem tief hinunter bis zu dem Grundwasser langten, deuteten darauf hin, daß hier ehemals Hochwald gestanden hatte. Noch vor einigen Jahrzehnten — wie man mir erzählte — dauernd fließendes Wasser führend, hatte die Quebrada vollständig den Charakter des nur periodisch fließenden Wildbaches angenommen. Erst mit Beginn der fast unvermittelt ansteigenden Urgesteinshänge der Sierra trat fließendes Wasser auf, das in einem kleinen Rinnsal über den dunklen Gneis dahinschoß und stellenweise große Strudellöcher oder tiefe Klüfte ausfüllte, und in dem sogar zahlreiche Fische mit bunten Zeichnungen und in sonderbaren Formen sich tummelten. Diese unbedeutenden Mengen des belebenden Wassers veränderten sofort das Aussehen der den Bach einfassenden Pflanzenwelt. Große Bäume, von Lianen übersponnen, säumten seine Ufer ein, aus dem dunklen Grün leuchteten in brennendem Scharlachrot die kopfgroßen Blütenstände des Arrizal (Brownea coccinea), und da und dort ragten mit dichtem, rosarotem Flor wie Riesensträuße die wundervollen Robles (Tabebuia rosea) bis zu fast zwanzig Meter Höhe empor; hoch über alle hinaus erhoben sich die mächtigen geraden Stämme der Curuapalme mit ihrer prächtigen Krone von schlanken, langen Wedeln. Dies lebenspendende Bächlein entstammte, wie ich später feststellte, einem einzigen Quell, während zu beiden Seiten alle anderen Zuflüsse ausgetrocknet waren. Im ganzen Einzugsgebiet der Quebrada, schon wenige Meter von deren Ufern, war der Wald durch Axt und Feuer vernichtet, ragten nur noch Reste verkohlter Baumstümpfe empor, war der die Bodenfeuchtigkeit aufspeichernde Humus fortgespült. Und wozu diese sinnlose Waldverwüstung? Aus einer vorübergehenden Laune heraus, aus Nachlässigkeit oder allenfalls um einer einzigen Maisernte willen war in Monaten, ja vielleicht nur in wenigen Tagen, der gesamte Wald, ein riesiger, natürlicher Wasserbehälter, zerstört worden. Es müssen gewaltige Wassermassen sein, die hier zuweilen bei Wolkenbrüchen über die ihrer Humusschicht beraubten, nackten Gneisfelsen zu Tal stürzen. Bei der Rückkehr sah ich in der Ebene an den Baumstämmen in Mannshöhe über den Ufern die Hochwassermarken von der Überschwemmung der letzten schweren Regen und konnte so eine Vorstellung davon gewinnen, welche Kosten der Bau eines Stauwehrs verursachen würde, das, ohne das Vorland zu gefährden, dem Ansturm so enormer Wassermengen standzuhalten hätte.

Das Befremdende angesichts solcher Verhältnisse ist, daß die Leute, die diese Gebiete „kultivieren", sich so einfachen Tatsachen gegenüber wie dem Zusammenhang zwischen Waldzerstörung und Abnahme des Wassers verschließen. Derselbe Pflanzer, der heute über Abnahme des Wassers in dem seine Finca berieselnden Bach jammert, brennt vielleicht morgen große Flächen Waldes herunter, um die Gebiete unzureichend berieselten Kulturlandes noch um weitere zu vermehren, für die er kein Wasser mehr beschaffen kann.

Lehrreich waren in dieser Hinsicht die Beobachtungen, die ich an der Quebrada Orihueca machte, demjenigen von den größeren aus der Sierra kommenden Gebirgsbächen, bei dem sich seit den letzten Jahren die Abnahme des Wassers in besonders beunruhigender Weise bemerkbar macht. Ein Teil der von ihm aus mit Wasser versorgten Bananenpflanzungen, der sich früher gesunden Wachstums erfreute, stirbt nach und nach aus Wassermangel ab, und trotzdem versucht man, dem Fluß immer wieder neue Wassermengen zu entnehmen, um auf frisch gerodetem Waldboden die Anlage weiterer Pflanzungen zu ermöglichen. Prozesse, die mit der ganzen Leidenschaftlichkeit des Creolen ausgefochten werden, sind darum hier, wie auch bereits im Streit um den Wasservorrat anderer Flüsse, an der Tagesordnung. Es stehen bei solchen Prozessen freilich bedeutende Werte auf dem Spiel. Der Hektar guten Bananenbodens kostet bis zu fünfhundert Dollar, und die Kultur der Frucht, um die sich das ganze wirtschaftliche Leben des Staates Magdalena dreht, ist ein glänzendes Geschäft. Man wird sich aber auch vorstellen können, daß das Amt des Fachmannes, der den amtlichen Auftrag hat — unter schweren körperlichen Strapazen —, die Unterlagen für derartige Prozesse zu liefern, oft recht dornenvoll ist.

Im südlichsten Teil der Zona reservada, südlich des mit Bananen bestandenen Landes und auf dem linken Ufer des Rio Fundación (in seinem

Oberlaufe heißt er Rio San Sebastian), liegt ein ausgedehntes Gebiet, von der Breite eines kleinen Tagemarsches und der vierfachen Länge, das zur Trockenzeit heute, vom Standpunkte des Landwirtes aus, praktisch als Wüste gelten kann, wennschon vieles darauf hindeutet, daß es hier früher anders ausgesehen hat. Ich bekam in den letzten Tagen des März den Auftrag, mit Untersuchungen darüber zu beginnen, ob es lohnend und möglich sei, dieses zur Trockenzeit völlig wasserlose Gebiet durch künstliche Bewässerung vom Rio Fundación aus in Kulturland zu verwandeln, das man auch außerhalb der Regenmonate, und womöglich für den Anbau der Banane, nutzbar machen könne. Mit diesem Lande machte ich inmitten der Trockenzeit Bekanntschaft.

Zunächst kam es für mich darauf an, den Rio San Sebastian an der Stelle kennen zu lernen, die zum Ausgangspunkt für die geplante Bewässerungsanlage werden sollte, und dort zugleich die Wassermenge des Flusses zu messen. Das Auffinden dieses Punktes war mit einigen Schwierigkeiten verknüpft; erst in den heißesten Nachmittagsstunden konnte ich mit meiner Arbeit im Fluß beginnen, schweißgebadet und von ganzen Wolken niederträchtiger Simulien halb zur Verzweiflung gebracht. Für mich wurde dieser Ritt aber doch noch lohnend, weil die Stelle des Flusses, an der ich meine Messungen vornahm, einen interessanten Beitrag zu dem Problem des Einflusses der Vegetation auf die Haltbarkeit der Flußufer lieferte. An einer Krümmung des Flusses grenzte, gerade am Hohlufer, ein Stück bis unter den Wasserspiegel reichenden Humusbodens mit primärem Waldbestand an tonigen, sehr festen Sandstein, und es war interessant zu sehen, wie sich das dichte Wurzelgewirr des Urwaldbodens viel widerstandsfähiger gegenüber der erodierenden Kraft des Wassers zeigte, als der Fels gleich daneben. In diesen hatten die im Wasser mitgeführten festen Bestandteile eine breite Nute herausgearbeitet, die tief das Ufer unterhöhlte, während sie den dichtverfilzten elastischen Wurzeln des Urwaldes, die den schwarzen, zwischen ihnen eingebetteten Humusboden zähe festhielten, nichts anhaben konnten. Diese Uferwand redete eine überzeugende Sprache, und mir drängte sich der Vergleich auf mit dem, was ich so oft am Rio Magdalena beobachtet hatte. Dort wird man leicht die Wahrnehmung machen, daß die der Flußregulierung so schwere Aufgaben stellenden Ufereinstürze fast immer nur an den unter Kultur genommenen oder mit sekundärer Vegetation bedeckten Strecken erfolgen. Ist einmal der Urwald mit seinem in große Tiefen reichenden Wurzelsystem zerstört, so verliert der Boden schnell seine frühere Festigkeit. Der jetzt neu auftretende, schnell wachsende sekundäre Wald, das Rastrojo, besteht fast durchweg aus Bäumen, wie Ceiba, Balso, Guarumo (Cecrop i a), die mit ihrem Wurzelsystem ganz an der Oberfläche bleiben oder doch kaum in die Tiefe dringen und so der Unterspülung der Ufer keinen Widerstand entgegensetzen können. Diese einfache Tatsache kann zwar der Beobachtung der Uferanwohner, seien sie Ackerbauer oder Viehzüchter, kaum entgangen sein, aber der menschliche Egoismus ist auch hier, wie überall, stärker als die Einsicht, die in diesem Falle nur streng durchgeführte Maßnahmen der verantwortlichen Behörden zum Siege verhelfen können.

Inzwischen waren die Hitze und Schwüle in diesen letzten Märztagen von Tag zu Tag unerträglicher geworden. Über Mittag regte sich kein Lüftchen, und die Wedel der Kokospalmen, ein niemals trügendes, die geringste Luftbewegung anzeigendes Anemometer, verharrten in vollständiger Bewegungslosigkeit. Dabei war die Luft so dunstig, daß das nahe Hochgebirge zeitweilig unsichtbar wurde, und daß man während der ersten und letzten Stunde des Tages ohne Schaden für die Augen in die Sonne blicken konnte, die dann wie eine dunkelrote Scheibe am Himmel stand, ganz wie zu der berüchtigten Harmattan-Zeit im tropischen Westafrika. Die Luft in dem Hause zu Fundación, das ich vorübergehend bewohnte, hatte sich unter dem Wellblechdach, das wie ein Brennspiegel wirkte, wie ein Backofen erhitzt. Ich hatte dort, schweißgebadet, um 2 Uhr nachmittags mit dem Schleuderthermometer 50° C gemessen, eine Temperatur, die selbst bei leichtester Bekleidung, einer Badehose, kaum zu ertragen war. Niemals, weder vorher, noch nachher, selbst in den heißesten Gebieten des Tschad-Sudân, hatte ich so enorme Hitzegrade erlebt, wie in dieser Hölle von Fundación.

In der weiten, wald- und buschbedeckten Ebene südlich dieses Platzes hatte ich nun den zweiten Teil meiner Aufgabe zu lösen, topographische Aufnahmen und geologische Untersuchungen. Die Vorbereitungen hierzu, d. h. die Besorgung von Tieren und Peonen, bestätigten meine schon mehrfach gemachte Erfahrung, daß es schwieriger ist, in Columbien eine Expedition von wenigen Tagen abseits der Hauptverkehrswege ins Werk zu setzen, als eine Afrikadurchquerung. Endlich war es soweit, daß ich die nötigen Reit- und Packtiere und die Peone zusammen hatte, die mich begleiten sollten. Zu meiner Beruhigung war der brave Elodeo wieder mit von der Partie. Ich hatte mich in unverbesserlichem Optimismus der Hoffnung hingegeben, daß wir am Tage des Aufbruchs bei Sonnenaufgang losmarschieren könnten. Bis meine Leute aber ihr Frühstück absolviert hatten und die Mulas von den Potreros brachten, hatte die Sonne schon ein Viertel ihrer Tagesbahn zurückgelegt, ließ die Luft über dem ausgedörrten Boden zittern und hob durch Spiegelung den dunklen Waldstreifen, dem wir zustrebten, als Fata Morgana über den Horizont empor. Unbarmherzig blendete das von den Blättern meines Routenbuches und dem Kompaß zurückgestrahlte Sonnenlicht meine Augen, die vergeblich nach einem wohltuenden Fleck Grün in dem toten graugelben Gesträuch suchten, um für Sekunden auszuruhen. Drei, vier Tage Aufnahmen mit Routenbuch und Kompaß in der lähmenden Glut dieser Gegenden ist eine Arbeit, die Körper und Geist mehr angreift, als irgend etwas anderes.

Am Wege rechts und links lagen mit aufgeblähten Bäuchen die Kadaver verendeter Esel und Maultiere, die Opfer einer durch die furchtbare Dürre begünstigten pestartigen Seuche. Man hatte sie aus Furcht, den Ansteckungsstoff zu verschleppen, mit Zaumzeug oder Packsattel liegen lassen, wo sie gefallen waren. Um die frischgefallenen Tiere balgten sich in schwarzem Gewimmel die Aasgeier, und heißer Pesthauch lagerte über dem Wege und zwang uns, die Taschentücher vor Mund und Nase zu pressen. Unsere Mulas scheuten und drängten jedesmal an solchen Stellen nach der entgegengesetzten Seite in den verdorrten und versengten schütteren Dornbusch hinein. Die Luft über diesem verpesteten Weg schien erfüllt von Hunderten und Tausenden von Gallinazos, die oft nur noch wie schwarze Pünktchen in großer Höhe schwebten. Es war, als ob sich die gesamten Aasgeier des Departemento Magdalena hier ein Stelldichein gegeben hätten. Wo hätten sie auch einen reicher gedeckten Tisch gefunden! Außer diesen Totenvögeln schien aber auch tatsächlich jedes Tierleben aus dieser Glutebene getilgt zu sein. Eine schreckliche Hoffnungslosigkeit lag über dieser Landschaft.

Allmählich, je weiter wir uns vom Hauptwege nach Pivijai entfernten, wurde die Vegetation höher und ursprünglicher, und bald mischten sich die Reste des ehemaligen Hochwaldes unter das Rastrojo. Die Bäume, die ich hier sah, waren meist alte Bekannte, und besonders der Macondo trat in dem nun beginnenden primären Walde mit wahren Riesen auf. Dazu kamen gewaltig hohe Exemplare von Baumarten, die ich bisher nur in ganz bescheidenen Abmessungen getroffen hatte, die giftige Ceiba de Leche (Hura crepitans) mit ihrem stachelbewehrten Stamme, die sonderbare Olla de mono (Lecythis) mit ihren, wie von Menschenhand gefertigten topfartigen holzigen Früchten, die sich, wenn sie reif sind, mit einem abspringenden Deckel öffnen, und manch andere sonderbare Erscheinungen mehr. In den Kronen dieser Bäume hatten sogar noch einige Pärchen Aras bei ihren Bruthöhlen ausgehalten. Sie meldeten sich mit durchdringendem Geschrei, als wir unter den spärlich belaubten Baumkronen durchmarschierten.

Heiße stickige Luft brütete in diesem fast schattenlosen Walde und ein brandiger Geruch benahm uns den Atem. Der Boden war dicht mit grauer und schwarzer Asche bedeckt; an allen Ecken und Kanten brannte es. Den Bäumen des Waldes war es wirklich schwer gemacht, sich den Extremen ihrer Existenzbedingungen anzupassen. Denn ich sah, dieses ausgedörrte, wüstenhaft trockene Land war zur Regenzeit Sumpf. Jetzt durchzog den dunklen Boden kreuz und quer ein Netz von mehr als metertiefen und oft mehr als handbreiten Rissen, die nicht einmal durch die großen, über der Erdoberfläche kriechenden Wurzeln der Bäume zusammengehalten wurden. Darunter lag eine Sandschicht, in der, wie wir später sahen, in zwei oder drei Meter Tiefe noch kein Grundwasser zu finden war. So fand das freventlich angezündete Feuer nirgends ein Hindernis, hatte überall reichlich Nahrung, kohlte Wurzeln und Stämme an und brachte die Bäume zum Absterben. Inmitten all dieser Zerstörung zeigten vereinzelte Bäume eine bewundernswerte Lebenszähigkeit und trieben aus aufgespeicherten Saftvorräten unverdrossen Büschel glänzender Blüten, süßduftende Plumieren und Capparis-Sträucher, der rosenrote „Roble“ und Tecoma-Arten, auf weite Entfernungen hin leuchtend wie dicke gelbe Bälle. Aber den Eindruck des Trostlosen vermochten sie nicht zu verwischen.

Die topographische Arbeit in diesem Glutofen wurde mit jeder Stunde beschwerlicher, und nachdem ich am ersten Tage völlig erschöpft von der lähmenden Hitze und einer Ohnmacht nahe in den Nachmittagsstunden die Arbeit hatte abbrechen müssen, trachteten wir danach, spätestens um 2 Uhr ein Unterkommen zu finden. Es gab nur einsame, weit verstreut liegende Ranchos der allerbescheidensten Art, von denen aus ärmliche Vaqueros das magere Vieh ihrer Herren betreuten, aber wir waren dankbar, wenn wir einen erreichten und für die Nacht ein Unterkommen fanden. Lebensmittel waren nicht zu haben, außer dem, was wir mitführten, aber weit schlimmer war der Mangel an Weide für unsere Tiere. Er wurde desto fühlbarer, je weiter wir vordrangen. Um an Wasser zu kommen, waren wir ohnehin immer gezwungen, den weiten Weg bis an den Rio Fundación zu machen. Dieser Grund war ausschlaggebend, meine Untersuchungen so sehr wie möglich zu beschleunigen. Ich hatte aber auch genug gesehen und beschloß, meine Arbeiten mit einer Aufnahme der Quebrada Macondo zu beenden, deren Bett in dem geplanten Bewässerungsprojekt dazu ausersehen war, das dem Rio Fundación entnommene Wasser in diesen zurückzuleiten.

Aus der Richtung der Sierra zeigte sich, mit jedem Tage ausgesprochener, die Tendenz zur Bildung von Gewittern. Aber nichts davon drang bis zu dieser gottverlassenen heißen Ebene. Der Rauch der Buschbrände, der dauernd über dem Walde hing, verhinderte immer wieder die Bildung des seit langem sehnlichst erwarteten Regens. Ich wußte nach meiner bisherigen Erfahrung, daß nicht nur im Macondo-Walde bei Fundación, nicht nur im Departamento Magdalena, sondern im ganzen Lande Colombia, soweit nicht gerade örtlich bedingte Regenzeit herrschte, ähnliches vor sich ging, und daß jetzt zu jeder Stunde des Tages die Flächen, auf denen gleichzeitig die Busch- und Waldfeuer loderten, in ihrer Gesamtheit ungezählte Tausende von Quadratkilometern umfaßten. Ich vergegenwärtigte mir lebhaft das Entzücken, welches die columbianischen Landleute stets empfanden — oft genug hatte ich's ja mitangesehen — wenn sich zur Nachtzeit ihre Augen daran weideten, wie die roten Schlangen der alles vernichtenden Buschfeuer prasselnd die waldigen Berghänge hinaufkrochen, wußte aber ebenso gut, daß nicht einer von diesen Menschen sich Gedanken über die Folgen solcher Verwüstung machte. Und wenn man sich daran gewöhnt, nicht nur das zu sehen und in seinen Folgen zu beurteilen, was sich gerade vor den Augen abspielt oder bestenfalls in einer Provinz, sondern darüber nachdenkt, was es bedeutet, wenn täglich ein nicht unbeträchtlicher Teil eines Landes in Flammen steht, das sich über fünfzehn Breitengrade und fast ebensoviel Längengrade erstreckt, so kommt es einem nicht mehr absurd vor, an eine Beeinflussung der meteorologischen Verhältnisse durch die nie verlöschenden Buschfeuer zu glauben. Ja sogar die auffallende Unbeständigkeit im Wechsel der Jahreszeiten, die alle Berechnungen der Landwirte über den Haufen werfen kann, wird dann verständlich. Wenn man ferner nicht nur das Morgen vor Augen hat, sondern den Versuch macht, in Generationen zu denken, so wird einem das Verständnis aufgehen für die Zusammenhänge zwischen der seit Menschenaltern in Columbien geübten Waldverwüstung und dem Austrocknen der Quellen und Flüsse mit den daraus entstehenden schweren wirtschaftlichen Schäden; ja, was unendlich viel wichtiger ist, man wird dann begreifen, daß mit energischen Reformen des Waldschutzes in Colombia eigentlich keine Stunde mehr gezögert werden darf!

Die Quebrada Macondo mündete mit mehreren Armen in den Rio Fundación dort, wo, als kleine Hügel, die Reste kiesiger, wieder abgetragener Fluß-Alluvien aufragten. Auf einem dieser Hügel stand sogar inmitten staubiger Corrales ein einsamer Vieh-Rancho. Nur noch in einem Arme war, als wir die Quebrada nahe ihrer Mündung das erste Mal querten, Wasser, zurückgestautes Wasser, aus dem Rio Fundación. Es reichte den Mulas nur bis an die Gurten. Am folgenden Tage, als ich, rückkehrend, mit meiner Aufnahme beginnen wollte, konnten wir die Furt nicht mehr durchreiten. Der Rio Fundación wälzte ungeheure schmutziggelbe Wassermassen mit Treibholz von irgend einem Unwetter im Hochgebirge heran. Die Fluten hatten bereits, als wir eintrafen, den Spiegel der Quebrada Macondo um einen reichlichen Meter erhöht und strömten, zusehends steigend, mit großer Schnelligkeit in deren Bett herauf. Sie hatten unfaßbar große Mengen von Ameisen und anderen Insekten, von deren Existenz wir bis dahin nichts gemerkt hatten, aus ihren Schlupfwinkeln in der geborstenen Erde aufgestöbert, und diese Kerfe flohen nun in heilloser Verwirrung vor der eilig nahenden Überschwemmung oder trieben hilflos auf Holzstückchen und Halmen, eine Riesenkatastrophe der Allerkleinsten! Einen Tag nur hielt diese Überflutung an, aber sie gab mir einen Vorgeschmack von dem, was ich später inmitten der Regenzeit an fast derselben Stelle erleben sollte.

Dieses plötzliche und schnell wieder abebbende Steigen des Wassers reichte nur eine kurze Strecke in das Bett der Quebrada Macondo hinein. Die ausgedörrte Erde hatte das Wasser aufgesaugt wie ein Stück Löschpapier, aber weit reichte der Streifen wasserdurchtränkten Bodens nicht. So konnten meine Aufnahmen allen Krümmungen der völlig ausgetrockneten Quebrada im Bette selbst folgen, nachdem ich Elodeo mit den Tieren auf kürzestem Wege vorausgeschickt hatte. Diese Arbeit war weit beschwerlicher, als ich geahnt hatte. Oft genug verwehrten die stachligen, glasharten Stangen des Bambus, die aus dem Ufergebüsch in das Bachbett hineinhingen, das Vordringen und spotteten unserer Bemühungen mit dem Machete Bahn zu schaffen. An manchen Stellen war es uns nur auf dem Bauche kriechend möglich, vorwärtszukommen, wenn gleichzeitig auch die Ufervegetation so dicht wurde, daß sie uns den gleichen zähen Widerstand entgegensetzte. Dabei störten wir die Marschkolonnen bösartiger Ameisen und mußten auch auf anderes Getier achthaben, um unerwünschte Begegnungen mit ihm zu vermeiden. Das Gekribbel der Zecken spürten wir am ganzen Körper. So ging die Arbeit nur sehr, sehr langsam vorwärts. Die Hände waren von Dornen zerrissen und schmerzten, die vom Gezweig zerfetzte Kleidung klebte uns am schweißgebadeten Körper. Die Temperatur war bereits um 9 Uhr bis zum Unerträglichen gestiegen, und kein Luftzug war zu spüren, der Kühlung gebracht hätte. Nur ab und zu kreisten über den Lichtungen, auf die wir hier und da Ausblicke hatten, Luftwirbel und ließen dünne Tromben von Staub und Aschenresten über die ausgeglühte, vom Feuer geschwärzte Fläche dahintanzen. In dieser Höllenglut, vom furchtbarsten Durst gepeinigt, machte ich noch am Vormittag die fatale Entdeckung, daß der Peon, der meine Labeflasche trug, unsern ganzen Wasservorrat bis auf den letzten Tropfen ausgetrunken hatte. Was half's, es blieb nichts weiter übrig, als die Zähne zusammenzubeißen und unsere Arbeit so sehr wie möglich zu beschleunigen, weil wir die Hoffnung hegten, irgendwo im Bett der Quebrada einen Wasserrest aus der seit Monaten beendeten Regenzeit vorzufinden. Unser Hoffen wurde auf eine harte Probe gestellt. Zweimal fanden wir über die Mittagszeit Stellen im Flußbett, an denen andere vor uns, offenbar schon lange vorher, nach Wasser gesucht hatten, denn tiefe Trichter waren aus dem Sande ausgeschachtet, aber keine Spur von Bodenfeuchtigkeit war mehr zu finden. Meine Leute sagten mir, daß zur Regenzeit die Quebrada bis an den Rand gefüllt sei, bis zu einer Linie, die jetzt noch reichlich einen Meter über unsern Köpfen lag. Uns klebte die Zunge am Gaumen, aber halb taumelnd setzten wir die Arbeit fort. Einmal mußte doch Wasser kommen, so trösteten meine Leute. Endlich, es war drei Uhr nachmittags, standen wir vor einem Tümpel mit braunem stinkenden Wasser, das war die verheißene Wasserstelle, aber wir waren halbverschmachtet, stürzten uns auf die Pfütze und tranken die schreckliche lauwarme Flüssigkeit in uns hinein. Eine knappe Stunde später waren wir in der kleinen Siedlung Macondo, wo uns der brave Elodeo mit einer Tasse Kaffee aufwartete und uns damit unsere Lebensgeister zurückgab. In beschleunigtem Marsche ging's dann in Richtung auf Fundación zurück, in meine heiße Wellblechbude, in der ich mich nach diesem schrecklichen Tage in der Quebrada Macondo wahrhaft glücklich und geborgen fühlte.

VI. Kapitel.

In den Desparramaderos.

Im Staate Magdalena liegen die Gegensätze nahe beieinander, Wüste und Wasser. Beide habe ich gründlich kennengelernt. Wenn ich auf Weisungen hin, die direkt aus Bogotá kamen, zu arbeiten hatte, war es meist so, daß ich in der Trockenzeit in solchen Gegenden tätig war, welche an gänzlichem Wassermangel litten, und in der Regenzeit lagen meistens Befehle höheren Ortes vor, die mich in die Desparramaderos schickten. Die Desparramaderos sind, in der Bananenzone, Sümpfe oder richtiger Wasserlabyrinthe, in denen Flüsse oder Bäche sich vorübergehend in ungezählte, sehr unbeständige kleine Arme auflösen oder in einer Anzahl von zusammenhängenden Teichen verlieren, um ihre Wässer dann wieder in einem Lauf zu sammeln. Meist aber ist der Desparramadero eine Art von Delta, in dem die Wasser mehrerer Flußläufe vereint fließen, ehe sie sich im brackigen Haff der Ciénaga grande verlieren, das ich auf meiner Reise von Barranquilla nach Ciénaga zum erstenmal kreuzte.

Die Desparramaderos sind überaus charakteristisch für die tiefgelegenen Alluvialgebiete, die sich kaum über das Meeresniveau erheben. Abgesehen von der Neigung der Flüsse zu mäandrieren — die allen Flüssen in solchen Tiefländern eigen ist — verdankt der Desparramadero seine dauerndem Wechsel unterworfene Ausdehnung und labyrinthische Gestaltung dem so oft und unerwartet im Gebiet der Sierra Nevada auftretenden Hochwasser, während dessen die Fluten sich immer wieder neue Wege suchen, wenn Treibholz oder durch Unterspülung gestürzte Stämme die alten Kanäle verstopfen. Aber auch die Anwohner der Flüsse helfen hier mitunter nach, ohne sich viele Gewissensbisse zu machen, wenn es sich für sie darum handelt, Wasserschäden von ihren Pflanzungen abzuhalten oder von irgendeinem Wasserlauf „Desvios“ abzuzweigen. Auch dies trägt zu dem schwer kontrollierbaren Wechsel in diesem höchst unbeständigen Flußsystem bei; und das führt leicht dazu, daß man eine heute besuchte Gegend morgen kaum wiedererkennt und zu irreführenden Auffassungen bezüglich der Grenzen verleitet wird. Grenz- und Wasserstreitigkeiten sind darum in diesen Gebieten, deren wunderbar fruchtbarer Pflanzungsboden so beträchtliche Werte darstellt, etwas, das dauernd die Gemüter in Bewegung hält, und die Bemühungen des Ingenieurs, der hier Klarheit zu schaffen hat, können zu einer recht aufregenden Arbeit werden.

Der erste Desparramadero, mit dem ich Bekanntschaft machte, waren die Sümpfe der Quebrada Latal, die ich in voller Regenzeit genoß. Es war ein ausgedehntes Wasserlabyrinth, dem von weitem seine Tücke nicht anzusehen war; denn üppige, frische, grüne Vegetation deckte dieses in dauerndem Fluß befindliche Wassernetz so dicht zu, daß wir beim Vorwärtsdringen durch seine Wiesenflächen wie in einem Moor jeden Schritt mit langen Stangen abtasten mußten, um nicht in irgendeinem tückischen Wasserloch zu versinken. Dann kam höhere Vegetation. Über der Schneise, die wir uns hier durch Dickicht von stachligen Bactris-Palmen oder hohe Heliconien und Maranten gebahnt, brütete drückende feuchte Hitze. Immer bis an die Knie, oft aber bis an den Gürtel im Wasser, arbeiteten wir uns hier durch mit Theodolith, Bussole und Meßband. Die Moskitos, von denen wir ganze Wolken aus ihren Schlupfwinkeln aufstöberten, nahmen die Gelegenheit wahr und rächten sich für die Störung aus ihrer Ruhe. Sie waren trotz des grellen Sonnenlichts von einer programmwidrigen Rührigkeit und Beharrlichkeit und ließen uns jetzt keine Minute mehr in Ruhe. Aber auch sonst, während dieser drei Tage Arbeit im Sumpf, war für Abwechselung gesorgt. Eine bunte Mapaná (Lachesis) von mehr als Meterlänge, eine der angriffslustigsten Giftschlangen, die meine Leute erlegt hatten, mahnte zu großer Vorsicht und bewies, wie nötig es war, die Augen ständig offen zu halten, um uns gegen Überraschungen aller Art zu sichern. Das war besonders dann nötig, wenn der riesige Stamm eines gestürzten Caracolí den Weg sperrte, und die dadurch notwendigen Kletterkunststücke unsere Aufmerksamkeit in Anspruch nahmen. Hier war, wie die zahllosen Wildfährten an den wenigen, nicht unter Wasser stehenden Stellen bewiesen, ein Paradies der Tapire und Wasserschweine, in dem sie wenigstens vor Nachstellungen durch den Menschen sicher waren, denn nur der Zwang einer absolut nötigen Arbeit, konnte Veranlassung sein, in diese Sumpfwirrnis einzudringen. Aber ihr beharrlichster Feind, der Jaguar, wurde durch das unbehagliche Dickicht nicht abgeschreckt; denn auch seine Anwesenheit bezeugten die Fährten seiner mächtigen Pranken. — — Als wir unsere Arbeit in diesem furchtbaren Sumpf beendet, war die Hälfte von uns krank an Malaria und Dysenterie.

Aufnahmen der größeren aus dem Hochgebirge kommenden Flüsse, die zum Teil nur im Canoa durchgeführt werden konnten, ließen mich dann auch das Kanal- und Sumpflabyrinth kennen lernen, in dem sie, zwischen Schnee- und Firnfeldern geboren, ihr Dasein beschließen. Den Anfang machte in den letzten Maitagen der Rio Tucurinca. Ich hatte mich schon drei lange Tage durch sein Uferdickicht aus Cecropien, Stachelpalmen und acht Meter hohem Rohr (G y n e r i u m) mühselig durchgearbeitet, als die beginnenden Sümpfe mein weiteres Vordringen auf dem Lande unmöglich machten. Jeden dieser drei Tage hatte ich, wenn ich um die Mittagszeit meine Arbeiten abschloß, todmüde und von Zecken und Sandfliegen aufs schlimmste gepeinigt, den weiten, sonnigen Weg durch die Bananenpflanzungen bis zu meinem bescheidenen Rancho in Tucurinca zu Fuß zurücklegen müssen. Ich kam immer so rechtzeitig an, daß ich noch vor Ausbruch der schweren Gewitter, die sich Tag für Tag an den Hängen der Sierra zurechtbrauten und stets von wolkenbruchartigen Regen begleitet wurden, unter dem schützenden Dach war. Dann war kein Schritt mehr außerhalb des Hauses möglich und meist erst nach Eintritt der Dunkelheit ließ der Regen nach. Draußen aber lärmten zwischen dem Fall der Tropfen die Scharen der Frösche, leuchteten in Wald und Busch tausende von Glühwürmchen, und raketengleich zogen die großen Leuchtkäfer, die Cucuyos, ihre feurigen Bahnen durch die laue Tropennacht.

Gegenüber einem Rancho mit dem ominösen Namen Garrapata (= Zecke) hatte ich meine Aufnahmen am Tucurina-Ufer abgebrochen, weil uns ein Sumpfdickicht von stachligen Palmen („Lata Gallinazo) weiteres Vordringen verwehrte, und die Möglichkeit bestand, von hier aus auf dem Flusse selbst müheloser und schneller vorwärts zu kommen. Hierzu sollte mir der Besitzer des Ranchos Garrapata, Don Milciades Rujano, verhelfen.

Der Träger dieses klassischen Namens, ein baumlanger Halbneger, der uns in seiner Canoa über den Rio Tucurinca setzte, unterhielt mit den nutzlos am Boden faulenden Bananen der benachbarten Pflanzungen eine einträgliche Schweinezucht im großen. Die tragenden Bananenstämme werden ja leicht durch den Wind zu Fall gebracht. Alles, was an Bananentrauben auf diese Weise zu Boden fällt und mag es noch so wenig gelitten haben, darf für den Export nicht mehr verwandt werden und ist damit wertlos. Darum ist der Schaden gewaltig — oft umfaßt er Millionenwerte —, den die namentlich zu Beginn der Regenzeit auftretenden und von Jahr zu Jahr heftiger werdenden Wirbelstürme anrichten. Diese Wirbelstürme stehen möglicherweise im Zusammenhang mit den übertriebenen Entwaldungen in der Bananenzone, denn mir wurde erzählt, daß sie früher, als die großen Wälder noch standen, weit seltener und mit viel weniger Heftigkeit aufgetreten seien. Eines ist jedenfalls sicher, daß ihre alles vor sich niederwerfende Gewalt — ihre Wirkung ist wie die einer ungeheuren Dampfwalze — wenigstens teilweise gebremst würde, wenn man in kluger Mäßigung, zwischen den Bananenfeldern noch einige Waldstücke hätte stehen lassen und nicht alles unter Kultur genommen hätte. So rächt sich auch hier wieder die Natur für die ihr seitens des Menschen angetane Vergewaltigung. Die Folgen eines solchen Tornados ziehen übrigens das ganze Wirtschaftsleben des Staates Magdalena in Mitleidenschaft; denn ein so beträchtlicher Ausfall in der Bananenernte bedingt sofort automatisch den Ausfall des einen oder anderen Fruchtdampfers, vermindert die Verdienstmöglichkeiten und die Zolleinnahmen und hat sogar eine Verzögerung in der Postzustellung zur Folge; denn die Fruchtdampfer befördern zugleich zwischen Santa Marta und den ausländischen Häfen die Post.

Es war nicht leicht, den bedächtigen Don Milciades dazu zu bringen, mich in seiner Canoa den Rio Tucurinca hinunter zu fahren. Am Morgen des Tages meiner Ankunft war er, wie er sagte, überhaupt verhindert, und ein am Nachmittag niedergehendes furchtbares Unwetter hatte so enorme Wassermassen heruntergebracht, daß der Fluß um reichlich zwei Meter gestiegen war und seine trüben Fluten mit großer Geschwindigkeit dahinwälzte. Baumstämme und Äste trieben auf ihm zu Tal, und ich sah ein, daß der Schwarze mit seiner Weigerung, unter solchen Verhältnissen unser Leben dem Rio Tucurinca anzuvertrauen, recht hatte. Aber auch als der Fluß um einen Meter gefallen war, wollte Don Milciades von einer Canoa-Reise noch nichts wissen, da bei der großen Geschwindigkeit, mit der die Fluten immer noch dahinschossen, durch das trübe Wasser hindurch die im Flußbett festgefahrenen Baumstämme nicht rechtzeitig zu sehen wären. Nach den Erzählungen unseres Gastfreundes konnten wir uns ein Bild von dem Schicksal machen, das unserer bei einem etwaigen Bootsunfall wartete. Im letzten halben Jahre hatte ihm der Caiman — so wird ganz allgemein das Magdalena-Krokodil genannt — acht Hunde, vier Schweine und zwei Esel geholt, und zwar unmittelbar an der Wasserschöpfstelle vor seinem Rancho.

So waren wir also dazu verurteilt abzuwarten, bis die Wasserverhältnisse im Flusse günstiger wurden. Die Umgebung lud nicht zu Ausflügen ein. Es war nur ein überall von Wasser und Sumpf inselartig abgeschlossener Potrero mit hohem Gras zu sehen, darin vereinzelte Guacimo-Bäume (G u a z u m a) und die struppige Noli-Palme mit ihrem eigentümlichen, auf dem Boden liegenden Stamm. Dazu machte Garrapata seinem Namen alle Ehre, denn Zecken aller Größen krochen über die Kleidung, sobald man die morastigen Wege verließ.

Glücklicherweise hatten wir nur zwei Tage mit Warten verloren, als Don Milciades meldete, daß wir die Canoa-Reise den Rio Tucurinca abwärts antreten könnten. Bald darauf trieben wir auf dem immer noch schnell strömenden Flusse zu Tal, zwischen der hohen düsteren Ufervegetation, oft unter überhängenden Ästen fort, an festgeratenen Baumstämmen vorbei, die uns zu größter Vorsicht nötigten. Kurz vor dem Eintritt in die Desparramaderos erreichten wir die hydrographisch interessante Stelle, an der früher der große Rio Aracataca seine Fluten mit denen des kleineren Rio Tucurinca vereinigt hatte, und waren damit im alten Unterlaufe jenes Flusses angelangt. Heute ist vom Rio Aracataca nur noch das alte Bett übriggeblieben, in dem jetzt die Wasser die Rio Tucurinca strömen, und das nur zur Zeit des höchsten Standes den Überschuß an Wasser vom Aracataca empfängt. Dem Rio Aracataca selbst haben seine Anwohner, wahrscheinlich unterstützt durch natürliche Veränderungen in dessen Flußbett, seit langem einen anderen Lauf gegeben, um seine Wassermassen der Bewässerung nutzbar zu machen, aber es ist in dem ungeheuren, netzartig verzweigten Wasserlabyrinth, das die beiden Flüsse gemeinsam mit noch anderen durchströmen, unmöglich zu sagen, von wo das Wasser stammt, das in irgendeinem der unzähligen Kanäle und Kanälchen dahineilt. Wahrscheinlich ist nur, daß ein Steigen des Wassers in diesen Kanälen jedesmal demjenigen Fluß dieses gemeinsamen Systems zu danken ist, der gerade Hochwasser führt. Hier liegt eine der interessantesten, aber auch schwierigsten Aufgaben vor, die sich dem hydrographischen Studium bieten. Ja es dürfte fast unmöglich sein, eine zuverlässige Karte dieses dauernd wechselnden Flußsystems zu entwerfen, denn was heute noch richtig war, kann morgen schon falsch sein.

Sobald wir in das alte Bett des Rio Aracataca und damit in die Desparramaderos eingetreten waren, änderte sich das Aussehen der Landschaft. Dieses großartige Bild glaubte ich irgendwo schon einmal gesehen zu haben. Es war wie ein Gemälde von Ruysdael: Spiegelnde Wasserarme, mächtige Bäume mit dunklem Laub und halbvermorschte Stämme. Bezeichnend für diese Sümpfe waren besonders die zahlreichen, bis zum Horizont sichtbaren, abgestorbenen Bäume, die ihr kahles, helles Astwerk wie Arme Ertrinkender hilflos gen Himmel streckten. Hier war es nicht das Feuer, das sie zum Absterben gebracht hatte, sondern ein Zuviel an Wasser infolge dauernder Versumpfung. Die mächtigen Ficus-Bäume schienen dieser Überschwemmung noch am besten widerstanden zu haben, besser als die sonst wassergewohnten Caracolí's. Was das Wasser an einzelnen Stellen zerstört hatte, baute es an anderen wieder auf. Die „Bajagua" (Cassia reticulata) hatte auch hier, wie anderwärts auf Neuland der Flüsse, festen Fuß gefaßt und schloß sich zu kleinen Hainen zusammen, die im Schmucke ihrer goldgelben Blüten prangten. Dazwischen machten sich die dornigen Sträucher einer Sinnpflanze breit, die „Zarza colorada" (Mimosa asperata) mit kleinen kugeligen Blütenköpfchen. Auf dem Wasser trieben Inseln schwimmender Kräuter, die unvermeidliche Pistia stratiotes, Salatköpfchen nicht unähnlich, und die Wasserhyazinthe (Eichhornia crassipes), mit ihren prächtigen hellveilchenblauen Blüten, die gefürchtete Wasserpest der tropischen Flußläufe. An Stellen, wo das Wasser vorübergehend stagnierte, bildeten sie mit ihrem wunderbaren leuchtenden Flor schwimmende Blumengärten.

Als wir ein ziemliches Stück in dieses Wasserwirrwarr eingedrungen waren, äußerte Don Milciades Bedenken, weiterzufahren, und ich mußte ihm Recht geben, denn die Lenkung der Canoa in diesem immer mehr sich verzweigenden Labyrinth von tiefen, reißenden, vielfach gewundenen Kanälen wurde von Minute zu Minute schwieriger. Und es war höchste Zeit, daß wir umgekehrt waren; denn nun zeigte es sich, daß meine Begleiter bei Anwendung der langen Stangen, mit denen wir uns mühselig gegen die Strömung vorwärtsstakten, sich jedesmal bis auf den Wasserspiegel herunterbeugen mußten, um Grund zu bekommen. Hätten wir diese Reise zwei Tage früher gemacht, so wären wir wohl, vielleicht sogar noch schneller, bis an dieselbe Stelle gekommen, aber ich vermochte mir keine Vorstellung davon zu machen, wie wir wieder aus dem Desparramadero herausgekommen wären. Einmal wieder im Flußbett selbst, hatten wir dann gewonnenes Spiel, wenn wir auch Stunden für die nicht allzulange Strecke gebrauchten, die wir stromabwärts in Minuten durcheilt hatten.

Von allen meinen Erlebnissen in den Desparramaderos haben sich mir am unauslöschlichsten die eingeprägt, welche sich an meine letzten, ergänzenden Flußaufnahmen im Gebiete des Rio Fundación während des zweiten und schlimmsten Teils der Regenzeit knüpften. Ich war mit einer funkelnagelneuen, starken Canoa aus Caracolí-Holz und zwei Begleitern von einem Punkte aufgebrochen, der einen halben Tagemarsch stromaufwärts von Fundación entfernt liegt. Es hatte schwer gehalten, ein Fahrzeug und Begleiter zu finden, denn das Hochwasser im Fluß stellte eine Reise in Aussicht, bei der es nicht ohne aufregende Momente abgehen würde. Schon die Fahrt auf diesem obern Teil des Rio Fundación, in dem der Fluß stark mäandriert, und die Ufer in den weitausholenden, oft eng sich berührenden Schleifen fortwährend Einstürzen ausgesetzt sind, legte mir nahe, meine Begleiter zu fragen, ob sie schwimmen könnten. Da einer meiner Ruderer diese Frage verneinte, hielt ich es für ratsam, diesen in Fundación mit einem geeigneteren, des Schwimmens kundigen zu vertauschen. Dieser Entschluß erwies sich in der Folge als unser Glück. Nach einigem Suchen stellten sich mir auf Empfehlung eines Bekannten ein untersetzter, aber herkulisch gebauter Bursche vor, der das Wagnis, zur Regenzeit in die Deparramaderos einzudringen, mitmachen wollte. Er kannte diese Gegend bereits, hatte sie allerdings nur bei niedrigem Wasserstande durchfahren. Zur Sicherheit brachte er gleich zu unserem Haumesser noch eine Axt mit, um gegebenenfalls in den Kanälen des Flusses größere Hindernisse aus dem Wege zu räumen. Unsere Habe wurde nun im Kanu mittels starker Seile festgebunden, um sie im Falle des Kenterns nicht zu verlieren, und dann wurde die Fahrt fortgesetzt, bei hellem Sonnenschein und bei drückender Schwüle. Der Himmel über uns strahlte in ungetrübtem Blau, aber in der Wetterecke über der Sierra Nevada drohte dunkles Gewölk. Die Fluten füllten das geräumige Bett des Flusses bis zu wenigen Fuß unter dem Rande des Ufers aus und strömten schnell dahin, führten aber nur wenig Treibholz mit. Wir hatten nur darauf zu achten, möglichst die Mitte des Fahrwassers einzuhalten, um uns vor der Möglichkeit zu schützen, unter einen der stürzenden, großen Uferbäume zu kommen. Mit dieser Gefahr war zu rechnen; denn eine Anzahl solcher Bäume lag bereits mit der Krone im Fluß, und in ihren Zweigen rauschte und gluckste das Wasser wie zwischen den Felsen eines Wildbaches. Andere hingen nur noch an einem Teil ihrer weit am Ufer hinkriechenden Wurzeln fest, der Stamm aber schwebte schon frei über dem Wasserspiegel, so daß der Sturz jeden Augenblick erwartet werden konnte. Alle diese Bäume beherbergten in Menge die riesigen Iguanas, die sich bei unserer Annäherung mit lautem Plumps in den Fluß fallen ließen, um unter Wasser schwimmend eine andere Stelle des Ufers zu gewinnen. Der Argwohn dieser harmlosen, schönen Tiere war nur zu berechtigt; denn aus böser Erfahrung mußten sie wissen, daß der Mensch ihr einziger, aber desto ernster zu nehmender Feind ist.

An einer langen Strecke reichten neue Bananenpflanzungen bis an den Rand des Flusses. Große feste Anlagen der amerikanischen Fruchtgesellschaft waren hier im Entstehen, um vom Rio Fundacion Wasser zur Berieselung in die Pflanzungen abzuleiten. Daran grenzte dann bald wieder Wildnis, und ein Desparramadero begann, in dem sich der Fluß in zahllosen Verästelungen verlor, so wie sich die Krone eines Baumes verzweigt. Meine Sorge war nun, den Kanal zu finden, auf dem, wie mein neuer Begleiter versicherte, in den Zeiten, als die Bahn noch nicht existierte, ein regelrechter Canoa-Verkehr zwischen El Bongo, schon nahe der Ciénaga grande, und Fundación stattgefunden hatte. Damals waren allerdings die Kanäle stets von den Baumstämmen und dem üppig wuchernden Pflanzenwuchs reingehalten worden und infolgedessen zugänglich. Damit war jetzt nicht mehr zu rechnen. Wenn wir in das nun beginnende Wasserlabyrinth eindringen wollten, so mußten wir solche Bedenken fallen lassen, wie sie ähnlich in den Deparramaderos der Flüsse Aracataca und Tucurinca zur Ursache für unsere Rückkehr wurden. Mit klopfendem Herzen merkte ich, wie nunmehr die Verzweigung des Rio Fundación begann. Unser Führer behauptete auf Grund gewisser Merkmale, den zum Ziele führenden Arm des Rio Fundación finden zu können. Unsere Canoa schoß, den zahlreichen und engen Windungen des Kanals folgend, in der starken Strömung so schnell dahin, daß wir uns darauf beschränken mußten, scharf aufzupassen und mit einer gelegentlichen Bewegung der steuernden Paddel das Fahrzeug in der Mitte zu halten. Ein schneller Entschluß war besonders dann nötig, wenn wir uns einer der immer häufiger werdenden Abzweigungen näherten, denn dann galt es, innerhalb von Sekunden über den einzuschlagenden Weg schlüssig zu werden und dem furchtbaren Sog des jeweils nicht benutzten Flußarmes fernzubleiben, um die gefährliche Querstellung des Canoa zur Strömung zu vermeiden. Bewunderswert waren die Sicherheit und ruhevolle Kraft, mit der meine Leute die Paddeln und die sechs Meter langen Staken, die „Palancas“, handhabten, wenn die Lage kritisch wurde. Ich mußte mich ganz ihrer Geschicklichkeit anvertrauen; denn ich selbst war vollkommen von der Arbeit mit Kompaß und Routenbuch in Anspruch genommen. So waren wir schließlich bis zu einer Stelle gelangt, an der sich, inmitten eines dicht verflochtenen Rastrojos, der Fluß in drei Arme gabelte. Zwei von diesen Armen, das sahen wir von der Canoa aus, waren nahe ihrer Abzweigung durch festgefahrene

Baumstämme verbarrikadiert, es blieb also nur der dritte übrig. In diesen, den größten, steuerten wir nun hinein, aber lange dauerte die Herrlichkeit nicht, denn auch dieser Arm war verstopft. Die Barrikade bestand aus einem großen, von irgendeinem Hochwasser angetriebenen Baumstamm, der sich querliegend in die dichte Ufervegetation rechts und links eingeklemmt hatte, und über dem regellos große Äste hingen, ein richtiger Astverhau. Unter diesem Hindernis schoß mit verstärkter Gewalt schäumend und gurgelnd das Wasser dahin. Große und schnell sich drehende Wirbel zogen die auf dem Wasser treibenden Aststücke in die Tiefe und bewiesen die furchtbare Stärke der saugenden Wirkung. Instinktiv hatte ich das Lasso, das hinter mir für solche Fälle im Canoa lag, klargemacht. Im letzten Augenblick gelang es mir, das Seil über einen Ast zu werfen, der sich von einem Uferbaume aus tief über den Fluß erstreckte, und das Fahrzeug daran festzumachen. Damit war die Gefahr beseitigt, daß sich unsere Canoa quer zur Strömung stellte und gegen die Barrikade gepreßt wurde. Es war nicht daran zu denken, trotz der mitgeführten Axt, dieses Hindernis aus dem Wege zu räumen. Nirgendwo war ein fester Punkt zu entdecken, von dem aus wir diese Arbeit hätten vornehmen können. Mit den langen Staken fanden wir keinen Grund, und außerdem konnten wir, über die Barrikade wegblickend, noch andere Hindernisse im Flusse sehen. Es wäre eine Sisyphusarbeit für uns geworden, damit aufräumen zu wollen. Es kam aber noch ein anderer Grund hinzu, der mich bestimmte, hier umzukehren: mit steigender Sorge hatte ich, ab und zu rückwärts blickend, verfolgt, wie die schwarze, drohende Wetterwolke im Osten zu immer größerer Höhe wuchs, immer näher heranrückte. Jetzt war auch schon das Donnern zu vernehmen. Vielleicht war es eine glückliche Fügung, daß die Barrikade im Fluß uns dazu veranlaßte, die Reise heute nicht fortzusetzen. Der schlimmste Teil unserer Fahrt, die Reise stromaufwärts, kam ja jetzt erst, wie ich von ähnlichen Expeditionen auf den Flüssen der columbianischen Llanos wußte. Die große Tiefe des Flusses und die starke Strömung zwangen uns immer, unmittelbar am Ufer zu bleiben, wenn wir überhaupt von den Staken Gebrauch machen wollten, aber auch das war infolge der Ufervegetaion nur an wenigen Stellen möglich. Zwar boten uns hie und da Zweige und Äste des Gesträuchs eine Handhabe, an der wir uns gegen den Strom vorwärts ziehen konnten, öfter aber noch wurden sie für uns zu einem recht unangenehmen Hindernis. An einer scharfen Krümmung, in der die Fluten rauschend an zähem, stachligen weit in den Fluß hineinreichenden Bambusdickicht brandeten, wurden wir dreimal zurückgetrieben, weil wir keinen Haltepunkt zu fassen vermochten, an dem wir das Vorderteil des Bootes gegen die Strömung stellen konnten. Wir brauchten allein eine halbe Stunde, um an diesem Hindernis vorbeizukommen. Oft mußten wir uns zurücktreiben lassen, um am anderen Ufer zu versuchen, was uns auf dem entgegengesetzten nicht geglückt war. Das war fast immer dann der Fall, wenn wir die Abzweigung eines Seitenarmes nicht rechtzeitig bemerkt hatten. So kamen wir nur im Schneckentempo und auf umständlichen Zickzackwegen gegen die schreckliche Strömung voran. Inzwischen war mit unheimlicher Schnelligkeit die dunkle Wand im Osten näher gekommen, und unversehens waren wir mitten in dem Unwetter drin, gerade als wir wieder im Kampf mit einer schlimmen Stelle des Ufergebüschs lagen. Der Sturm pfiff uns um die Ohren und der Himmel öffnete seine Schleusen, und Blitz auf Blitz fuhr mit furchtbarem Krachen rechts und links von uns in den Sumpf. Es kamen so ungeheure Wassermengen herunter, daß wir gerade noch auf zwanzig Schritt weit sehen konnten, und eine Orientierung nach Kennzeichen am Ufer nicht mehr möglich war. In wenigen Sekunden schon hatten wir einen halben Fuß Regenwasser in der Canoa, das ich mit einer Kürbisschale auszuschöpfen versuchte, aber ich sah bald, daß es ganz unmöglich war, allein gegen diese ins Boot fallenden Wassermengen mit meiner primitiven Lenzpumpe anzuarbeiten, wenn das Wetter nicht bald ein Einsehen hatte. Ein Grauen kroch mir über den Rücken, als ich daran dachte, wie wohl die Situation aussehen möchte, wenn ich darauf bestanden hätte, in den schlimmsten Teil der Desparramaderos einzudringen. Die Lage war ohnehin übel genug. Meine Leute hatten sich beim Fallen der ersten Tropfen sofort ihrer Kleidung entledigt, die ich zusammen mit unserer anderen Habe unter meinem Regenmantel trocken zu halten suchte. Weil wir bei diesem Sündflutregen überhaupt nicht mehr von den Palancas Gebrauch machen konnten, da der Fluß rapide stieg und unsere Canoa sich immer mehr mit Regenwasser füllte, erbot sich unser Herkules aus Fundación, das Fahrzeug, am Ufer selbst vordringend, zu treideln. Wir hatten hierfür etwa zwanzig Meter Lasso zur Verfügung. Der brave Bursche stürzte sich mit Todesverachtung in den schrecklichen Sumpf am Ufer, arbeitete sich unter der furchtbaren Dusche tapfer vorwärts, verschwand zuweilen bis über den Kopf im Wasser, kam aber immer wieder, das Seil fest in der Faust, an die Oberfläche. Wenn es am Ufer keine Bäume oder Sträucher gab, in denen das Lasso sich verfing, bekam mein anderer Begleiter seine Hände frei und wir konnten dann zu zweien das Regenwasser aus dem Kanu schöpfen. Trotzdem kamen wir durch das Treideln mit nur einem Mann schneller vorwärts als vorher mit zwei Staken. Jeder Baum oder jede größere Strauchgruppe aber bedeutete nach wie vor ein zeitraubendes Hindernis.

Wir mußten nach meiner Schätzung inzwischen — es war Spät-Nachmittag — in die Nähe der Macondo-Mündung gekommen sein, von der aufbrechend, ich einmal mit meinen Gefährten in den Zeiten der Dürre und des Durstes unsere Streifen durch die verbrannten Wälder angetreten hatte. Durch den Regen, der mit kaum verminderter Gewalt herniederprasselte, konnte ich endlich einen großen, vom Feuer halbverkohlten Baum wiedererkennen, den ich damals als trigonometrischen Punkt benutzt hatte. Man kann sich kaum über das Wiedersehen mit einem alten Bekannten mehr freuen, als ich es jetzt tat, nachdem ich diesen Platz, freilich unter ganz veränderten Bedingungen, wiedergefunden hatte. Wir atmeten erleichtert auf, als wir endlich für unsere Canoa einen leidlich sicheren Hafen gefunden hatten und unsere Siebensachen im strömenden Regen zu dem einsamen offenen Rancho hinaufschleppten. Aber wie sah es hier aus! Unter dem schadhaften Palmendach war am Boden kein Quadratfuß mehr zu sehen, den der furchtbare Regen nicht erreicht hatte. Hinter einer alten Kiste grunzte uns verärgert ein mageres Mutterschwein entgegen, an das sich ein halbes Dutzend neugeborener Ferkel drängte, und auf einem Balken hockten trübselig zwei vom Regen durchnäßte Hühner. Das waren die einzigen Bewohner des Rancho, die wir antrafen.

Mit einiger Geduld gelang es uns hier, ein Feuerchen in Gang zu bekommen, und als uns dann eine Tasse heißer, starker Kaffee durchwärmte, sahen wir unsere Lage schon wieder rosiger an und erwarteten beruhigt die schnell hereinbrechende Nacht. Zum Glück begann auch der Regen, etwas nachzulassen, und so fanden wir noch ein paar Fleckchen, an denen wir unser Lager für die Nacht aufschlagen konnten, ohne vom Fall der Tropfen belästigt zu werden. Freilich, unsere Decken und Moskitonetze waren im Canoa feucht geworden, der Boden dampfte, die niedrigen Wolken jagten über die aufgeweichte Erde; aber was machte das, hatten wir doch wieder festen Boden unter unsern Füßen.

Am nächsten Morgen, schon in aller Frühe — es hatte etwas aufgeklart — kamen die Besitzer des von uns im Rancho aufgefundenen Getiers von einer benachbarten Finca. Sie knüpften ein Gespräch mit uns an, und baten den einen meiner Begleiter, der zugleich Besitzer der Canoa war, ihnen das Fahrzeug zu leihen, um von einer Pflanzung auf der anderen Seite des Rio Fundación Platanos[2]) zu holen, mit der Zusicherung, daß dies höchstens eine halbe Stunde dauern würde. Ich brannte zwar darauf, meine Rückreise nach Fundación so bald wie möglich fortzusetzen, konnte aber gegen eine solche Bitte nichts einwenden, obwohl ich bezüglich der

[2]) Mehl-Bananen.

„halben Stunde“ etwas skeptisch war. Wie vorauszusehen, war die Canoa nach einer halben Stunde noch nicht zurück, ja es verstrichen fünf volle Stunden, ehe unser Fahrzeug wieder zur Stelle war. Seine Lenker hatten schwere Arbeit damit gehabt, es durch das chaotische Kanallabyrinth des hochangeschwollenen Flusses zu bringen.

Wir hatten inzwischen die unfreiwillige Muße benutzt, unser nasses Bettzeug zu trocknen und uns die Wasserverhältnisse im Flusse anzusehen. Die Fluten waren seit gestern wenigstens noch um einen Meter gestiegen, und sie stiegen noch weiter, denn erst jetzt wirkten sich hier die Wolkenbrüche aus, die gestern in den Vorbergen und in der Ebene niedergegangen waren. Die Wassermassen aus dem Hochgebirge konnten noch nicht zur Stelle sein. Auf dem Flusse trieben in unabsehbarer Folge große Bäume, Äste, Bananenpflanzen, Hausgerät, ertrunkenes Vieh, Tore von Potreros. Es war eine schauerliche Wasserprozession, was da alles auf dem Rio Fundacion der Ciénaga grande zuschwamm, und es gehörte nicht viel Phantasie dazu, sich unsere Lage für den Fall auszumalen, daß wir jetzt noch in den Desparramaderos steckten. Später hörte ich in Fundacion, das Hochwasser sei so plötzlich gekommen, daß an einzelnen Stellen das Vieh im Corral ertrunken sei, weil keine Möglichkeit mehr bestand, es herauszutreiben.

Wo zur Trockenzeit weite Flächen des mit tiefen Rissen aufgesprungenen schwarzen Alluvialbodens zu sehen waren, bewegte sich jetzt eine einzige große Wasserfläche, aus der nur noch die obersten Zweigspitzen der Dornbüsche herausragten. Über diesen See lenkten wir am Nachmittag unsere Canoa in Richtung auf das Dach eines größeren Ranchos, dessen Vorzüge man mir gepriesen hatten. Ich mußte mich mit dem Gedanken vertraut machen, noch eine weitere Nacht im Bereiche der Überschwemmungen zuzubringen, denn, das sah ich wohl ein, eine Fortsetzung der Fahrt unter den augenblicklichen Wasserverhältnissen wäre ein ganz aussichtsloses Unternehmen gewesen.

Die schmale, nur drei oder vier Fuß über das Wasser emporragende Bodenwelle, die rings von den Fluten eingeschlossen wurde, und auf der der Rancho lag, war zur Zuflucht geworden für alles an Menschen und Haustieren, was vor der Überschwemmung aus der nächsten Umgebung geflohen war. In Canoas hatte man den spärlichen Hausrat, Schweine, Schafe und Geflügel, auf diese Insel gerettet; die Rinder, Pferde und Mulas waren geschwommen. Das Haus und die knapp hundert Geviertmeter trockenen Bodens dahinter waren überfüllt von Menschen und Tieren, das Vieh stand zum Teil im Wasser, angstvoll brüllend und blökend. Und trotzdem, von irgendeiner Panik war nichts zu bemerken. Die Mulattenweiber, ihre kleinen Kinder an der welken Brust, die unvermeidliche Zigarre im Mundwinkel, hockten mit gleichgültiger Miene vor dem Feuer und bereiteten sich ihr Essen. Diese Menschen in ihrer glücklichen Gemütsveranlagung nahmen die Überschwemmung als etwas Gegebenes, Selbstverständliches hin; denn dieser Vorgang wiederholt sich Jahr für Jahr mehrmals nach jedem größeren Regenfall im Gebirge, und keine Stimme des Protestes wurde laut gegen das ganz verfehlte Wirtschaftssystem der Siedler in den Bergen, das einen großen Teil der Schuld an dieser Katastrophe trug. Freilich, von den hier bestehenden Zusammenhängen hatten diese ebensowenig Kenntnis wie jene.

Ich hatte zwischen dem Rancho und dem Rande des Wassers Pflöcke ausgesteckt, um daran das Steigen des Flusses zu kontrollieren. Die Fluten stiegen langsam, aber stetig, und gegen Abend reichten sie auf einer Seite schon bis an die aus Rohr geflochtenen Wände des Rancho. Dieses weitere Steigen mochte wohl von den Wolkenbrüchen im Hochgebirge herrühren, deren Wässer inzwischen in der Tiefebene angelangt sein mußten. So kam die Nacht heran. Die Firste des Ranchos und jeder Balken unter dem Dache waren besetzt von Hühnern und Puten, zwischen denen in voller Eintracht blau-gelbe und rote Ara's, hier auch zum Hausgeflügel gehörend, hockten. Unter den im Rancho kreuz und quergespannten Hängematten schlug ich dann an der höchsten, noch nicht besetzten Stelle des Bodens mein Feldbett auf, an das sich dann die auf der Insel versammelten Köter herandrängten. Da es zu erquickendem Schlaf aber so wie so nicht gekommen wäre, blieb ich in meiner Kleidung, um nötigenfalls schnell auf den Beinen zu sein, und erwartete so im Halbschlummer den kommenden Morgen. Als ich im ersten Dämmer die Augen öffnete, sah ich das matte Licht des neuen Tages, das durch die Rohrwände drang und sich bereits in dem Wasser spiegelte, das den Boden des Ranchos zur Hälfte überflutete und fast bis an mein Lager vorgedrungen war. Wir hatten aber Glück, denn weiter stieg der Fluß nicht mehr, und die Wässer verliefen sich wieder.

Da wir für einen reichlichen halben Tag, trotzdem der Fluß im Fallen war, auf keine wesentliche Verminderung der Strömung rechnen durften, folgte ich dem Vorschlag meiner Begleiter, noch einen weiteren Mann anzuwerben, weil drei Leute unsere Canoa immerhin besser regieren konnten als nur zwei. Wir kamen, nachdem wir die Rettungsinsel verlassen, schnell voran. Das Wasser fiel bald rapide. Wir konnten nun die Staken viel besser gebrauchen, weil wir fast überall Grund fanden, und waren dadurch auch der Notwendigkeit überhoben, uns dicht am Ufer halten zu müssen. Gegen Mittag schon war an dem Vergleich der Hochwassermarken im Geäst der Bäume und dem Flußspiegel zu erkennen, daß der Rio Fundación in schätzungsweise kaum vier Stunden um ebenso viel Meter, wenn nicht mehr gefallen war. Die Sintflut, die so große Verwüstungen angerichtet, hatte sich ebenso schnell verlaufen, wie sie gekommen. Welch ungeheure Wassermassen aber waren — ungenutzt! — in diesen vierundzwanzig Stunden im Bette des Flusses herabgestürzt und hatten weithin ein Land überschwemmt, das während der Trockenzeit infolge von Wassermangel für die Landwirtschaft so gut wie wertlos ist! Und diese Überschwemmungen werden nicht etwa als ein besonderes Naturereignis angesehen, das man einer Besprechung in den Zeitungen für wert hält, wie es beispielsweise geschieht, wenn sich ausnahmsweise mal einer der europäischen Flüsse ungebärdig zeigt. Sie sind während der Regenzeit etwas fast Alltägliches, von dem kaum jemand Notiz nimmt. Wenn es möglich wäre, jährlich die Wassermassen von zweien oder dreien solcher Überschwemmungen aufzuspeichern, so hätte man das Bewässerungsproblem im Südwesten der Sierra Nevada gelöst und könnte heute wenigstens zur Trockenzeit brachliegende, fast wüstenhafte Gebiete in einen einzigen üppigen Garten verwandeln. Schon damals war es mir, nach allem, was ich von weitem gesehen und in der Literatur über den Gegenstand gelesen, nicht zweifelhaft, wodurch diese Überschwemmungen bedingt waren, noch aber konnte ich mir über das Wie und Wo kein klares Bild machen, denn noch hatte ich zu wenig von den höhergelegenen Teilen des Hochgebirges aus eigener Anschauung kennengelernt.

Ich hatte nun die Absicht, auf dem schnellsten Wege nach Santa Marta zurückzukehren, aber auf der Bahnstation von Tucurinca erreichte mich eine Einladung des spanischen Ingenieurs Dr. de Roces, der mich aufforderte, ihn auf der von ihm geleiteten Goldmine Santa Isabel de Hungria, die am Fuße des Gebirges liegt, für den vor mir liegenden Sonntag zu besuchen. Ich hatte hier bereits früher geologische Untersuchungen ausgeführt und bei dieser Gelegenheit die Gastfreiheit des leitenden Ingenieurs schätzen gelernt; so leistete ich auch jetzt seinem Anerbieten freudig Folge. Einen Tag der Erholung in dem hohen, luftigen Rancho der Mine am Rande des schattigen Urwaldes nach den Aufregungen und Anstrengungen der letzten Wochen wollte ich mir nicht entgehen lassen.

Bei dem Besuch auf der Mine hatte ich dann noch ein kleines Abenteuer zu bestehen, das leicht einen fatalen Ausgang für mich hätte nehmen können. Während eines kurzen Spaziergangs im Halbdämmer des Waldes, kaum hundert Schritt vom Hause, fuhr mitten auf dem Wege irgend etwas, das ich nicht genau gesehen, zischend gegen meine Knie, ohne diese zu erreichen. Als ich zusammenschreckend nach unten blickte, sah ich ein großes graues, braungefleckte Knäuel sich vor mir bewegen, ohne sich von der Stelle zu rühren. Es war ein Pärchen der giftigen Mapaná (Lachesis), in der Paarung zu einem lebenden Knoten verschlungen, und aus diesem Knäuel fuhr zum zweiten Male ein dreieckiger Schlangenkopf in Richtung auf meine Beine, ohne mich — es fehlte noch eine Handbreite — zu erreichen. Wenn man das so, wie es da lag, daheim in dem Terrarium eines zoologischen Gartens haben könnte, dachte ich einen Augenblick, aber dann rief ich die Leute aus dem Rancho, die mit ihren Flinten angestürzt kamen, und einer von ihnen machte mit einem Schrotschuß dem Liebespaare den Garaus. Aber es war immerhin besser, daß den Schlangen etwas passiert war als mir selbst. Die Tiere waren leider so zerschossen, daß mit der Haut nichts mehr anzufangen war. Das Männchen war nur klein, kaum einen Meter lang, das Weibchen aber, ein Riese, maß ein und einen halben Meter Länge und der breite Kopf mit den tückischen hellen Augen hatte die Größe einer Kinderfaust. Als wir mit den erlegten Schlangen zum Rancho zurückkehrten, stoben die Weiber, die neugierig herbeigeeilt waren, kreischend auseinander; denn nach einem schwer ausrottbaren Aberglauben soll sogar der Anblick der toten Giftschlange noch eine ungünstige Wirkung auf den weiblichen Organismus haben[2a]). Ich hatte vorher schon mehrfach Begegnungen mit Giftschlangen in Columbien gehabt, dies aber war die erste, bei der es an einem Faden hing, daß ich gebissen wurde.

VII. Kapitel.

Weihnachten im Bergwald bei deutschen Landsleuten.

So oft während meiner Arbeiten in der heißen Ebene die Wolken den Blick auf das Hochgebirge freigaben, lockten mich die dunklen, bewaldeten Kuppen der Sierra und die schimmernden Zacken der Schneeberge darüber. Unwiderstehlich zog es meine Sinne schon vom ersten Tage an dorthin, aber ich mußte es lernen, meine Ungeduld zu zügeln. Nur nach und nach war es mir vergönnt, in die geheimnisvollen Einsamkeiten dieser Bergwelt einzudringen. Der Arbeiten, die mich dienstlich dort hinaufriefen, waren nicht allzuviele. Aber ich genoß diese Arbeiten, mochten sie auch sonst noch so beschwerlich sein wie eine Art der Erholung von der Plackerei in der Glut des Tieflandes mit seinem Fieberelend, seinem Jagen und Hasten nach Gewinn.

[2a]) Die Schlange ist das Membrum virile im Glauben der Indianer. S. Passarge.

Um mehr Möglichkeiten zu Vorstößen ins Gebirge zu haben, mußte ich all meine Freizeit, die mir die Feiertage ließen, zu Hilfe nehmen, und ich trachtete sie so gut wie möglich zu nützen, damit von den kostbaren freien Tagen keiner verloren ging. Dabei wurde meine Geduld oft schon durch die bloßen Vorbereitungen auf eine harte Probe gestellt. Viel Kopfzerbrechen machte jedesmal die Beschaffung von Reit- und Lasttieren; und zum Ankauf von eigenen mochte ich mich nicht entschließen, weil meine ganze Tätigkeit derart war, daß ich keine Vorteile davon, höchstens überflüssige Kosten gehabt hätte. Ein fast noch schwierigeres Kapitel war die Anwerbung von Peonen. Eine Expedition in die Berge wurde allgemein als ein Wagnis schlimmster Art angesehen. Dazu kam die Gleichgültigkeit der durch tropische Krankheiten und durch Alkoholgenuß indolent gewordenen Bevölkerung, die für die Genüsse der Schankwirtschaften und primitiven Tanzlokale mehr Interesse hatten, als für das, was außerhalb ihrer Ortschaften vorging. Die wenigen, die den Mut haben, sich im Gebirge anzusiedeln, stammen nicht aus der Bananenzone, sondern aus anderen Teilen Columbiens. Sie beweisen zum mindesten, daß die Furcht vor Giftschlangen und Tigern, welche die meisten vom Gebirge fernhält, stark übertrieben ist.

Hydrographische Untersuchungen und topographische Aufnahmen im Flußgebiet des Rio Fundación wurden für mich die erste Veranlassung, meine Streifen zunächst einmal in die unteren Regionen des Bergwaldes auszudehnen, und da ich diese Vorstöße noch zweimal und zu verschiedenen Jahreszeiten wiederholte, gaben sie mir bereits eine leidlich gute Vorstellung von den Verhältnissen, welche die Regenfälle, den Wasserstand der Flüsse und damit das ganze wirtschaftliche Leben in der Tiefebene so weitgehend beeinflussen.

Wenn man von der Ebene aus die bewaldeten Vorberge der Sierra Nevada vor sich liegen sieht, scheinen sie so nahe, besonders nach einem Gewitter, daß man meint, ihren Kamm in einem Ritt von zwei oder drei Stunden erreichen zu können. Sobald man aber erst auf dem Marsche ist, merkt man, wie sehr man sich in der Schätzung der Entfernungen geirrt hatte. Die dunklen bewaldeten Höhen wollen und wollen nicht näherkommen, und aus den paar Stunden Weges, auf die man gerechnet hatte, wird ein langer, beschwerlicher Tagemarsch. Ich hatte mir diesen Tagemarsch jedesmal in deren zwei eingeteilt, da es mir nicht darauf ankam, besondere Marschleistungen aufzustellen, und weil ich so vielerlei Einzelheiten in mich aufnehmen mußte, dir mir bei dem in Columbien so beliebten, rasenden Marschtempo sicherlich entgangen wären.

Auch als ich zwei Tage vor Weihnachten nach dem Idyll im oberen Bergwalde aufbrach, das es mir schon bei meinem ersten Besuche angetan hatte, reiste ich wieder mit derselben Marscheinteilung auf längst bekannten Wegen.

Man muß auch auf diesem Wege stundenlange Strecken Rastrojos passieren, der hier, nahe Fundación — eine seltene Ausnahme in Columbien —, dem Ackerbau da und dort zurückgewonnen wird, weil sich der Boden bei künstlicher Bewässerung, natürlich soweit eine solche möglich ist, als geeignet für den Anbau der Banane gezeigt hat. Hier, wo man täglich das aufmunternde Beispiel einer ausländischen Gesellschaft vor Augen hat und große Gewinne in Aussicht stehen, ist die Rückeroberung des Rastrojo für den Landbau möglich, bei einigem Fleiß natürlich. Warum sollte sie nicht auch in anderen Gebieten Columbiens möglich sein?

In die mit Rastrojo bedeckte Ebene schieben sich nun hügelartig die ersten höheren Schotterterrassen, ehemalige Ablagerungen des Rio Fundación, vor, und nach und nach beginnt, zunächst nur in den Bachschluchten und auf tiefgelegenem Boden, der Wald ursprünglicher zu werden, Macondo-Wald, in den mit ständig zunehmendem Artenreichtum immer mehr Florenelemente des Regenwaldes eindringen. In diesem Wald macht sich sehr bald schon eine für ausgedehnte Gebiete der Sierra Nevada — und auch für andere Gebiete Columbiens — überaus charakteristische Pflanze breit, der Zwergbambus (Chusquea), der stellenweise mit seinem zierlichen Laube und den langen, peitschenartigen Trieben völlig das Unterholz beherrscht, in dem dann, wie in einem schattigen Laubengange, der Pfad entlangführt. Dieser Zwergbambus spielt eine wichtige, leider meist gar nicht gewürdigte Rolle in der Forstwirtschaft Columbiens, soweit man überhaupt diesen Begriff anwenden kann. Wo nämlich die Chusquea in größeren Beständen wächst, ist der Boden stets feuchter, als an den benachbarten Stellen, an denen sie bereits ausgerottet wurde. Ihr zähes, lang unter der Erdoberfläche dahinkriechendes Wurzelsystem gibt dem Humusboden Zusammenhang und verhindert, daß er vom Regen fortgespült wird. Sie bildet so einen doppelten Schutz für den Humusboden, einmal durch ihr dichtes Wurzelgeflecht, das der Erosion standhält und zum anderen durch ihr zusammenhängendes hellgrünes Laubdach, das nur wenige Strahlen des austrocknenden Sonnenlichts bis zum Boden durchdringen läßt. Andererseits freilich begünstigen die Chusquea-Dickichte während der Trockenzeit die Verbreitung der leichtsinnig angelegten Buschfeuer; denn die Flammen finden an den abgestorbenen Blättern im Gezweig und am Boden reichliche Nahrung und fressen sich an ihnen mit Windeseile weiter. Es sprechen also gewichtige Gründe mit, welche es ratsam erscheinen lassen, die Buschfeuer von den Zwergbambus-Dickichten fernzuhalten. (Taf. 2 Abb. 3.)

Über der Chusquea spreizten hoch oben, fünfunddreißig Meter und mehr über dem Boden, gewaltige Macondo-Bäume ihr bizarres Geäst. Sie sind auch hier die Riesen des Urwaldes. Und dazwischen entfalten, fast in derselben Höhe schlanke Chingalés und mächtige kerzengerade Curua-Palmen ihre wundervollen Kronen aus Riesenfächern und langen Wedeln. Das Unterholz ist hier, was man sonst im primären Walde selten sieht, bunt von blühenden Sträuchern und Stauden. Jeder Monat, die allertrockenste Jahreszeit ausgenommen, bringt andere von ihnen zur Blüte. Da sind großblütige, sehr giftige Tabernaemontana-Arten, Ruellias mit brennendscharlachroten Blumen, der Quesito, eine Malvacee mit kaum weniger glänzenden Blüten, und, dieser äußerlich sehr ähnlich, eine seltsame Sterculiacee, die schon Humboldt bekannte Helicteres guazumifolia mit zinnoberroten Blüten und höchst eigentümlichen, korkzieherartigen Früchten. Rot, Rosa, Weiß und Gelb, das sind die meistgesehenen Blütenfarben in dieser Stauden- und Buschflora. Von einem eigentümlich fahlen Gelb sind die salbeiähnlichen Blüten einer hohen, sehr charakteristischen Acanthacee, der Beloperone bracteosa, die hier und da dichte Bestände im Unterholz bildet. Blau ist hier, wie überall im heißen Urwald der amerikanischen Tropen eine bei Blüten nur selten vorkommende Farbe. Eine der wenigen hierher zu zählenden Ausnahmen macht in diesem Wald eine mächtige, zur Gattung Petraea gehörenden Liane mit doppeltfußlangen Trauben großer, zarter veilchenblauer Blumen, die aber keineswegs häufig ist.

Stundenlang geht die Wanderung über leicht welliges Gelände durch diesen wundervollen Wald, in dem sich auch die Tierwelt, und ganz besonders die gefiederte, glücklich zu fühlen scheint. Rote und gelbblaue Aras lärmen in den Kronen, stattliche Spechte, schwarz und weiß gescheckt, mit feuerrotem, behaubtem Kopfe, hämmern an den Stämmen, große schwarze Hockos eilen laufend über die Äste oder poltern mit rauschendem Flügelschlag durch das Gezweig, und metallisch schimmernde Kolibris schwirren um die Scharlachblüten der Ruellien. Auch hier sind es leider, wie stets in diesem Riesentreibhaus, die kleinsten Vertreter der Tierwelt, welche die Freude an dieser wunderbaren Pracht stark beeinträchtigen. Kleine, zwar nicht stechende, aber dafür desto aufdringlichere Bienen (Meliponen), setzen sich in Augen, Nasen und Ohren und bringen einen schier zur Verzweiflung.

Inmitten dieses in seiner Unberührtheit so eindrucksvollen Waldes liegt, schon am Fuße der Berge, eine große Vieh-Hacienda, die ein Teil ist von einem ausgedehnten, bis in die höchsten Regionen der Sierra reichenden Besitz zweier unternehmender, weitsichtiger und tatkräftiger Brüder in Barranquilla, deren freundschaftlicher Unterstützung ich auch in meinen Arbeiten viel Förderung verdankte. Plötzlich stehen wir, aus dem Halbdämmer des Urwaldes heraustretend, vor einer großen, von blendendem Sonnenglanz übergossenen Wiesenfläche, auf der zwischen grünüberrankten Baumstumpfen früheren Waldes himmelanstrebende Palmen, Chingalés und Curuas, so wirkungsvolle malerische Gruppen bilden, daß man unwillkürlich glaubt, das Ganze sei ein Teil eines riesigen Parkes, den ein genialer Landschaftsgärtner angelegt hat. Gegen den violettgrauen Hintergrund der hohen, bewaldeten Berge heben sich die Palmen scharf wie dunkle Silhouetten ab, aber goldiger Schimmer, der Abglanz der im Zenith stehenden Sonne, liegt über ihren Kronen. In dieses ganz eigenartig, fremd anmutende Bild fügt sich, als ob es dazu gehörte, das buntgescheckte stattliche Vieh, das behaglich wiederkäuend, im Schatten der Palmen lagert.

Als ich das zweitemal die wundertvolle Landschaft vor mir liegen sah, waren die letzten Niederschläge der vergangenen Regenmonate bereits restlos vom Boden aufgesaugt, und alles deutete auf die nun kommende Trockenzeit hin. Am Rande der Lichtung hatten zwar farbenfrohe Schlingpflanzen, Ipomea mit gelben und tiefblauen Trichtern oder Quamoclit-Arten mit scharlachroten Blütensternen einen bunten Teppich über Baum und Gesträuch gebreitet. Aber dieser Blütenteppich kündete, wie daheim die Blüten der Herbstzeitlose, die kommende Ruhezeit der Pflanzenwelt, die sich in diesem heißen Tieflande bereits jetzt zur Winterruhe anschickte. Ein noch untrüglicheres Kennzeichen der kommenden Trockenzeit war das Blühen der merkwürdigen Podostemonaceen im Flußbette, denn bei den Hochfluten der Regenmonate hätten sie ihre Blüten nicht entwickeln können. Jetzt waren Granit- und Gneisblöcke im Flusse, über die das kalte, klare Wasser aus dem Hochgebirge flach dahineilte, über und über besät von den zierlichen Blütensternchen dieser sonderbaren Pflanzen, deren in mikroskopisch feine Risse der Steine tief eingedrungene Würzelchen mit ihrer Unterlage eine fast unlösbare Verbindung eingegangen waren. Ihre langen, vielfach gefiederten, gummiartig zähen Blätter flatterten wie grüne, wallende Schleier in den klaren Fluten, deren Strömung sie dank ihrer Elastizität selbst zur Zeit des Hochwassers standzuhalten vermögen.

Bei den mir zur Verfügung stehenden, unzureichenden Mitteln konnte ich bei keinem meiner Vorstöße daran denken, auf größere Entfernungen abseits der Pfade in diese Wildnis einzudringen, denn hier noch mehr, wie irgendwo anders in Columbien hat ein solches Beginnen noch jeder büßen müssen, der es ohne umfassende, sorgfältig durchdachte und kostspielige Vorbereitungen ins Werk setzte. Wenn der Unerfahrene freilich die Waldberge von weitem vor sich sieht mit ihren gerundeten Formen, mit ihrem weichen, dunkelgrünen Laubmantel, der alle Schroffheiten des Geländes zudeckt, so ahnt er nichts von den fast unüberwindlichen Schwierigkeiten, die sie bergen. Aus diesem Grunde müssen auch die Flußtäler der Sierra Nevada fast ausnahmslos als Anmarschwege außer Betracht bleiben. Macht man einen Vorstoß in irgend einem dieser Felsbetten, so wird man nach waghalsigen Kletterpartien über spiegelglatt geschliffene Urgesteinsblöcke bald gewahr, daß man nicht mehr weiter kann. Man steht vor einem Gewirr mächtiger Gesteinstrümmer, einem riesigen, über senkrechte Felsen herabstürzenden Wasserfall, von dessen Existenz man nichts ahnte, oder man sieht sich plötzlich in einer engen, von steilen, hohen Wänden eingefaßten Klamm, aus der bei unerwartet eintretendem Hochwasser kein Entrinnen mehr möglich ist. Man kann sagen, daß an solchen Stellen bereits wenige Meter über dem Meeresspiegel, das Bereich der Hochtouren beginnt, bei denen ohne Bergsteigerausrüstung und die entsprechende Schulung ein Vorwärtskommen so gut wie ausgeschlossen ist.

So sind nach wie vor die einzigen Zugänge, auf denen ein Eindringen in das Hochgebirge heute überhaupt möglich ist, die uralten Indianerpfade geblieben und die wenigen, seit Jahrhunderten benutzten Karawanenwege, zu denen ein Teil jener ausgebaut wurde. Die Weißen, welche die Schneeregionen der Sierra Nevada erreicht haben, sind zu zählen, aber auch diese waren immer auf die Führung der Indianer angewiesen. Die Indianer, zumal die älteren, sind auch die einzigen wirklichen Wegekundigen in der Sierra Nevada, und man darf annehmen, daß vielen von ihnen manche versteckten Pfade im Gebirge bekannt sind, die sie — neben vielen anderen Dingen — streng geheim halten — und die von Weißen nie betreten wurden. Ab und zu sieht man an irgend einer Stelle am Fuße der Sierra Nevada unvermutet Indianer in ihrer malerischen Tracht auftauchen, die von den bescheidenen Produkten ihrer Landwirtschaft, wie Zwiebeln oder Kartoffeln, etwas zum Austausch gegen Schnaps und Streichhölzer, in die Ebene bringen. Sie kommen oft an Stellen zum Vorschein, von denen nichts darüber bekannt ist, daß sie der Ausgangspunkt für irgendeine Verbindung nach dem Hochgebirge sind. Sicherlich haben sie ihre gewichtigen Gründe dafür, ihre Geheimnisse für sich zu behalten, und schlimm genug sind ja auch die Erfahrungen, die der Arhuaco mit den „Civilazados“ noch in allerletzter Zeit gemacht hat. Für seine Streifzüge durch das Gebirge bringt der Indianer viele körperliche Eigenschaften mit, die der Creole oder Mulatte des Departemento Magdalena nicht besitzt. Vor allem zeigt er bei Fußwanderungen, die er nicht für eine Herabwürdigung hält wie jene, eine erstaunliche Ausdauer, Gewandtheit und Schnelligkeit, und dann kennt er auch alle die Felsverstecke im Gebirge, in denen es ihm möglich ist, für die Nacht oder bei Regengüssen einen Unterschlupf zu finden.

Der Weg, den ich am Tage vor Weihnachten zum zweiten Male ins Gebirge hinaufstieg, nachdem ich auf der Hacienda genächtigt hatte, ist zum Teil ursprünglich auch alter Indianerpfad, was sich an den vielen verlorenen Steigungen erkennen läßt. An anderen Stellen ist er durch geschickte Trassierungen von den Besitzern der Hacienda verbessert worden. In seiner ersten Hälfte führt er abermals durch lichten, rastrojoähnlichen Wald, in dem überall die Spuren von der zerstörenden Wirkung der Waldbrände zu sehen sind. Die Folgen dieser Waldbrände sind natürlich nicht ausgeblieben, denn auf dieser, viele Stunde langen Strecke ist in keiner einzigen der zahllosen, vom Pfade gequerten Schluchten eine Spur von fließendem Wasser mehr zu finden, obwohl solches, wie an den Resten der früheren jungfräulichen Vegetation zu sehen ist, ehemals vorhanden gewesen sein muß. Der Regenwald, wenn einmal zerstört, regeneriert sich gerade auf dem Urgestein außerordentlich schwer — weit schwerer als dort, wo die der Quellbildung günstigeren Sedimentgesteine vorherrschen —, vor allem wohl deshalb, weil seine Baumarten die zum Gedeihen nötige, die Bodenfeuchtigkeit erhaltende Humusschicht fehlt. An ihre Stelle treten dann allmählich Pflanzen des Trockenwaldes, hier die stark nesselnde Jatropha urens, in hohen Exemplaren, die Plumiera mollis mit süßduftenden Blüten und giftigem Milchsaft und eine schöne Bauhinia mit großen weißen Blumen.

An weiten Potreros vorbei, aus denen sich der Jaguar ab und zu ein Stück Jungvieh holen soll, führt dann aber der Pfad wieder durch prachtvollen, schattigen Urwald, in dem ganz besonders der Caracolí sich durch gewaltige Stämme und einen erstaunlichen Reichtum an Epiphyten auf seinen Ästen auszeichnet. Noch vor Beginn der ersten Frühjahrsregen steht dieser Baum in voller Blüte und verbreitet dann einen süßen, würzigen Duft, und da er im Regenwalde bis zu etwa 1000 m Höhe das durchaus vorherrschende Element ist, marschiert man um diese Zeit stundenlang in einer Wolke von unbeschreiblichen Wohlgerüchen. Jetzt, zur Weihnachtszeit, war die Blüte des Caracolí schon seit Monaten vorüber, der Baum hatte sogar schon seine kleinen, schwarzen, zuckersüßen Früchte abgeworfen, aber dafür standen nun die Epiphyten, die seine Rinde bedeckten, in vollem Flor. Solch ein Caracolí ist immer ein botanischer Garten für sich, denn was sich dort von Gastpflanzen auf Stamm, Ästen und Zweigen angesiedelt hat, ist eine wahre Musterkollektion von Epiphyten des Bergwaldes. Die Riesen unter diesen sind die Araceen, vielfach halbkletternd mit langen, fadenförmigen Luftwurzeln und gewaltigen Blättern, Bromeliaceen mit hohen, leuchtend gefärbten Blütenschäften und Cacteen mit ansehnlichen, glänzenden Blumen. In den dichten Polstern der kleineren Pflanzen, welche die Äste und Zweige so zudecken, daß von diesen nichts mehr zu sehen ist, fällt es schwer, sich zurechtzufinden. Farne, zierlich gefiedert oder ganzrandig, hängen in grünen Draperien bis zu zwei Meter lang herunter, dazu kommen Bärlappgewächse, Selaginellen, Peperomia-Arten und vor allem Orchideen. Es war in diesem Walde, wo ich das erstemal in der weiteren Umgebung von Santa Marta diese durch Form und Schönheit ihrer Blüten immer wieder überraschende Pflanzenfamilie in größerer Zahl antraf, freilich bei weitem nicht in der Artenmenge, wie etwa auf der Wasserscheide zwischen dem Magdalena und Amazonas in der Ostcordillere Südcolumbiens, wo man auf einem einzigen Baum gleichzeitig mehr Arten von Orchideen in Blüte sehen kann, als bei sorgfältigem Suchen in der Sierra Nevada innerhalb eines Jahres. Von den hier vorgefundenen Orchideen zeichnete sich besonders eine Brassia durch die sonderbare Gestaltung ihrer Blüten und deren unvergleichlich feinen Wohlgeruch aus. Mächtige Lianen tragen das ihre dazu bei, das Pflanzenchaos noch unübersichtlicher zu machen. Von ihnen fällt ein mehr als armdicker Kletterer, die Marcgravia, durch die Schönheit und den Duft ihrer orchideenartigen, gespornten Blüten, besonders in die Augen. Über alles das schüttet schließlich der Zwergbambus, und desto üppiger, je höher man im Bergwalde emporsteigt, die grünen Vorhänge seines anmutigen Laubes aus. Seine schlanken, kletternden Gerten reichen hoch hinauf in das Geäst.

Einzelne Bäume des heißen Tieflandes begleiten uns bis zu etwa 700 m Höhe hinauf in den Bergwald, so der Macondo und die Chingalé-Palme, die aber dann bald durch die schlanke und zierliche Maquenque, Euterpe Karsteniana, die häufigste der höheren Palmen im Bergwalde, abgelöst wird. Hier beginnt auch das Reich der Baumfarne und besonders der Coca, Erythroxylon coca, dieser durch ihr schmerzstillendes Alkaloid so wichtigen Pflanze. Ihre Blätter können für den, der sie kennt, unter Umständen zum Retter in der Not werden, was ich an mir selbst ausprobiert habe. Durch das Kauen der frisch vom Strauch gepflückten Blätter war es mir wiederholt geglückt, das manchmal recht quälende Durstgefühl, welches in diesen an Wasser oft so armen Wäldern leicht über einen kommt, vollkommen zu betäuben. Diese belebende

Wirkung der frischen Kokablätter war, worauf ich besonders achtete, bei mir niemals von irgendwelchen üblen Folgeerscheinungen begleitet, woraus ich schließen möchte, daß es nur das reine Alkaloid ist, das bei mißbräuchlicher Benutzung die bekannten nachteiligen Folgen für den menschlichen Organismus hat. Angesichts des oft recht fühlbaren Wassermangels in manchen Gebieten der Sierra Nevada ist die Coca für die Eingeborenen jedenfalls eins der kostbarsten Geschenke der Natur, das vollauf die hohe Wertschätzung verdient, deren sich die, fast geheiligte, Pflanze bei den Arhuacos, wie bei vielen anderen südamerikanischen Indianerstämmen erfreut.

Der Pfad windet sich inmitten dieses wundervollen Waldes in engen und immer steiler ansteigenden Serpentinen hoch. Er führt lange Zeit an einer tief eingeschnittenen Bachschlucht vorbei, in deren, von mächtigen Urgesteinsblöcken erfüllten Felsbett das Wasser, kaum daß die Regenzeit vorbei, nur noch spärlich fließt. Auch wenn die Trockenzeit zu Ende geht, müssen länger anhaltende Regengüsse vorangegangen sein, ehe man hier wieder fließendes Wasser antrifft, obschon die Schlucht von dichtem Urwald überschattet ist. Die Ursache für diese zunächst befremdend erscheinende Tatsache ist lediglich in der Entwaldung des Einzugsgebiets weiter oben zu suchen.

Auf der nun folgenden Wegstrecke ist die Abhängigkeit der Wasserführung von der mehr oder weniger guten Erhaltung des Waldes in den Bachschluchten überall nachweisbar. Der Pfad führt stundenlang in etwa 1200 bis 1400 m Höhe über einen dieser schier endlos sich hinziehenden und oft die Richtung ändernden „Filos" aus stark zersetztem, weichem, da und dort in schneeweißen Kaolin verwandeltem Urgestein. Diese für die Sierra Nevada so charakteristischen Bergrücken haben zwar deutlich gerundete Formen, dennoch ist ihr Kamm meist nur schmal und ihre Hänge sind so steil, daß es überaus beschwerlich, ja stellenweise fast unmöglich ist, an ihnen emporzuklimmen. Vom Rücken des Reittiers aus glaubt man dann wie in einen Abgrund hinunter zu sehen. An der Außenseite der Biegungen zweigen sich vom Filo fast regelmäßig Nebenrücken ab und von ihrer Innenseite kurze, steile Täler. Der Kamm und die Hänge darunter sind auf weite Entfernungen hin fast vollständig kahl, nur noch in einigen Schluchten reicht der Wald bis nahe an den Kamm heran, aber er weicht, vom Feuer zerstört, immer mehr zurück, und überall sieht man die angesengte Vegetation und die Asche der Gräser am Boden. Es sind nur noch die allerанspruchslosesten Pflanzen, die sich hier halten können, darunter ein alter Bekannter aus der Heimat, der Adlerfarn, der ausgedehnte Strecken überzieht, und zwei der unter dem Namen „Cortadera" bekannten, berüchtigten Scleria-Arten, deren Blattränder scharf sind wie Rasiermesser und Hände und Kleider dessen zerschneiden, der so unvorsichtig ist, sich in die von ihnen zusammengesetzten Dickichte hineinzuwagen. Die tropischen Regengüsse haben hier leichtes Spiel, erodieren den ungeschützten Boden stark und verursachen zahlreiche Erdrutsche. Zur Bildung von Quellen kann es hier nicht kommen, und die Austrocknung greift immer weiter um sich. Der mit durch das Zerstörungswerk des Menschen verursachte Wassermangel ist in diesen Gegenden der Sierra Nevada eines der größten Hindernisse für landwirtschaftliche Unternehmungen jeder Art, mögen sie groß oder klein sein. Landwirtschaft ist hier nur möglich nach einem genau durchdachten und von vornherein festgelegten Arbeitsplan, der in peinlichster Weise darauf achtet, daß von den für die Erhaltung der Bodenfeuchtigkeit und die Quellbildung in Betracht kommenden Waldstücken kein Quadratmeter Bodens verloren geht. Dieser Grundsatz hat für die Sierra Nevada in noch weit höherem Grade zu gelten, als für die drei Andenzüge Columbiens, seine Nichtbeachtung muß jedes Unternehmen der gedachten Art mit Notwendigkeit früher oder später zum Scheitern bringen. Man wird also zu überlegen haben, ob es sich lohnt, mit immerhin erheblichen Kosten zwei oder drei Ernten oder einem vorübergehenden Viehzuchtunternehmen zuliebe den, die Feuchtigkeit erhaltenden, Urwald zu schlagen, oder ob es nicht besser ist, ganz auf diese Arbeit zu verzichten, um nicht den tiefergelegenen Regionen das so notwendige Lebenselement, das Wasser, zu entziehen.

Gegen Mittag begrüßten mich freudig in dieser Bergeinsamkeit meine deutschen Landsleute, der Berliner Maurermeister H. mit seiner Familie, die mich schon bei meinem ersten Aufenthalt hier oben mit größter Gastfreundschaft aufgenommen hatten. In diesen prächtigen Menschen war ich zum ersten Male auf Opfer von einem der (ab und zu trotz aller bisherigen, unvermeidlichen Mißerfolge immer wieder auftauchenden) Kolonisationsprojekte gestoßen, von denen ich schon so viel, aber noch niemals etwas Gutes gehört hatte. Es ist überaus tragisch, wenn Auswanderer dieser Art, und oft sind es gerade die wertvollsten Elemente, ihre Habe zu Geld machen, alle Brücken nach der Heimat hinter sich abbrechen, um sich dann in ganz fremdem Lande, im schlimmsten Fieberklima, vor eine Aufgabe gestellt zu sehen, deren endliche Lösung — wenn sie glückt — bestenfalls Existenzbedingungen schafft, die auch nicht besser sind, als die der Heimat. Die Familie H. konnte noch von Glück im Unglück sprechen, denn der Herr dieses großen Besitzes, in dem ich meine Untersuchungen ausführte, hatte ihr in großzügiger Weise für fast zwei Jahre ein Heim und Verdienstmöglichkeiten in einem erträglichen Klima geboten.

Herr H. war allerdings ganz besonders praktisch und vielseitig, zudem von einem unermüdlichen Fleiß. Er hatte, im ersten Jahre noch unterstützt von dem pommerschen Landwirt P., das kleine Gut auf dem Filo mustergültig verwaltet. Er war nicht nur Maurer, Zimmermann und Sattler, sondern hatte sich auch in die landwirtschaftlichen Arbeiten unter gänzlich veränderten Bedingungen überraschend schnell hineingefunden. Seine Familie ging ihm bei allen Arbeiten unermüdlich zur Hand. Es war allerdings sehr viel Arbeit nötig, um diese kleine Kulturoase im Urwald instand zu halten. Die terrassenförmig angelegten Gartenanlagen, in denen europäische Gemüse gut gediehen, wurden durch das Wasser einer kleinen Quelle berieselt, die in einem winzigen, noch erhaltenen Waldreste entsprang und durch eine Röhrenleitung bis zum Hause geführt wurde, wo sie in einem nur fingerdicken Strahl mündete. Das kleine Wohnhaus war ein richtiges Schmuckkästchen. Die wenigen Tage, die ich in ihm verleben durfte, gehörten zu den freundlichsten Erinnerungen meiner Arbeitsjahre im Santa-Marta-Bezirk. In diesem Häuschen feierten wir auch den Christabend des Jahres 1926. Wenn wir auch nichts hatten, das einem deutschen Tannenbaum auch nur entfernt ähnlich sah, so knüpfte doch das kleine, tropische, als Ersatz dienende Gewächs, das seine Rolle als Weihnachtsbaum übernommen hatte und im Schimmer der Kerzen strahlte, Fäden nach der fernen Heimat, und bei dem „Stille Nacht, heilige Nacht . . ." aus frischen Kinderkehlen wurden die Augen feucht. Der Himmel war wunderbar sternenklar, und unten am nördlichen Horizont über den Waldkuppen der Sierra schimmerte sogar der Polstern inmitten der vertrauten nördlichen Sternbilder in der reinen Luft der Berge weit klarer, als ich ihn im vergangenen Jahre während der Weihnachtszeit im heißen Tieflande gesehen.

Den Morgen des Weihnachtstages benutzte ich zusammen mit der Familie meines Gastfreundes zu einem Ritt nach dem alten Indianerfriedhof auf dem höchsten Teil des Filo, von dem aus man einen weiten Ausblick über die Sierra genießt. Diese von Guaqueros (Schatzgräbern) bereits nach allen Richtungen durchwühlte Stätte der Toten ist der letzte sichtbare Rest einer ehemaligen Indianersiedlung auf dem Bergrücken, die vielleicht vor gar nicht so lange zurückliegender Zeit erst verlassen wurde. Man kann aus Beobachtungen an der Art, in der sich der Wald zusammensetzt, auch ohne die Spuren alter Dörfer oder Kultstätten zu finden, Schlüsse auf das Vorhandensein verlassener Siedlungen oder wenigstens Kulturen ziehen. Ein kaum trügendes Kennzeichen dafür sind beispielsweise die geschlossenen Bestände von Palmen, die man in Columbien da und dort mitten in der Wildnis antrifft. So sind unter anderen die berühmten Wachspalmenwälder des Quindiu-Passes in der Zentralcordillere, die schon der Reisende v. Thielmann mit so begeisterten Worten schilderte, sicherlich auf das Eingreifen des Menschen zurückzuführen. Bei der Zerstörung der Urwälder durch Feuer vermochten sich allein die Palmen zu halten, deren Samen dann, von anderer Vegetation in ihrer Entwicklung nicht behindert, keimen und die entstandenen Lücken so ausfüllen konnten, daß dort heute, Stamm an Stamm, nichts anderes steht als Palmen. Auch hier oben, in der näheren Umgebung der alten Indianersiedlung, ragten da und dort geschlossene, hochstämmige Bestände der schlanken Maquenque-Palme — verlassenes Kulturland der Indios — die bezeichnenderweise niemals größere Flächen bedecken. Kennzeichnend für die Indios der Sierra Nevada, soweit sie nicht auch das Kultursystem der Creolen angenommen haben, scheint der Ackerbau auf kleinstem Raum zu sein, auf dem jeder Quadratfuß Bodens ausgenutzt wird. Die Waldzerstörung engros hat er erst später mit dem Alkohol und andern Segnungen der Zivilisation vom Creolen oder Mulatten übernommen. Die ausgedehnten Waldverwüstungen, welche die Austrocknung fast des ganzen, viele Kilometer langen Bergrückens verschuldeten, kommen aber sicherlich nicht auf das Konto der Indios.

Meine Versuche am Nachmittag, dicht beim Wohnhause noch ein Rundpanorama der Schneekette und der davor gelegenen Felskämme zu zeichnen, wurde durch die Angriffe der „Jejenes", einer großen, besonders blutdürstigen Art, vereitelt. So mußte ich mich mit einer flüchtigen Skizze begnügen, um dann fluchtartig das Feld zu räumen. Also auch an diesem wahrhaft idyllischen Platz ist man vor diesen aufdringlichen Plagegeistern nicht sicher, die erst in merklich größerer Höhenlage verschwinden. Dafür hatte ich aber am Abend noch ein Schauspiel, das mich für die schmähliche Flucht vor den „Jejenes" mehr als entschädigte. Die Sonne war bereits völlig im Westen untergetaucht, der Wald und die Felsenberge lagen im Dämmer und über den Waldtälern lag schon das Dunkel der schnell hereinbrechenden Nacht, als der kleine Sohn des Hauses mich ins Freie rief und nach Nordosten auf eine Lücke in den Wolken deutete. Durch diese erschien, offenbar von irgendwoher durch zurückgestrahltes Licht beleuchtet, in magischer, unwirklicher Helle, wie in fahlem Mondglanz, die Schneekette, sonderbar kontrastierend mit der Silhouette der schon nachtschwarzen Bäume im Vordergrund. Bei der Kürze aller Dämmerungserscheinungen in den Tropen dauerte dieses märchenhaft-unwahrscheinliche Phänomen kaum eine halbe Minute, aber es waren für uns Augenblicke wahrer Andacht. Das war der letzte Eindruck, den ich von dem Idyll im Bergwalde mitnahm. Am kommenden Morgen in aller Frühe nahm ich Abschied von der Familie meines Gastfreundes, der mich indessen persönlich auf meinem Rückmarsch begleitete, so daß ich zu meiner Freude auf dem langen, vor mir liegenden Weg einen verständnisvollen Begleiter hatte, mit dem ich meine Reiseeindrücke austauschen konnte. Ein anstrengender Ritt brachte uns noch am selben Tage nach dem heißen Fundación, wo wir bei Sonnenuntergang eintrafen.

VIII. Kapitel.

Am Alto de San Lorenzo.

Wenn man bei klarer Luft von Santa Marta aus den Blick nach Osten schweifen läßt, so bleibt er zuletzt an zwei scheinbar ganz nahe zusammenliegenden hohen, dunklen Gipfeln hängen, von denen der kleinere ausgesprochen kegelförmig erscheint. Es ist der „Horqueta“ genannte nordwestlichste Ausläufer der Sierra Nevada, der durch einen langen, kaum jemals von eines Weißen Fuß betretenen, urwaldbedeckten Riegel mit dem Kern des Hochgebirges zusammenhängt. Besonders an die höhere der beiden Kuppen, den lang sich hinziehenden Alto de San Lorenzo, knüpfen sich interessante Betrachtungen, zumal dann, wenn man ihn durch ein scharfes Glas betrachtet. Er liegt in Luftlinie einen guten Tagemarsch von Santa Marta entfernt, also so weit, daß für das bloße Auge keine Einzelheiten mehr zu erkennen sind; im Fernglase aber kann man sehen, daß die Pflanzendecke aus zusammenhängendem hohem Walde besteht, über den hoch hinaus noch schlanke Palmen ragen. Sievers nahm für den Alto de San Lorenzo nur 1800 m Höhe an, er hat aber, wie ich später feststellte, die Höhe um reichlich 1000 m unterschätzt. Es wird unter solchen Umständen auch begreiflich, daß dieser Berg völlig die Aussicht auf die etwa 5100 m hohe Schneekette versperren muß, die von Santa Marta aus abermals mit großem Abstande gerade hinter ihm liegt. Da der Alto de San Lorenzo den Teil der Sierra Nevada bildet, welcher von den nächsten beiden Andenzügen am weitesten entfernt ist, so schien er mir bei der an sich ja schon isolierten Lage dieses Hochgebirges, besonders auch hinsichtlich seiner Vegetationsverhältnisse, die interessantesten Probleme zu bieten.

Am Alto de San Lorenzo, dessen untere Hänge weniger schroff und unzugänglich sind, als die der übrigen Sierra Nevada, liegen die größten Kaffeepflanzungen dieses Gebirges, an denen auch deutsches Kapital, das der früheren Togo-Gesellschaft, beteiligt ist. Die Kaffeepflanzer haben es hier viel weniger leicht, als in den anderen Gebirgen Columbiens; denn einmal erschwert die größere Steilheit der Hänge, die durchschnittlich auch an den günstigst gelegenen Stellen immer noch merkbarer ist, als in den

Hauptkaffeegebieten des Landes, naturgemäß alle Arbeiten; zum andern tritt mit Beseitigung der primären Walddecke und ihres Wurzelsystems sehr leicht eine Austrocknung des Bodens ein, Wald und Humus sind und bleiben aber in diesem Urgesteinsgebiet die wichtigsten Faktoren für die Erhaltung der Bodenfeuchtigkeit und ganz besonders der Quellen. Die Nachteile, die der Pflanzer in Kauf nehmen muß, werden einigermaßen ausgeglichen, durch die leichteren Verschiffungsmöglichkeiten, die das nahe Santa Marta, einer der besten Häfen Südamerikas, bietet.

In dieses hochinteressante Gebiet hineinzukommen, bot sich mir eher Gelegenheit, als ich anfangs gehofft hatte. Der Kommandeur des in Santa Marta stehenden Regiments Córdoba wollte meine Ansichten und Vorschläge bezüglich der sogenannten Colonia Militar, einer Art von Sanatorium, hören, das man für kranke Soldaten schon seit einigen Jahren in den höchstgelegenen Teilen des Alto de San Lorenzo eingerichtet hatte. Da meine vorgesetzte Behörde der Bitte des Regiments zustimmte, konnte ich, von diesem mit Tieren versehen, in Begleitung zweier Soldaten, eines sonnigen Julimorgens den langen Marsch nach der Colonia Militar antreten.

Es zeigte sich auch diesmal wieder, wie schwer bei allen Expeditionen ins Hochgebirge von Santa Marta die „Bestia"-Frage zu lösen ist. Die für das Gepäck bestimmte Mula, offenbar ein Neuling in ihrem Beruf, hatte ihren eigenen Kopf und wollte sich durchaus nicht beladen lassen. Sie bockte, keilte vorn und hinten aus und ruhte nicht eher, bis das Gepäck nebst Packsattel am Boden lag. Alle neuen Ladeversuche hatten den gleichen negativen Erfolg. Um nicht noch weitere Zeit zu verlieren und womöglich noch meine Lasten zu gefährden, mußte ich mich entschließen, die Reitmula mit meinem Gepäck zu beladen, womit sie zum Glück einverstanden war; ich selbst schwang mich auf die widerhaarige Carga-Mula, und nach einigen Gratis-Wildwestvorstellungen, die sie mit mir in den Straßen von Santa Marta gab, wurde sie zahm und fügte sich in das Unvermeidliche.

Bald waren wir auf der breiten, völlig schattenlosen Automobilstraße, die in östlicher Richtung über Mamatoco auf das Gebirge zuführt. Reizloser Dornbusch faßt sie zu beiden Seiten ein. Ab und zu kommt etwas Wechsel in die Landschaft durch einen der inselartigen kleinen Grünschieferfelsen, die da und dort aus der Ebene auftauchen, eine Ceiba oder einen Camajarú (Sterculia cartagenensis) mit breitausladender Krone und hohen Brettwurzeln oder einen hohen, bizarren Säulenkaktus. Nachdem die Straße den Rio Manzanares auf eiserner Hängebrücke gequert hat, sendet sie nach Süden eine kurze Abzweigung aus, die nach der Hacienda San Pedro Alejandrino führt, wo Simon Bolívar, der große Befreier des Nordens von Südamerika, die letzten Jahre seines kurzen

Lebens zugebracht hat, schwer krank und verbittert durch Undank. Sein Sterbehaus ist heute in ein Museum verwandelt, und davor steht, inmitten reizvoll bunter Tropengärten, sein Marmorstandbild. Nicht ohne Rührung liest man sein letztes Vermächtnis, das er den Söhnen des durch ihn befreiten Groß-Columbien hinterließ.

Bald hinter Mamatoco wird die Landschaft wechselvoller. Flache, von Wasser tief erodierte Hügel mit etwas artenreicherem Pflanzenwuchs beginnen hier. An ihnen windet sich die Automobilstraße in langen Schleifen hinauf. Die Vegetation wird frischer, und wir reiten schließlich wieder durch längere Strecken Hochwaldes, dabei einen in seinem Felsbett rauschend dahineilenden Zufluß des Rio Manzanares mehrmals kreuzend. Am letzten Übergang dieses Baches, unterhalb eines „Jamonical" genannten Punktes, endet schließlich die Fahrstraße, und damit beginnt, auf gut gehaltenen Wegen, der eigentliche Aufstieg ins Gebirge. Als ich hier zum ersten Male den Anstieg begann, brütete bereits die drückende Schwüle des Mittags über den nur spärlich von Chaparro (Curatella americana) und anderen duftenden Sträuchern bewachsenen Hängen. Wir hatten ja am Morgen allzuviel Zeit mit der bockbeinigen Carga-Mula verloren, die ich nun ritt und die schon lange nicht mehr daran dachte, ihre Kapriolen zu wiederholen. Dafür hatten wir jetzt desto mehr Scherereien mit der, zum Lasttier degradierten Reitmula, weil die Enjalma, der Packsattel, sich für meine Lasten als ganz ungeeignet erwies und die Carga sich an jeder steileren Stelle des Wegs verschob und wieder zurechtgerückt werden mußte. Bei dem ersten dadurch notwendig gewordenen unfreiwilligen Halt hatte ich Zeit, rückwärtsblickend das wundervolle von der Tropensonne übergossene Landschaftsbild in mich aufzunehmen: im Hintergrunde das Karibenmeer mit der Bucht von Santa Marta und der Leuchtturminsel, und davor die weißen Bauten der Stadt, die in der durchsichtigen Luft der Regenzeit trotz der großen Entfernung mit fast allen Einzelheiten zu erkennen waren.

Der Trockenwald und die Chaparrales, durch die wir zunächst emporstiegen, gingen allmählich in den Regenwald oder ausgedehnte Dickichte von Zwergbambus über. An den Rändern der Wege entfalteten im Schatten des nun beginnenden Hochwaldes die Farne der Gattung Adiantum, das Venushaar, in reicher Artenfülle ihr zierliches, schleierartiges Blattwerk; dazwischen glänzten die Blüten von Gesneraceen in scharlachrotem Sammet und die zartrosenfarbenen von großblättrigen Begonien.

Als wir uns der „Minca" genannten Häusergruppe näherten, nahm der Himmel ein immer bedrohlicheres Aussehen an, so daß ich es vorzog, für heute nicht weiter zu marschieren. Kaum hatten wir uns in einem recht kümmerlichen, aber immerhin sauberen, nach allen Seiten offenen Rancho häuslich eingerichtet, als auch bereits der Regen auf die trockenen Palmblätter des Daches trommelte und den Weg, den wir heraufgestiegen, in einen Gießbach verwandelte. Trotzdem wir am folgenden Morgen zeitig auf den Beinen waren, kamen wir nur sehr langsam vorwärts, weil fast auf jedem halben Kilometer die Carga einen unfreiwilligen Aufenthalt verursachte. Wo durch eine Lücke in der Vegetation die Aussicht auf die Hänge und Schluchten ermöglicht wurde, waren jetzt auch die ersten, tiefer gelegenen Kaffeepflanzungen sichtbar; einzelne von ihnen reichten sogar bis an den Weg heran. Der Wald, in dessen Schatten der Pfad entlangführte, hatte nur wenig Ähnlichkeit mit den Urwaldungen, welche ich bisher in der Sierra Nevada kennengelernt hatte. Ihm fehlten fast alle die Baumtypen, die den Macondowald bei Fundación kennzeichnen. Es war der erste treibhausfeuchte Bergwald, den ich wieder sah, seitdem ich das letztemal durch die Regenwälder der Zentral- und Ostkordillere gestreift war. Hier war wirklich wieder die Überfülle an Formen, die wir vom tropischen Bergwald erwarten, die unendliche Vielgestaltigkeit der ungeheuren Stämme, das Gewirr der Luftwurzeln, die Überfülle der Lianen, die weitausladenden, zarten Kronen hoher Baumfarne, die große Mannigfaltigkeit des Laubes und der Epiphyten. Im Niederwuchs bildeten die zierlichen Palmen der Gattungen Geonoma und Chamaedorea mit nur fingerdicken Stämmchen kleine dichte Gehölze und dazwischen drängten sich die großen glänzenden Blätter der Heliconien und Maranten. Der Wald war erfüllt von dem schweren, feuchten Treibhausgeruch von Moos und Walderde, und mit ihm mischten sich jene unbeschreiblichen Blumendüfte, deren Quellen nur schwer festzustellen sind, wenn nicht etwa die abgefallenen Blüten am Boden einen Anhalt bieten. Manche solcher starkduftenden Bäume konnte ich erst bei wiederholtem Nachsuchen ausfindig machen. Die Blüten sind nur schwer zu entdecken, weil, wenn man im Walde nach oben sieht, die Einzelheiten in dem Durcheinander von dunklen Silhouetten und blendenden Lichtreflexen verschwinden. So fand ich, bei meinem zweiten Aufstieg durch diese unvergleichlichen Wälder, erst nach längerem Suchen als Ursache eines eigenartigen, feinen, süßen Geruches, die eigentlich kaum zu übersehenden schneeweißen, mit goldenem Strahlenkranz geschmückten Wunderblüten der baumartigen Passiflora arborea, eines ansehnlichen fünfzehn Meter hohen Baumes mit fußlangen graugrünen Blättern. Ihre nächste Verwandte, die Passiflora sphaerocarpa, ein hoher Urwaldbaum der Zentralkordillere mit ganz ähnlichen Blüten, hatte mich zum ersten Male darüber belehrt, daß nicht alle „Passionsblumen", wie ich bis dahin geglaubt, als Schlingpflanzen auftreten.

Der prächtige Wald wurde dann auf lange Strecken hin durch die ausgedehnten Kaffeepflanzungen der Hacienda Cincinnati, den Besitz des Nordamerikaners Flye, unterbrochen, eines der größten Unternehmen im Gebirge mit zahlreichen Baulichkeiten, zu denen sogar ein eigenes Schulhaus und eine Kirche für die Arbeiter gehören. Einen kurzen Aufenthalt, den wir hier einschoben, benutzten wir, um die gänzlich ungeeignete Enjalma, die eigentlich für eine Eselladung bestimmt war, gegen eine größere, für Maultiere geeignete, umzutauschen. Nach längerem Marsch durch die sehr gut gehaltenen Pflanzungen hatten wir, immerfort steigend, endlich bei der Hacienda „Vista de Nieve“ den Punkt des Aufstieges erreicht, von dem aus man bei gutem Wetter die Schneekette sehen kann. Wir durften mit dieser Möglichkeit nicht rechnen, denn schon vor Erreichen der Hacienda kamen wir in Wolken und Sprühregen hinein. Ein merklich frischeres Lüftchen wehte hier. Im Bergwalde, der hinter den letzten Kaffeepflanzungen wieder in seine Rechte trat, herrschte besonders der höchst sonderbare „Guayabo de Piedra“ (Psidiopsis Moritziana) vor und bildete stellenweise sogar geschlossene Bestände. Die Form seines eigentümlichen, ganz hell gefärbten, oft fast weißen Stammes ist schwer zu beschreiben. Man könnte sie allenfalls mit einem nachlässig gedrehten Riesenseil vergleichen. Dabei sieht der Stamm auf den ersten Blick ganz so aus, als ob er mitsamt dem Bast entrindet sei. Die Rinde ist glatt, springt aber in Stücken von der Stärke eines Kartons oder gar in papierdünnen Blättern ab, die dann den Boden bedecken. Das sonderbarste am „Guayabo de Piedra“ ist aber, daß er niemals senkrecht nach oben wächst, wie die andern Waldbäume, sondern stets schräg in einem Winkel von 45° zur Waagerechten. Im übrigen setzt sich der Wald aus den für diese Höhen so bezeichnenden Hartlaubbäumen zusammen mit lederigen Blättern, oft nicht viel größer als die der Myrte. Eigentümlich ist für diesen Wald auch das Auftreten zahlreicher Bäume und Sträucher, die man in den Wäldern der Anden erst 1000 m höher, d. h. von 2600 m an, beobachtet, wie die „Encenillo“-Arten (Weinmannia), die hübschen blaublühenden Monnina-Sträucher und manche andere. Später sah ich, daß diese Pflanzen am Nordhange der Sierra Nevada noch erheblich tiefer, bis zu 700 m, heruntersteigen. Eine höchst merkwürdige Erscheinung, die erst dann erklärt werden kann, wenn wir einmal die geologischen Vorgänge kennen, denen das Gebirge seine heutige Gestaltung verdankt, und mit denen auch diese auffallende Abweichung von dem für die Anden geltenden Schema der vertikalen Pflanzenverbreitung in irgendeinem Zusammenhange stehen muß. Unter den Waldbäumen tritt in diesen Höhen auch besonders häufig der berüchtigte „Pedro Hernandez“ oder „Manzanillo“, Rhus juglandifolia, auf, in Columbien weitverbreitet und allgemein gefürchtet wegen der bedenklichen Vergiftungserscheinungen, die bei dafür empfänglichen Personen das bloße Berühren der Pflanze auslöst. Diese Empfindlichkeit gegenüber der Giftwirkung des Manzanillo scheint übrigens individuell sehr verschieden zu sein; denn während sie bei manchen Personen langwierige und sehr bösartige, blatternartige Entzündungen der Haut mit hohem Fieber verursacht, sind andere, wovon ich mich selbst überzeugte, selbst dann vollkommen unempfindlich gegen das Gift, wenn sie sich die Haut mit den Blättern einreiben. Die oft gehörte Behauptung, daß schon die bloße Annäherung an die Pflanze derartige Wirkungen im Gefolge hat, beruht wahrscheinlich auf einem Beobachtungsfehler. Daß bei dem jeweiligen Grade der Vergiftung auch die Autosuggestion irgendeine Rolle spielt, geht schon daraus hervor, daß die Leute in Antioquia beim Anblick der Pflanze „ya de ví" (ich habe dich gesehen) rufen, weil sie glauben, daß der Manzanillo ihnen nun nichts mehr anhaben kann, wenn sie mit seinem Laube in Berührung kommen.

Die Pflanzen, die irgendeine auffallende Wirkung auf den menschlichen Organismus haben, scheinen überhaupt in den Bergwäldern der Sierra Nevada besonders zahlreich zu sein. Ich allein habe mehr als ein Dutzend von ihnen kennen gelernt. Als die bemerkenswertesten müssen wir einige Pflanzen ansehen, die so stark anästhesierende Wirkung haben, daß sie beispielsweise, in geringsten Mengen gekaut, die furchtbarsten Zahnschmerzen augenblicklich zum Stillstande bringen, mindestens so prompt wie eine Kokaineinspritzung. Wir dürfen wohl annehmen, daß — abgesehen von den allgemein bekannten Heilpflanzen — den Indianern für jede Krankheit eine oder mehrere Pflanzenmedizinen zur Verfügung stehen, und daß sie damit Geheimnisse besitzen, die preiszugeben sie nach ihren bisherigen Erfahrungen mit den „Civilisados" nicht die geringste Veranlassung haben.

Wie günstig der wundervolle Urwald durch sein dichtes Blätterdach und sein zähes, tiefreichendes Wurzelgewirr auf die Wasserverhältnisse des Westhanges einwirkt, beweisen schon die unzähligen großen und kleinen Bäche, an welche die Humusschicht ihr Wasser abgibt. So wird der Wald zu einem gewaltigen Wasserreservoir, das auch in der Trockenzeit niemals leer ist. Seine Bäche speisen den Rio Papare und Rio Córdoba, von deren Wassergehalt der Ackerbau und besonders die Möglichkeit der Bananenkultur in den Ebenen nördlich der Stadt Ciénaga vollkommen abhängig ist. Kein einziger von diesen Bächen versiegt während der Trockenzeit wie die in dem bereits entwaldeten Gebiete zwischen Minca und Cincinnati am Aufstieg. Dieser Vergleich drängte sich mir auf, als ich bei Beginn der

Trockenzeit zum zweiten Male die Reise nach dem Alto de San Lorenzo unternahm.

Der letzte der Bäche, den wir kurz vor Ankunft in der Colonia Militar querten, war die wasserreiche Quebrada Viernes Santo, in deren Felsbett sich das kristallklare Wasser und der herrliche Bergwald mit seinem Reichtum an tropischen Pflanzenformen zu einem Bilde von berückender Schönheit vereinigten. Mächtige Stämme lagen kreuz und quer im Bett, Zeugen der gewaltigen Wasserkräfte, die hier zur Zeit der Wolkenbrüche am Werke sind. Zweifellos würden diese zerstörenden Kräfte noch viel gewaltiger sein, wenn hier nicht der prächtige Hochwald den größten Teil der aus den Wolken stürzenden Regenmengen festhielte, um sie, gebändigt, in kleinen Quellen, allmählich dem ewigen Kreislauf des Wassers wieder zuzuführen.

An der Kreuzung des Pfades mit der Quebrada machte ich Bekanntschaft mit einer der allerunangenehmsten Schlingpflanzen des Bergwaldes. Das Treibholz im Bachbett und die Ufersträucher waren dicht übersponnen von dem grünen Gerank eines Kletterers, dessen niedliche zinnoberrote Blüten einen sehr freundlichen und unschuldigen Eindruck machten. Als ich aber in dieses Wirrwarr eindrang, um Proben für mein Herbar zu holen, sah ich mich plötzlich wie durch Hunderte von Koboldhänden an meiner Kleidung festgehalten; ja, die Hosenbeine waren so fest aneinandergeheftet, als ob sie mit unzerreißbaren Fäden aneinandergenäht seien. Es zeigte sich, daß meine Kleidung mit den großen Klettenfrüchten der Schlingpflanze, der Tourettia lappacea, einer der merkwürdigsten Bignoniaceen, in so innige Berührung gekommen waren, daß ich weder vor- noch rückwärts konnte. Erst dadurch war ich auf die Anwesenheit dieser heimtückischen, unter dem Laube versteckten Früchte aufmerksam geworden. Es blieb mir nichts übrig, als einen meiner Begleiter zu Hilfe zu rufen, der mit dem Machete die Ranken, an denen ich festhing, durchhieb, worauf es mir mit einigem Aufwande an Zeit und noch mehr Geduld gelang, Stück für Stück dieser infamen Riesenkletten mit ihren langen, zähen und nadelscharfen Haken von der Kleidung zu trennen. Daß dies ohne arg zerstochene Hände und einige Blutstropfen nicht abging, war begreiflich, aber meine Kleidung hatte ich wenigstens in leidlich heilem Zustande aus dieser Falle befreit. Eine Viertelstunde nach diesem Intermezzo sah ich inmitten einer größeren Waldlichtung die „Colonia Militar", einen einstöckigen, sehr bescheidenen, weißgetünchten Bau, der mir für einige Nächte Unterkunft gewähren sollte, am Beginn eines schmalen, steil nach beiden Seiten abfallenden Filos vor mir liegen. Es war höchste Zeit, daß wir unter das schützende Dach kamen, denn schon wieder, wie alle diese Tage, hatten sich die dunklen, drohenden Wolken, die über dem Bergwald hingen, zu einem schweren Regen verdichtet, der mich für den Rest des Tages ans Haus bannte. So gewann ich Zeit, mich in dem fensterlosen Wohnraum des Feldwebels einzurichten, der hier oben über das jeweilig anwesende Dutzend von kranken Soldaten gebietet. Mit der Verpflegung hätte es wohl etwas gehapert, wenn ich mich nicht damit vorgesehen hätte; denn die bei der Station auf frischgerodetem Waldboden angebauten Kartoffeln waren noch nicht reif zur Ernte, und die Vorräte an Lebensmitteln somit gering. Für die dunkelhäutigen Soldaten, die in diesem bescheidenen Sanatorium Erholung von überstandenen schweren Tropenkrankheiten suchten, war dieser Besuch eines Fremden, der sich für alle möglichen, von ihnen kaum beachteten Dinge interessierte, natürlich ein seltenes Ereignis, das willkommene Abwechselung in das Einerlei dieses stillen Lebens in der Bergeinsamkeit brachte. Sie hielten übrigens gute Kameradschaft mit mir, und halfen mir beim Trocknen der gesammelten Pflanzen, indem sie mir den primitiven Backofen, ein Loch in der Steilwand hinter dem Hause, heizten. Sehr interessiert sahen sie zu, als ich mit dem Siedeapparat die Höhe maß, waren aber sehr erstaunt, als ich ihnen erzählte, daß diese Art der Höhenbestimmung die Erfindung ihres berühmten Landsmannes Caldas, des Freundes von Humboldt, war. Für die Colonia Militar hatte ich 1650 m festgestellt und konnte schon hieran ermessen, welcher Höhenunterschied mich noch von dem Gipfel des Alto de San Lorenzo trennte, der ab und zu zwischen jagenden Wolkenfetzen hoch über uns zum Vorschein kam. Der Regen hatte sich inzwischen verzogen, aber die weißen Wolkenschleier hingen noch in den Wipfeln des Urwaldes und füllten Schluchten und Täler tief hinunter bis ins warme Land. Erst kurz vor Sonnenuntergang, der alles für Minuten in purpurne Glut tauchte, gaben die Wolken nach Westen die Aussicht frei, auf die Ciénaga grande, die lange Nehrung, die allmählich gegen den dämmerigen Horizont verschwand, und das Karibische Meer. Schnell kam dann die Nacht, und über dem dunklen Bergwald zu meinen Füßen, in dem tausende von Glühkäferchen funkelten, blitzten die Lichter von Ciénaga auf, und ganz im Hintergrunde huschten über den Horizont, wie fernes Wetterleuchten, die Strahlen des über hundert Kilometer entfernten Blinkfeuers von Puerto Colombia. Aus dem regenfeuchten Walde ringsum klangen, wie das Singen von Heimchen oder einzelne abgerissene Akkorde aus einer Spieluhr, die Hochzeitslieder der unzähligen kleinen Laubfrösche im Gezweig, die sich der Regenzeit freuten.

Am Morgen waren die Wege soweit trocken, daß ich mich in der Umgebung der Colonia Militar nach Herzenslust umsehen konnte. Der hochstämmige Urwald, der in seiner unberührten Pracht sofort am Rande der

Lichtung begann, überraschte mich wiederum durch eine Fülle von neuen Formen, und so war ich wenigstens für die unruhige schlaflose Nacht entschädigt. Viele der Bäume standen in voller Blüte, wie die riesige, in Gruppen zusammenstehende Theacee Laplacea semiserrata, die, wie ich später sah, in gleichen Höhen des Bergwaldes weit verbreitet in der Sierra Nevada ist. Andere waren dicht übersät mit dicken Knospen, die neue Überraschungen versprachen; ich konnte aber ihr Aufbrechen bei der Kürze der mir zur Verfügung stehenden Zeit leider nicht abwarten. Es war jedesmal sehr reizvoll, den Ursachen der vielen Wohlgerüche im Walde nachzugehen, die mit keinem der bekannten Blütendüfte vergleichbar und darum kaum zu definieren waren. So fand ich mich, dem Geruche folgend, bis zu einem Baum zurecht, an dessen Stamm in erreichbarer Höhe sich zahlreiche Exemplare der prächtigen Orchidee Trichopilia fragans angesiedelt hatten und ihren großen, weißen Blüten mit gelber Lippe unvergleichlich süße Wohlgerüche entströmen ließen.

Ein Gefreiter, der mich auf meinen Streifen begleitete, stellte mir eine ganz einzigartige Überraschung in Aussicht. Er erzählte mir von einer Stelle des Bergwaldes, an der, wie er sagte, die „Palma real" große Bestände bildete, die ich unbedingt sehen müßte. Ich konnte mir keine rechte Vorstellung davon machen, was mit dieser „Palma real" gemeint war, weil fast jeder schönen Palme das Epitheton „königlich" beigelegt wird, und war recht gespannt, die mit so begeisterten Worten geschilderte Wunderpalme zu sehen. Nach einem Marsch von einer knappen halben Stunde stand ich dann vor einem Landschaftsbilde, das allerdings zu den eigenartigsten gehörte, die ich in der Sierra Nevada überhaupt gesehen habe. Unter mir am Fuße des Hanges öffnete sich eine große Lichtung, die für die Anlage von Pflanzungen freigeschlagen worden war. Auf dieser Lichtung waren nur die Palmen stehen geblieben, von denen mir mein Führer erzählt hatte. Bis zu dreißig Metern strebten diese wundervollen Bäume, eine Iriarteacee der Gattung Dictyocarium, von einem meterhohen kräftigen Wurzelgestell in die Luft. Die wenigen Wedel, aus denen sich die Krone zusammensetzte, glichen einer riesenhaften Straußenfeder. Wie ich später feststellte, waren sie über 5 m lang, ihre Blattstiele an der Wurzel schenkeldick; der ausgewachsene frische Blütenstand war allein so schwer, daß ein einzelner Mann ihn nur mit Mühe heben konnte. Ich konnte, soweit die immer nebliger werdende Atmosphäre zu sehen erlaubte, feststellen, daß auch der Wald ringsum überall dicht von dieser herrlichen Palme durchsetzt war, deren Kronen sich da und dort über die anderen Bäume erhoben. Aus der Tiefe jagten jetzt die Wolken herauf und hüllten uns bald in zähe graue Nebel ein, die zusehends dichter wurden, und in diesen Nebeln hatten die nur noch als blasse Silhouette wirkenden riesigen Palmen etwas schemenhaft Unwirkliches, ja geradezu Gespenstisches, angenommen. Ich konnte gerade noch zwei photographische Aufnahmen von dieser sonderbaren Nebellandschaft machen, als auch schon feiner Sprühregen einsetzte und uns zum schnellsten Rückzug auf das „Sanatorium" nötigte.

In der Nacht kam ein furchtbares Gewitter herunter, von solcher Heftigkeit, wie sie nur im tropischen Bergwald möglich ist. Immer wieder fuhr der Blitz krachend in die hohen Bäume dicht beim Hause und erschütterte dessen Wände. Das Gewitter hielt sich lange und wollte nicht weichen; es tobte sich gerade über unseren Köpfen aus. Dann ließ das Unwetter nach, aber der Regen hielt fast die ganze Nacht an.

Da das Wetter am folgenden Morgen keine Anstalten machte, besser zu werden, war es mir ganz unmöglich gemacht, noch, wie ich anfangs beabsichtigt hatte, bis zu der 600 m höher gelegenen Schutzhütte unterhalb des Alto de San Lorenzo vorzudringen, in der noch einige Soldaten untergebracht waren, und deren Besuch man mir als besonders lohnend geschildert hatte. Bei dem voraussichtlich schlechten Zustand der Wege, der Unzulänglichkeit der mir zur Verfügung stehenden Tiere, und auch weil die mir für meine Exkursion zugebilligte Frist bereits ablief, mußte ich diesen Teil des Aufstiegs für eine spätere Gelegenheit aufsparen. Die Wege waren ohnehin so glitschig geworden, daß ich der Carga-Mula, die ich zum Aufstieg benutzt hatte, meine Lasten nicht anvertrauen mochte. Zum Glück stand der kräftige Lastesel, den die Colonia Militar noch besaß, zu meiner Verfügung, und dieser kleine brave und geduldige Kerl schleppte die schwere Last, die der ums Doppelte größeren Mula soviel zu schaffen gemacht hatte, in einem Tage nach Santa Marta zurück. In zehn Stunden hatten wir den weiten Rückmarsch geschafft. Es war bereits völlig Nacht, als wir das brave Grautier von seiner Last befreiten.

Die nächste Gelegenheit, meine Forschungen im Bereich der Colonia Militar fortzusetzen und den Aufstieg bis zur Schutzhütte am Alto de San Lorenzo zu ergänzen, das hatte ich mir von vornherein vorgenommen, sollte die nächste Karnevalswoche sein. Ich schlug so zwei Fliegen mit einer Klappe. Denn einmal konnte ich die mir zur Verfügung stehenden Tage kaum besser verwenden, als durch eine Exkursion in die prachtvollen Bergwälder, zum andern entging ich dem Trubel des Karnevals, auf den man in der Form, wie ihn der „Samario", d. h. der Bewohner von Santa Marta, feiert, gerne verzichtet, nachdem man ihn einmal über sich hat ergehen lassen müssen.

Diesmal hatte ich mir die Sache etwas bequemer eingerichtet, indem ich im Automobil bis „Jamonical“ fuhr, wo meiner schon die, abermals vom Regiment Córdoba zur Verfügung gestellten Tiere warteten, mit denen ich am Spätnachmittag bereits in der Colonia Militar war. In der Frühe des folgenden Tages begann dann der von mir mit so großen Erwartungen herbeigesehnte Aufstieg nach der Schutzhütte und den Bergwäldern des kalten Landes. Die Wege waren überraschend gut gehalten, so daß der Ritt durch die wundervolle Bergwelt mit ihrem frischen, kühlen Klima für mich zu einem auserlesenen Genuß wurde. Seit meinem letzten Besuch war mehr als ein halbes Jahr verflossen, aber abgesehen davon, daß jetzt andere Bäume in Blüte standen als damals, hatte sich das Aussehen des Bergwaldes nicht wesentlich geändert. In diesen kühleren, ewig feuchten Regionen prägt sich der Wechsel zwischen Regen- und Trockenzeit in der Pflanzenwelt, die immer frisch bleibt, weit weniger aus, als selbst in den Regenwäldern des heißen Landes. Bäume, die periodisch vollkommen laublos dastehen, fehlen so gut wie ganz. Kleines, myrtenartiges Laub, lorbeerähnliche und große, derb lederähnliche Blätter herrschen durchaus vor. Myrtaceen, Lauraceen, Ericaceen, die großblättrigen Clusia-Arten und die unvermeidliche Weinmannia scheinen, soweit man nach einem so kurzen Besuch urteilen kann, die Baumarten zu sein, die diesem Hartlaubwalde vorwiegend das Gepräge geben. Hier und da, aber durchaus nicht häufig, treten, meist als kleinere Bäumchen, die Araliaceen auf, die Oreopanax-Arten mit ihren großen, derben Blättern, die oft so überraschend reich gegliedert sind. Es ist stets ein besonderer Glückszufall, sie in Blüte anzutreffen. Die Chinarinde liefernden Cinchona-Arten, die sicher vorkommen müssen, konnte ich in Blüte, wo sie sich ja dem menschlichen Auge leicht verraten, erst später in den gleichen Höhenlagen, aber an anderen Orten auffinden. Hier spielten im Niederwuchs die reizenden Zwergpalmen der Gattungen Geonoma und Chamaedorea — sie reichen bis kaum 2000 m Höhe — eine für den Charakter des Waldes ausschlaggebende Rolle. Groß war meine Freude, als ich dann im Unterholz von 2000 m an immer häufiger das erste „Nadelholz“ sah, Bäumchen des Podocarpus Harmsianus, so ungemein anheimelnd durch die Ähnlichkeit mit unserem heimischen Taxus. Sie erreichen aber meist nur geringe Höhe, so daß man sie gar zu leicht übersieht. Eigentümlicherweise scheinen die Eichen, die für diese Höhen in der Ost- und Zentralkordillere so überaus charakteristisch sind, ja in ausgedehnten geschlossenen Wäldern vorkommen, hier, wie ganz allgemein in der Sierra Nevada, zu fehlen oder, wenn sie da sind, doch sehr selten zu sein. Die bunte Mannigfaltigkeit des Bergwaldes wurde noch vermehrt durch die Fülle der Epiphyten, unter denen die Bromeliaceen, sowohl der Artenzahl wie der Menge der Individuen nach, das vorherrschende Element bildeten. In der hierhergehörenden Gattung Tillandsia sind winzige Pflänzchen von Moosgröße und riesige Arten vereinigt, die durch ihre hohen, an der Spitze meist rotgefärbten Blütenschäfte auffallen. Orchideen erscheinen auch hier nur vereinzelt und in keineswegs großen und auffallenden Formen. Auf einer Weinmannia entdeckte ich aber eine desto merkwürdigere Art aus dieser vielgestaltigen Familie, die niedliche, lange verschollene Pleurothallis Reymondii, dadurch ausgezeichnet, daß die zierliche bunte Blüte wie ein kleines Insekt mit langen geringelten Knopffühlern, an der Wurzel des einzigen ledrigen Blattes sitzt, indem der lange Stiel endet. Sogar meine Begleiter, die natürlich diese Pflanze niemals gesehen, hatten Sinn für die bizarre Schönheit dieses kleinen Blumenwunders. „Una mariposita!“ (kleiner Schmetterling) riefen sie, als ich ihnen das Pflänzchen zeigte. Es befindet sich jetzt im Botanischen Garten in Dahlem, wo es fröhlich gedeiht und schon mehrfach geblüht hat, nachdem es als Muster ohne Wert, in dickes Packpapier eingewickelt, die weite Reise über den Ozean ungefährdet überstanden hatte.

Den Preis der Schönheit hatten die Orchideen im Bergwalde von San Lorenzo an andere Pflanzen abgetreten, die ihnen in der Pracht der Blüten sogar weit überlegen waren. Eine der wundervollsten von diesen war eine als dichtes Gebüsch auf den Waldbäumen schmarotzende Mistelart aus der Gattung Phrygilanthus mit langen Rispen röhrenartiger Blüten, die im herrlichsten Goldgelb und Scharlachrot glänzten. Im Unterholz standen an moorigen Stellen zwischen dem Podocarpus zahlreich Sträucher einer Salbei-Art, deren große Blüten in sammetartigem, brennendem Karminrot zwischen den gleichfalls roten Hochblättern hervorleuchteten. Ich war so vertieft in die herrlichen Ausblicke und Pflanzenbilder dieses Bergwaldes, daß mir die Zeit wie im Fluge verging. Schon gegen Mittag traten wir auf eine ausgedehnte Lichtung heraus, in deren Mitte das einfache, mit Wellblech gedeckte Schutzhaus von San Lorenzo stand.

Beim Marschieren im Walde war es uns ganz entgangen, daß die aus den Waldtälern heraufziehenden Nebel sich inzwischen zu Wolken verdichtet hatten, aus denen bald ein feiner, kalter und durchdringender Sprühregen rieselte. So ward es mir unmöglich gemacht, noch am selben Nachmittage, wie ich gehofft, einen kurzen Ausflug in die Wälder zu machen. Indessen, ehe die Wolken ihren grauen Schleier über den Wald legten, konnte ich noch einen allgemeinen Eindruck von San Lorenzo und seiner nächsten Umgebung in mich aufnehmen. Es sah schon sehr nach „Tierra fria“ aus: zwischen dem hohen Adlerfarn, der die große Lichtung überzog, rankten Büsche von Brombeeren mit köstlich aromatischen Früchten und manch andere Pflanzen, die in der Ost- und Zentralkordillere für das kalte Land bezeichnend sind. Seidig befilzte Compositen, großblättrige, stachelige Solaneen, mit dichtem violetten Wollbezug der jungen Blätter und die für die Hochanden so überaus charakteristische baumartige Papaveracee Bocconia frutescens, der „Trompeto", mit den großen tiefgezackten Blättern. Zu meiner Überraschung aber schienen mir viele andere Pflanzen, die für die Anden bei gleicher Höhe so überaus charakteristisch sind, völlig zu fehlen. So vermißte ich die Fuchsien, die großen, leuchtend rot blühenden Kletterbegonien und viele andere Pflanzen, ohne die man sich die oberen Regionen des andinen Bergwaldes nicht denken kann.

Einer der Hauptbeweggründe, diesen hochgelegenen Bergwald kennenzulernen, war für mich der Wunsch, aus nächster Nähe die hohen Palmen zu sehen, deren Anwesenheit ich schon von Santa Marta aus durch mein scharfes Glas hatte feststellen können. Als ich dann, von der Colonia Militar aus, den Wald der höheren Regionen nach bemerkenswerten Erscheinungen, wiederum durch das Fernglas, absuchte, war es mir so gut wie gewiß, daß es sich um irgend eine Art der merkwürdigen Wachspalmen handeln müsse, die für die höchsten Wälder der Anden kennzeichnend sind und sich dort noch bei 3000 m und darüber noch zu größter Üppigkeit entfalten. Hier, in nächster Nähe der Schutzhütte, für die ich die absolute Höhe von rund 2200 m ermittelte, hatte ich die Palmen unmittelbar vor mir. Ihre untere Grenze fiel etwa mit der Höhe des Schutzhauses zusammen. Sie stand überall, bald spärlicher, bald dichter von dieser Höhe aufwärts in dem herrlichen Urwald, der in völliger Unberührtheit wie ein dichter, grüner Mantel diese großartige Berglandschaft bedeckte. Und was das Bemerkenswerteste war, sie ragten fünfzehn bis zwanzig Meter hoch über den an sich schon gewaltigen Urwald heraus, der mit seinen Kronen immerhin fünfundzwanzig Meter, wenn nicht mehr, erreichte. Hier hatte ich wieder Humboldts „Wald über dem Walde" vor mir, der mich bereits einige Jahre vorher am Quindiu-Paß in der Zentralkordillere so sehr begeistert hatte.

Am ersten Morgen auf San Lorenzo hatten wir prächtiges sonniges Wetter. Ganz fern im Südosten trat die Schneekette aus dem gewaltigen Felsenmeer heraus, freilich gegen die Frühsonne gesehen, von meinem Standpunkte aus, wenig wirkungsvoll, und es dauerte nicht lange, so war auch das Wenige hinter den Wolken verschwunden, die mit großer Schnelligkeit vom Nordhange der Sierra Nevada heraufeilten. (Taf. 2 Abb. 4.) Mit Entzücken aber schweiften meine Augen über wundervolle, nie betretene Urwälder, die sich nach Osten und Südosten dehnten, die Lebensspender für die Landwirtschaft im heißen Tieflande von Ciénaga. Da von Osten her immer mehr Wolken über den langgedehnten Sattel krochen, der den Alto de San Lorenzo mit der zentralen Kette verbindet, mußten wir uns beeilen, wenn wir für den geplanten Aufstieg nicht zu spät kommen wollten. Meine Begleiter waren zwei Soldaten, die beide an Berri-Berri litten und sich in San Lorenzo auskurieren sollten. Das Gelände gleich oberhalb des Schutzhauses war gänzlich pfadlos und vielfach mit gewaltigen Geröllblöcken übersät, die allerdings von der üppigen Kraut- und Buschvegetation zugedeckt wurden. Nur mit Mühe war es hier möglich, sich langsam mit einem langen Stock vorwärtstastend, Weg zu bahnen. Trotzdem einer der mich begleitenden Soldaten behauptete, den Aufstieg zu kennen, kamen wir nur sehr langsam vorwärts.

Wohin wir uns auch wandten, überall schloß dieser ungeheure, völlig pfadlose Urwald wie eine riesige, dunkelgrüne Mauer die Lichtung ab. Hinter ihr verbarg sich die Zerrissenheit der Hänge. Tiefe Felsschluchten und Klüfte, in denen die kalten Kristallwasser der Bäche in die Tiefe eilten, sahen wir erst im letzten Augenblick, wenn wir, vor ihren Steilrändern stehend, nicht weiter konnten. Der Wald ließ an seinem Saum die phantastische Vielgestaltigkeit seiner knorrigen Formen erkennen, denen der tausendjährige Kampf einer trotzig ausharrenden Hochgebirgsvegetation gegen die Stürme dieser Bergwildnis sein Gepräge aufgedrückt hatte. In seinem Schutz entwickelten sich die duftigen hellgrünen Kronen der Baumfarne, und einige der kleineren Palmenarten, stachlige Macánas und die schöne Euterpe purpurea waren bis zu dieser bedeutenden Höhe vorgedrungen. Hoch über allem wogten die schlanken Wachspalmen im Winde wie die Ährenhalme im Kornfelde.

Beim Vordringen durch diese Bergwildnis sah ich auf Schritt und Tritt, welche Schwierigkeiten der Wald im Laufe der Jahrtausende offenbar zu überwinden gehabt hatte, ehe er zwischen dem Felsgewirr festen Fuß fassen konnte, Schwierigkeiten, von denen der Mensch nichts ahnt, der in Wochen mutwillig zerstört, was die Natur in langen Zeitläuften aufgebaut hat. Jeder Schritt, den wir vorwärts taten, mußte genau geprüft werden, denn die dichten Polster von Moosen und Farnen, welche die Blöcke überzogen, ließen kaum erkennen, wohin man jeweils den Fuß zu setzen hatte. So wurde das Steigen überaus mühselig. Das Unterholz, durch das wir uns vorwärts zu arbeiten hatten, machte uns dabei zunächst nur wenig zu schaffen, förderte im Gegenteil oft unser Vordringen. Je steiler die Hänge wurden, desto mehr Stützen und Haltepunkte für Hände und Füße bot uns das Gesträuch, das mit langen kletternden Wurzeln die Felsen umklammerte. Am schlimmsten war eine lang sich hinziehende hohe Steilwand zu nehmen, von der wir von unten nichts gesehen hatten, da sie der Wald verbarg. Dünne Wasserfälle, im Auffallen in kleinste Tröpfchen zerstäubend, überrieselten den stellenweise spiegelglatten Fels und boten so einer reichen Flora von kleinen Farnen, Moosen und Flechten die zu ihrem Gedeihen unerläßliche dauernde Feuchtigkeit. Hier hatten wir eine schlimme Kletterei zu überstehen, auf die wir leider nicht mit Seilen eingerichtet waren, und es schien wegen der Unübersichtlichkeit kaum möglich, die wenigen Stellen zu finden, an denen Füße und Hände einen Halt finden konnten. Bei dieser Kletterei verloren wir leider auch unser einziges Buschmesser und hatten damit keine Möglichkeit mehr, uns, nachdem wir die Felswand glücklich erobert, durch das nunmehr beginnende Dickicht von Zwergbambus (Chusquea) durchzuarbeiten. Was für Zwergbambus war dies! Er verdiente wirklich seinen Namen nicht mehr, denn seine Gerten waren weit länger, als die seiner gedrungenen Verwandten, der immerhin mächtigen Guadua des heißen Landes; sie reichten tatsächlich bis in die höchsten Baumkronen des Hochwaldes hinein, diese Gerten, um hoch oben ihr anmutiges Laub zu entfalten. So saßen wir also fest in diesem Zwergbambusdickicht, und auch der angeblich wegekundige Soldat wußte nicht mehr aus noch ein. Da wir außerdem durch das Suchen des Weges so viel Zeit verloren hatten, daß die Wolken uns bedenklich auf den Leib rückten, blieb mir nur noch Zeit, bei 2400 m die Höhenmessung mit dem Siedeapparat vorzunehmen, um dann mit meinen Begleitern umzukehren. Wir waren, kurz vor 12 Uhr, noch sehr weit vom Gipfel entfernt, bis zu dem noch mindestens + 500 m fehlten. Soweit ich erkennen konnte, war alles bis oben hinauf mit dichtem Urwald bedeckt; die Wachspalmen nahmen an Zahl und, wie mir scheinen wollte, sogar an Größe zu.

Der Abstieg war, namentlich über die Felswand, weit beschwerlicher als der Aufstieg, und besonders dem einen der Soldaten, der sehr über Schmerzen klagte, machte er viel zu schaffen. Hätten wir nur Seile gehabt, so wäre alles viel leichter vonstatten gegangen. So waren wir wirklich froh, als wir am Rande der Lichtung das Wellblechdach des Hauses wieder vor uns sahen. Prompt setzte dann auch nach unserem Eintreffen der Regen ein und fesselte uns an unsere bescheidene Behausung. Einen Tag hatte ich noch zur Verfügung. Ich verwandte ihn für botanische Sammlungen und besonders dazu, mir von den Wachspalmen Herbarmaterial zu verschaffen, um danach die Bestimmung der Art[3]) zu ermöglichen. Das war aber schwerer ausgeführt als gedacht, besonders weil wir nur ein Buschmesser hatten und dieses doch nur ein sehr unzureichendes

---

[3]) Ceroxylon Schultzei.

Werkzeug war, um eine der Palmen umzulegen. Aber es ging, wenn auch unter ganz unerwarteten Schwierigkeiten. Nachdem wir ein geeignetes Exemplar entdeckt hatten, machten wir uns unverzüglich ans Werk. Obschon das harte zähe Holz der Palme den Machete-Hieben großen Widerstand entgegensetzte, gelang es uns nach harter Arbeit, verhältnismäßig schnell sie zu Fall zu bringen. Jetzt kamen aber erst die Schwierigkeiten, denn der, wie wir später ausmaßen, 45 m lange Stamm der Palme konnte ja im dichten Walde nicht zu Boden kommen, sondern blieb in den Kronen anderer Bäume hängen. Nun mußten auch noch einige von diesen gefällt werden, und das war weit schwieriger als das Kappen der Palme. Wenn uns bei dieser Gelegenheit auch anderes botanisches Material als Zugabe in die Hände fiel, so hatten wir doch mehr als einen halben Tag gebraucht, bis wir einen Wedel und einen Fruchtstand der Palme glücklich geborgen hatten. Die jungen Herzblätter gaben ein ausgezeichnetes Gemüse.

Am Nachmittag fiel wieder feiner Regen, der uns unter die Vorhalle des Hauses trieb. Die Zeit wurde gut genutzt, denn wir hatten reichlich damit zu tun, die dickgefüllten Pflanzenpressen am hell lodernden Feuer zu trocknen; und da es immer kälter und ungemütlicher wurde, und wir alle stark fröstelten, so war diese Arbeit, die viel Aufmerksamkeit und Geduld erforderte, nicht gar so unangenehm, obschon sie bis spät in die Nacht hinein fortgesetzt werden mußte. Dann kam die letzte kurze Nachtruhe im Bergwald von San Lorenzo. Früh schon im ersten Morgengrauen wickelten wir uns fröstelnd aus den Decken, denn ein sehr langer, beschwerlicher Marsch lag vor uns. Wir mußten den Aschermittwoch dazu benutzen, direkt bis nach Santa Marta durchzumarschieren. Nach anfangs herrlichem Sonnenwetter fiel bald wieder Regen, der den Weg für Reiter fast unbrauchbar machte. So zog ich es vor, zu Fuß zu laufen, zog die Mula am Halfterstrick hinter mir, und kam so schnell vorwärts. Die arme Carga-Mula tat mir leid; sie ließ bei jedem Schritt so etwas wie ein kurzes, vorwurfsvolles Stöhnen hören, das jedenfalls kein Zeichen von Behagen war. Ich fühlte mich so frisch wie selten, und es war mir so, als ob diese drei Tage in der kalten Bergluft mir neue Kräfte für viele Wochen beschwerlicher Arbeit im heißen Fieberklima der Ebene gegeben hätten. Um 5 Uhr nachmittags waren wir wieder in Jamonical, wo ich zuerst etwas davon merkte, daß man in Santa Marta Karneval feierte oder gefeiert hatte. Meine Hoffnung, in Jamonical ein Fahrzeug aufzutreiben, um die stark überangestrengte Carga-Mula zu entlasten, erfüllte sich nicht, aber alle Augenblicke trafen wir auf der schon dämmerigen Landstraße betrunkene Männer und Weiber in der farbenfrohen Karnevalsbemalung al fresco der Gesichter und Kleider. Auch Automobile, die von Santa Marta mit ihrer Ladung angeheiterter Menschen angesaust kamen, begegneten uns. Sie fuhren auf der schmalen Straße so rücksichtslos, daß wir einmal nur mit Mühe einen Zusammenstoß mit unsern Mulas vermeiden konnten. In Mamatoco, das wir passieren mußten, feierte Santa Marta den Kehraus des Karnevals. Aus den hellerleuchteten Kneipen und Tanzlokalen klang wüster Lärm, das Johlen der Männer, das Gequietsche und Lachen der Weiber und dazwischen die Melodien von Blackbottom, Foxtrott und Tango auf Grammophon und Pianola. Hier wirkten diese Tänze wahrhaft bodenständig und echt, und es ist sicher, daß sich die Jeunesse dorée der europäischen und amerikanischen Großstädte hier, in Mamatoco, noch mancherlei wertvolle Anregung hätte holen können. Einer nur von diesen Tänzen, der im Departamento Magdalena populärste, die berühmte Cumbiamba, scheint bisher noch nicht gesellschaftsfähig geworden zu sein. Schade, denn in keinem der anderen modernen Tänze kommt das Charakteristische des Niggertanzes so vollendet zum Ausdruck, wie in diesem.

In Mamatoco traf ich zu meiner Freude einen schon bejahrten Wagenlenker, der mir lallend nach kurzer Verhandlung das einzige vorhandene Fahrzeug, einen zweirädrigen Mulakarren, für die Fahrt nach Santa Marta zur Verfügung stellte. Noch froher als ich war die Carga-Mula, die ein leises Freudenwiehern hören ließ, als wir ihr die Last abnahmen und auf dem Karren verstauten. Ich nahm dann oben auf meinem Gepäck Platz. Es war kein bequemes und vor allem kein sehr standesgemäßes Fahrzeug, aber es sparte uns zwei Stunden Nachtmarsch. Natürlich hatte auch der Wagenlenker Karneval gefeiert, und ich hatte auf der langen Fahrt reichlich Gelegenheit, Beobachtungen über die mir bis dahin neue Tatsache anzustellen, daß sich die durch reichlichen Alkoholgenuß hervorgerufenen Störungen des Nervensystems beim Kutscher auch auf das von ihm gelenkte Fahrzeug übertragen können, denn der Wagen fuhr in ganz unmotiviertem Zickzackkurs über die in tadellosem Zustand befindliche Landstraße und legte dadurch etwa das Doppelte der Entfernung zurück, die unter normalen Verhältnissen nötig gewesen wäre. Jedenfalls kamen wir unversehrt in Santa Marta an, und das war schließlich die Hauptsache. Spät in der Nacht verließ ich, etwas gerädert, meinen Sitz und trommelte an der Tür meines Hôtels den Mozo aus dem Schlaf, der mir mein Gepäck aufs Zimmer schaffte. Dann verabschiedete ich mich dankbar von meinem Wagenlenker, dessen Mienen mir verrieten, daß er nicht gesonnen war, so früh wie ich schon den Aschermittwoch zu beschließen.

IX. Kapitel.

In den Regenwäldern des Rio Mendiguaca.

Ein Blick auf die Karte der Sierra Nevada läßt sofort die auffallend große Zahl der Flüsse und Gebirgsbäche erkennen, die nach kurzem Lauf über die Nordhänge dem Karibischen Meere zueilen. Ihrer sind hier weit mehr als in irgendeinem andern Teil des Gebirges. So läßt schon das Kartenbild auf die hydrographischen und klimatischen Verhältnisse jener Gegenden schließen: Es ist der weitaus regenreichste Teil der Sierra Nevada. Selbst bei ganz klarem Wetter, wenn die Schneekette in all ihren Einzelheiten sichtbar wird, vergeht kaum ein Tag, an dem der Nordhang von Wolken ganz frei ist. Ein durch solche reichen Regenfälle begünstigtes Tropenland mußte sicher von je für den Anbau von Erzeugnissen des heißen Landes als besonders geeignet erscheinen. Französische Kolonisten haben denn auch am Nordhange der Sierra Nevada den Versuch mit tropischen Kulturen gemacht, aber ihr Beginnen ist gescheitert am Klima und wahrscheinlich auch am unzureichenden Studium der Bodenverhältnisse. Denn der überaus üppige Urwald kann leicht zu falschen Schlußfolgerungen verleiten. Er kann, und das ist in der Sierra Nevada der weitaus häufigste Fall, auf solchem Gelände ein geradezu erstaunliches Wachstum entfalten, das für den Ackerbau wegen des felsigen Untergrundes oder Überflusses an großen Steinen gänzlich ungeeignet ist.

Anfang September 1926, d. h. inmitten der Regenzeit, erhielt ich von Bogotá aus den Auftrag zur Untersuchung einer größeren Besitzung an der Küste des Karibischen Meeres, nahe der Mündung des Rio Mendiguaca. Ich sollte feststellen, ob hier Mahagoni, Cedro und andere Edelhölzer in jenen größeren Beständen vorkämen, für deren Ausbeutung sich die Regierung besondere Rechte vorbehalten hat. Dieser Auftrag verschaffte mir zum ersten Male Gelegenheit, den Nordhang der Sierra Nevada kennenzulernen. So trat ich denn am Morgen des 3. September in Begleitung der an dieser Untersuchung interessierten Herren im Automobil die Reise über Mamatoco auf Bonda an, wo die Maultiere für den zweiten Teil der Expedition auf uns warteten.

Bonda, wie Mamatoco ursprünglich ein altes Indianerdorf, liegt am Rande der reizlosen, mit Rastrojo oder Kulturen bestandenen Ebene, welche die von Santa Marta nach Osten führende Automobilstraße durchschneidet. Die malerische Backsteinruine einer früheren Dominikanerkirche deutet darauf hin, daß der heute armselige Ort ehedem eine wichtigere Rolle gespielt hat. Sicherlich hat Bonda zur Zeit der Kämpfe zwischen den

Spaniern und Indianern im 17. Jahrhundert eine größere Bedeutung gehabt. Die ursprüngliche Indianerbevölkerung ist ganz verschwunden, ihre Spuren meint man aber heute noch in den Gesichtszügen der Bewohner von Bonda wiederzuerkennen. Gleich hinter Bonda querten wir die Furt über den Rio Manzanares, unterhalb der Stelle, an der die Wasserleitung für Santa Marta abzweigt. Damit kamen wir in leicht gewelltes Hügelland mit abwechslungsreicherer Vegetation, die zunächst allerdings noch xerophil blieb. Busch und Wald standen in vollem Blumenschmuck, und süße Gerüche erfüllten die feuchtheiße Luft. Da war die „Uña de Tigre" mit kleinen grünlichen Blüten und der Peinillo (Combretum obtusifolium) mit weißen, kätzchenähnlichen Blumengebilden, denen ein köstlicher Jasminduft entströmte, die „Pate vaca" (Coutarea hexandra) mit reizenden weißen Glocken, die glänzende Tecoma stans, über und über besät mit zitronengelben Blüten, und viele andere bunte Sträucher und Bäume mehr. Die schöne Bignoniacee Lundia umbrosa bildete mit dichtem Gerank wahre Blütenlauben, in denen die Blätter fast unter den großen weißen Blumen verschwanden. Rechts und links vom Wege stand überall, manchmal dichtes Gebüsch bildend, eine „Verbena" genannte, hohe Stachytarpheta-Art, für deren ganz dunkelviolette, fast schwarze Blüten die Kolibris ganz besondere Vorliebe zu haben schienen; überall schwirrten die reizenden Vögelchen um die hohen, sonderbaren Blütenrispen und erfreuten uns durch das funkelnde Smaragdgrün und Saphirblau ihres herrlichen Gefieders. Je weiter wir hineinkamen in den blühenden Busch, desto häufiger wurde die wundervolle Calliandra Magdalenae, die Königin all dieser Blütenbäume. Nicht allzu hoch, breitet sie ihre Krone in Pinienform aus. Über den zartgefiederten, flach ausgebreiteten Blättern leuchten wie hunderte und tausende von Flammen die großen, zarten, quastenartigen Blüten, Märchengebilde in schneeigem Weiß und brennendem Karminrot.

Nach und nach mischten sich unter diese Pflanzen, die immer noch dem xerophilen Busch angehörten, die Bäume des Regenwaldes. Denn wir näherten uns allmählich dem Gebiet, wo der vom Meere kommende Passat seine Feuchtigkeit abgibt, ehe er als trockener Wind über die buschbedeckte Ebene seinen Weg auf Santa Marta nimmt. An der Grenze zwischen den beiden Formationen fiel mir als besonders häufig der furchtbar bewehrte „Cacho de cabra" auf, ein Waldbaum, aus der Flacourtiaceen-Gattung Xylosma, dessen harte, in ganzen Bündeln zusammenstehende Stacheln — sie werden fast fußlang — ganz unregelmäßig über Stamm und Äste verteilt, das Besteigen des Baumes für Menschen und Tiere vollkommen unmöglich machen.

Mit dem Eintritt in den Regenwald wurden die Wege ganz miserabel, und ich begriff, wie Sievers sie als lebensgefährlich bezeichnen konnte. Meist waren sie nichts anderes, als eine tiefe, enge Rinne in dem weichen bröckeligen Granit, an dem man beim Hindurchreiten mit den Füßen anstieß. Ich hatte mich in Bonda überreden lassen, einen von den gewaltigen mittelalterlichen Rittersporen anzulegen, an denen der creolische Reiter ebenso zähe festhält, wie an dem schrecklich unbequemen, schnabelschuhförmigen sarazenischen Steigbügel, beides Überbleibsel aus der glorreichen Zeit der Conquista. Durch diese Sporen kam ich bei der Enge dieser Rinne in so bedenkliche Lagen, daß ich mich erst wieder sicher auf meiner Mula fühlte, als ich das Sporenungetüm hinter mir auf den Sattel geschnallt hatte. Natürlich kam gerade an der schwierigsten Stelle des Weges, wie es meist der Fall zu sein pflegt, von der entgegengesetzten Richtung eine andere Mulakarawane heran, was zu einem heillosen Durcheinander führte. Ehe es unseren Arrieros gelang, die aufgeregten Tiere zu beruhigen, riß sich eine unserer Carga-Mulas los und ging mit der Ladung, die sich bei dem Zusammenstoß gelockert hatte, durch. Wir fanden die Mula dann auf einem Potrero der Hacienda Calabaso am Rio Piedras weiter vorne wieder, ebenso die Lasten, die zum Glück auf weichen Waldboden gefallen waren und daher nur wenig beschädigt waren. Ich bedauerte sehr, daß ich bei meinen Begleitern nicht damit durchgedrungen war, diesem Wink des Schicksals zu folgen und für die Nacht in El Calabaso zu bleiben, denn die besondere Schwüle des Tages ließ ein Unwetter erwarten, das nicht mehr allzulange ausbleiben konnte.

Der Urwald, durch dessen Schatten wir nun wieder stundenlang marschierten, zeichnete sich durch die ungeheuren Dimensionen seiner Bäume aus. Niemals hatte ich solch riesige Caracolís gesehen, wie hier. Die mächtigen Fächerblätter junger Chingalé-Palmen erreichten mit Stiel mehr als 8 m Länge, was wir an Ort und Stelle ausmaßen, da sich darüber eine Debatte zwischen meinen Begleitern entsponnen hatte. Unter der erstaunlichen Fülle der Kletterer fiel mir eine armdicke Liane auf, die über den Weg hing und sich als die herrliche Passiflora vitifolia erwies. Ihre großen scharlachroten Blumen erschienen sogar cauliflor aus dem alten Holz am untersten dicksten Teil des Stammes. Es herrscht in diesem Riesentreibhaus eine solche Feuchtigkeit der Luft, daß uns trotz des prächtigen Schattens, in dem wir ritten, die Hitze geradezu unerträglich schien. Diese Feuchtigkeit verriet sich schon durch die ungewöhnlich reiche Entwicklung der Epiphyten. Philodendron-Arten und andere großblättrige Araceen fehlten an keinem der Caracolí-Bäume und kletterten bis in die höchsten Kronen, aus denen die Rhipsalis, diese merkwürdigen schlangenartigen Kakteen, in langen blaßgrünen Bündeln herunterhingen. Dazu kamen die mehrere Meter langen weißen Bärte der Tillandsia usneoides, die sich besonders an den Zweigspitzen über den Rändern der Windbrüche angesiedelt hatten. Die mächtigen Äste waren mit Rasen von Orchideen dicht bedeckt. Unter ihnen befanden sich Pleurothallis-Arten, deren — nach Hunderten zählende — Verwandte ich im Innern von Columbien bisher nur in den hohen und höchsten Regionen der Gebirge gefunden hatte, eine pflanzengeographisch sehr bemerkenswerte Tatsache, denn hier waren wir fast unmittelbar am Gestade des Meeres.

Wie hätte man in diesen Schönheiten schwelgen können, wenn nicht die furchtbare Treibhaustemperatur und die geflügelten Plagegeister gewesen wären! Zancudos wetteiferten mit kaum sichtbaren Simulien und den aufdringlichen Meliponen, einem die Freude an dieser wundervollen Natur nach Möglichkeit zu vergällen. Zu ihnen gesellten sich kleine Bremsen, die Tábanos, mit gefleckten Flügeln und grün opalisierenden Augen, die uns mit größter Beharrlichkeit und Verschlagenheit folgten. Die Reiter litten zwar weniger unter dieser Plage, aber die Mulas gebärdeten sich wie rasend; denn ihre Halsseiten und Flanken waren immer voll von dem aufdringlichen Geschmeiß, nach dessen Bissen das Blut in dicken Tropfen hervorquoll. Weit bedenklicher als diese Bremsen waren die gefürchteten Nuches, die ich hier im Departamento Magdalena zum ersten Male sah, nachdem ich in anderen Gegenden Columbiens schon unliebsame Bekanntschaft mit ihnen gemacht. Dieses der blauen Schmeißfliege ähnliche Insekt arbeitet still, unaufhörlich und schnell, wird aber von den Tieren, die seine Anwesenheit instinktiv zu fühlen scheinen, mehr noch gefürchtet als Tábanos und Moskitos und macht sie auffallend unruhig und nervös. Die Nuche-Fliege ist vivipar, d. h., sie legt keine Eier, sondern setzt die fertigen, gleich bei der Geburt sehr beweglichen Larven an das Fell der Tiere und die Kleidung des Menschen; und diese winzigen Maden suchen sich sofort eine Stelle der Haut, unter die sie sich einbohren, um dann unter Bildung bösartiger Geschwüre bis zur vollen Größe auszuwachsen und ihr Opfer zu verlassen. In manchen Gegenden Columbiens haben die Nuches die Viehzucht unmöglich gemacht, und die Behauptung, daß sie mit zunehmender Kultur — wenigstens in dem Sinne, wie der Creole diesen Begriff auffaßt — verschwinden, hat sich nicht als stichhaltig erwiesen. Bei dieser Art der „Kultur" wird nämlich der Urwald meist durch den Rastrojo, das dichte sekundäre Gebüsch ersetzt, das den kleinen Plagegeistern, diesen schlimmsten Feinden von Mensch und Vieh, sicherere Schlupfwinkel bietet, als der Urwald selbst, in welchem ja die niedrige Vegetation — entgegen der gewöhnlichen Annahme — meist nicht sehr dicht ist, jedenfalls viel weniger undurchdringlich als in jenem. Ein sicheres Mittel gegen die Nuches gibt es nicht. Der Unverstand und die Schießwut des Menschen rotten zudem oft noch die einzigen Vertilger der furchtbaren Plage aus, den Coclí, eine Ibis-Art, und den Garrapatero oder Cocinera genannten, überaus nützlichen Madenkuckuck (Crotophagus ani), so daß also der Schädling noch indirekt vom Menschen unterstützt wird. Wo die Nuche-Fliege kein Vieh zur Ablage ihrer Maden findet, sucht sie sich statt dessen ein anderes Objekt aus, und dann fällt ihr leicht der Mensch zum Opfer. Mir selbst war es früher bei meinen Streifereien in den Urwäldern im Südosten von Columbien zugestoßen, daß ich eines Tages in einer Gesichtshälfte, die infolgedessen unförmlich anschwoll, gleichzeitig sechs Nuches entdeckte, die einer meiner Begleiter durch Aufkleben von Tabakblättern tötete und dann durch recht schmerzhaftes Auspressen entfernte. Das einzige Vorbeugungsmittel, das wenigstens den Menschen vielleicht gegen die Nuches schützen könnte, wären täglich mehrmals wiederholte Abreibungen mit starkem Alkohol. Wer aber ist in der Lage, zumal auf längeren Expeditionen, die genügenden Mengen davon mit sich zu führen?

Wenn man einen Tag lang im aussichtslosen Kampf mit diesem Heere von geflügelten Plagegeistern gelegen hat, geht einem allein schon dadurch ein Verständnis auf für die Schwierigkeiten, die schließlich die Kolonisationsbestrebungen der französischen Pflanzer in diesen Urwäldern zum Scheitern brachten. Die letzten sichtbaren Spuren dieser Unternehmungen waren übrigens da und dort noch nachzuweisen. Längs des alten Pfades sahen wir wiederholt prächtige große Orangenbäume und an den alten Stämmen noch die alten Porzellanisolatoren aus der Zeit, in der hier noch eine Telephonlinie entlangführte. Alles Übrige, was die bedauernswerten Siedler hinterließen, hat der mächtige Urwald seitdem längst überwuchert.

Am Spätnachmittag drang von links ein immer deutlicher und lauter werdendes Rauschen und Brausen an unser Ohr. Unser Führer meinte, daß wir nicht mehr weit vom Meere seien. Wir bogen kurze Zeit darauf vom Wege nach links ab, ritten durch einen schmalen Buschstreifen von hoher „Caña brava" (Gynerium), untermischt mit der großblütigen „Malva" (Hibiscus tiliaceus), der nur einen ganz niedrigen Durchgang freigab und die Reiter zwang, sich ganz bis auf den Hals der Mula herunterzubeugen, und hatten dann, von plötzlicher Helle geblendet, den Strand des Karibenmeeres vor uns. Der Anblick, der sich uns nun bot, war ebenso unerwartet, wie überwältigend. Die ungeheuren, hohen Brandungswogen der See rollten den langen Sandstrand hinauf oder brandeten donnernd an den vereinzelten ins Meer vorgeschobenen Klippen, an denen sie in hoher Fontäne zerstäubten. Die feinen Wassertropfen schillerten im Lichte der hinter uns stehenden Sonne in Regenbogenfarben und kühlten uns die erhitzten Gesichter. Unsere Mulas schienen den nunmehr am Strande entlangführenden Weg bereits von vielen Märschen zu kennen; denn sie trabten ohne Scheu durch das Brandungsbereich der Wogen, weil sie wohl wußten, daß ihre Hufe hier weniger tief in den Sand einsanken, als auf der flachen Düne daneben. Unser Gepäck folgte weiter zurück, weil die Lasttiere mit den Arrieros nicht im Trabe folgen konnten.

Im Osten war inzwischen am flachen Sandstrande und am Saum des dunklen Urwaldes, noch sehr fern, ein weißes Haus sichtbar geworden; das war Guachaca, das Ziel unseres Marsches, von dem uns noch zwei Wegstunden trennten. Dahinter hatten sich drohend dunkelviolettgraue Wetterwolken aufgetürmt, das lang erwartete Unwetter, auf das wir gerade losmarschierten. Wenn mich daher auch der Gedanke an den Rest dieses Tages mit einigem Unbehagen erfüllte, so fesselte mich doch das einzigartige Landschaftsbild vor mir derart, daß ich zunächst alle Bedenken vergaß. Gegen die dunklen Wolken im Hintergrund hoben sich die grell von der Nachmittagssonne beschienenen Dünen und der Gischt der Brandung in blendenden Gegensätzen ab. In dieses Bild fügte sich harmonisch die einzigartige Pflanzenwelt des Strandwaldes ein, die knorrigen, verkrüppelten Bäume der Uva de Playa (Coccoloba uvifera) mit den großen, hellgrünen, fast kreisrunden Blättern, das schlehdornartige, sonderbare Zweiggewirr eines Cocastrauches, des Erythroxylon rigidulum, und darüber auf bizarren, hohen Stelzwurzeln große Clusien mit dem lederartigen Laube. Das riesige Acrostichum aureum entfaltete zwischen dem Wurzelwerk seine mächtigen, derben Farnwedel, und von ihnen beschattet, öffneten sich für die kommende Nacht die duftenden schneeweißen Blüten des „Lirio“ (Hymenocallis). Die Hufe der Tiere schlugen an die von der Sonne gebleichten Schädel und Gebeine mächtiger Suppenschildkröten und kaum weniger großer Careïs, von deren Schalen man das Schildpatt längst entfernt hatte. Wie eine Vision aus längst vergangenen Zeiten lag diese phantastische Landschaft in all ihren Einzelheiten so bizarr, sonderbar und ungewohnt, vor mir.

Unterdessen hatte unser Führer zur höchsten Eile getrieben; aber die Begegnung mit dem Unwetter, das schon unser Marschziel erreicht hatte, war unvermeidlich, und während noch in der tiefstehenden Sonne die langgezogenen Schatten der Reiter vor uns über den weißen Sand krochen, rüttelte bereits der Sturm die Kronen der Clusien und trieb uns die ersten Regentropfen ins Gesicht. Wir hatten gerade noch Zeit, unsere Regenponchos zu entfalten, als eines der furchtbarsten Gewitter, die ich je erlebt, uns seine Wassermassen ins Gesicht peitschte, unsere Mäntel im Sturme flattern ließ, und uns binnen Minuten bis auf die Haut durchnäßte. Gleichzeitig schwoll die See zu immer gewaltigeren Wogen an, die sich donnernd überschlugen und uns zwangen, zwischen dem Wurzelwerk der Clusien auf der Düne unsern Weg zu suchen. Im Nu war die Nacht hereingebrochen, nur noch für Augenblicke erhellt von den fast ununterbrochen sich folgenden elektrischen Entladungen, in deren Licht wir den Weg zwischen dem Geäst vor uns zu finden suchten. Mit ohrenbetäubendem Krachen fuhren die Blitze dicht am Meeresstrande in die Erde, oft so nahe, daß wir den Luftdruck zu spüren meinten und einen deutlichen Schwefelgeruch wahrnahmen. Die Mulas in ihrem sicheren Instinkt für Gefahren, wurden nervös, waren kaum noch von der Stelle zu bringen und versuchten zitternd, die Hinterhand gegen den Sturm gerichtet, im Strandwalde Schutz; und doch mußten wir darauf dringen, durch und durch naß wie wir waren, weiter zu kommen. Unser Führer mahnte zu höchster Eile und stellte uns in Aussicht, daß wir, in diesem Kampf der entfesselten Elemente, noch den wahrscheinlich hoch angeschwollenen Rio Mendiguaca an seiner Mündung ins Meer zu passieren hätten. Indes, wir hatten Glück. Es zeigte sich bald, daß die zu erwartenden Wassermassen noch nicht an der Mündung des Flusses angelangt waren, so daß wir noch einigermaßen sicher hinüberkamen. Kurz vor sieben Uhr waren wir endlich vor dem Hause von Guachaca, durch und durch naß und klappernd vor Kälte, während das Gewitter weitertobte. Da man uns bis zum Eintreffen der Lasten vorläufig mit trockener Kleidung notdürftig aushalf, war unsere Lage wenigstens einigermaßen erträglich. Wo aber mochten die Arrieros und die armen Carga-Mulas stecken, und was war aus unseren Lasten geworden? Der Leiter der Hacienda zerstreute unsere Besorgnisse. Für ihn war es nicht das erstemal, daß er bei solchem Wetter zur Nachtzeit den Rio Mendiguaca mit Lasttieren passiert hatte. Wir mußten uns indessen noch zwei Stunden gedulden, bis wir Gewißheit hatten, und unsere hellhörigen Mozos durch den Lärm der Regenschauer die Stimmen der Arrieros vernahmen. Kurz darauf waren die braven Carga-Mulas zur Stelle. Sie waren noch leidlich gut mit den allerdings fast völlig durchnäßten Sachen durch den Fluß gekommen. Wir erklärten uns das damit, daß möglicherweise weiter oben im Gebirge viel weniger Regen gefallen war als direkt am Meere, wo wir gerade in den schlimmsten Teil des Gewitters hineingekommen waren.

Das Haus von Guachaca war zwar mit Fenstern aus Drahtgaze versehen, und hatte auch eine sogenannte moskitosichere Veranda aus demselben Gewebe, es waren aber so viele Ritzen und Löcher vorhanden, daß die Moskitos genügend Eingänge gefunden hatten, und alle Räume des Hauses voll waren von diesen furchtbaren Blutsaugern. Sie gehörten fast ausnahmslos der berüchtigten Gattung Anopheles an. So wurde es mir verständlich, daß diese ganze Küste so sehr gefürchtet ist wegen ihrer verderblichen Sumpffieber, von denen kaum einer verschont bleibt, der gezwungen ist, für längere Zeit an ihr zu hausen. Ich pries meine oft bewährte Gepflogenheit, in Columbien niemals ohne Moskitonetz zu reisen und konnte mich so spät in der Nacht mit einem wohltuenden Gefühl des Geborgenseins auf meinem Feldbette ausstrecken.

Am nächsten Morgen war ich früh auf den Beinen, um mir die Stätte, an der das fürchterliche Gewitter der Nacht getobt, im Licht des neuen Tages anzusehen. Das Landschaftsbild, das an diesem herrlich frischen, klaren Morgen vom Licht der ersten Morgensonne übergossen, vor mir lag, war über alle Begriffe erhaben, einzigartig und weitaus das großartigste, das ich bisher in den Tropen gesehen. Es war, wie wenn die Phantasie eines begnadeten Malers auf einem einzigen Bilde Dinge vereinigt hätte, die man sich in einer Landschaft nur schwer nebeneinander denken kann. Denn wo gäbe es etwas ähnliches zum zweiten Male auf der Welt! Eine fast unberührte Meeresküste mit all ihrer wilden Schönheit, mit reizvollem Wechsel von Dünen und brandungsumtobten Felsen, gleich dahinter majestätischer tropischer Urwald mit seinem überwältigenden Reichtum an Formen, und dann, über dunklen Waldbergen, da und dort unterbrochen von hohen Felswänden mit silbrigen Wasserfällen, fast greifbar nahe, eine Hochgebirgswelt in der Ausdehnung von zwanzig und mehr Kilometern, mit all ihrer bizarren Schönheit, ihren scharfen Graten, Zinnen und Zacken und furchtbaren Abstürzen, ihren schimmernden Firn- und Schneefeldern! Was ich bisher von Schneebergen im Rahmen einer tropischen Landschaft gesehen, hatte sich mir zwar unvergeßlich eingeprägt, wie der schneegekrönte Vulkan Tolima mit seinem wundervollen Ebenmaß oder die majestätische Firn- und Gletscherwelt des Huila, aber keines von diesen Bildern konnte sich für meine Begriffe mit dem messen, welches an diesem Punkt der karibischen Küste das Nebeneinander von Meer, von tropischem Urwald und ewigem Schnee geschaffen hat.

So sehr auch dies herrliche Landschaftsbild zu Streifen durch die Urwälder einlud, es war keine reine Freude, dort einzudringen. Das sollte ich bald merken, als ich mich bemühte, den vermuteten Beständen von Nutzhölzern auf die Spur zu kommen; denn kein Schritt in diese Wildnis war möglich, bei dem man nicht Wolken von blutdürstigen Moskitos aus ihren Verstecken aufscheuchte. Bei näherem Zusehen begriff ich aber, daß es gar nicht anders sein konnte:

Das dem Meere zunächst gelegene Flachland zwischen den Flüssen Mendiguaca und Guachaca war in einer Breite von einigen hundert Metern als das Erzeugnis von Wind und Wogen zu erkennen, niedrige Dünen und hinter jeder von ihnen Lagunen mit brackigem braunen Wasser und unheimliche Flachmoore mit den vermoderten Resten eines seltsamen Sumpfwaldes. In den düsteren Dschungeln dieser ganz unzugänglichen Sümpfe mischten sich die bizarren Gewächse des Strandwaldes mit krüppelhaften Chingalé-Palmen und Beständen des „Corcho" (Pterocarpus draco), die mich durch die geradezu abenteuerliche Gestaltung ihrer Wurzelbildung verblüfften. An einem dieser Monstra, das auf etwas festerem Boden stand, versuchte ich dieses Wurzellabyrinth mit den Augen zu entwirren. Es war wohl das phantastischste Gebilde dieser Art, das ich bis dahin gesehen. Am treffendsten wäre noch der Vergleich mit einem aus der Erde quellenden Riesensprudel, der in seinen Bewegungen erstarrt ist. (Abb. 2.) Wie merkwürdig waren diese dünnen großen Fächer, in denen sich die Strebepfeilerwurzeln fortsetzten, manchmal unmittelbar am Stamm, manchmal weit vom Baume unvermittelt aus dem Boden wieder auftauchend, förmlich hervorsprudelnd, um wieder zu verschwinden und dann nochmals an der Oberfläche wieder zu erscheinen! Den Versuch, das Pflanzenungetüm zu zeichnen, mußte ich mit einem Massenangriff der geflügelten Quälgeister dieses Urwaldmoores büßen. Das von Algen grünüberzogene Wasser dieser Sümpfe war die Brutstätte von Myriaden von Moskitos, die den Aufenthalt für Mensch und Vieh, selbst noch in unmittelbarer Nähe des Meeres fast unmöglich machten. Tag und Nacht schwelten, jetzt zur Regenzeit, in den offenen Ranchos der Hacienda die Feuer, deren Rauch diese Quälgeister vertreiben sollte. Selbst am helllichten Tage wurde man hier von den tückischen Anopheles-Mücken gepeinigt. Das Aussehen der Menschen, die in den Ranchos hausten, war zum Erbarmen. Aus den gelben, abgezehrten Gesichtern sah das Fieber. Auch die Tiere litten sichtbar unter der furchtbaren Mückenplage und standen teilnahmslos um die Ranchos, als hofften sie, daß ihnen der Rauch die Quälgeister verscheuche.

Schon am ersten Tage hatten meine Begleiter von den Wäldern am Rio Mendiguaca und ihren Moskitos genug und ritten von dannen, mich meinem Schicksal überlassend. Dazu gestaltete sich das Wetter immer unerfreulicher. Kein Tag verging ohne schwere Gewitter, die von langanhaltenden Regen gefolgt waren und den Aufenthalt außerhalb der moskitoverseuchten Häuser unmöglich machten. Da ich außerdem die erhofften großen Bestände von Mahagoni und Cedro nicht gefunden, und keine Lust hatte, mich länger als unbedingt nötig von den Stechmücken mißhandeln zu lassen, so räumte auch ich diesen am dritten Tage das Feld. In zwei Tagemärschen ritt ich diesmal nach Bonda zurück, wo ich glücklicherweise ein Lastautomobil fand, das mich und meine Sachen im strömenden Regen nach Santa Marta zurückbrachte.

Der Rio Mendiguaca hatte mir alles in allem bei meinem ersten Besuch gerade keinen freundlichen Empfang bereitet. Der Hauptgewinn, den ich auf diesem Ausflug buchen konnte, das waren die kurzen Augenblicke, am ersten Morgen nach meiner Ankunft, wo ich vom Meere aus diesen unvergeßlichen Ausblick auf die Schneekette der Sierra Nevada hatte, der so wenig Menschen vergönnt ist.

Zwei weitere Dienstreisen mit Arbeiten wirtschaftlicher und topographischer Art boten mir dann die Möglichkeit, auch die höhergelegenen Urwälder an der oberen Grenze des heißen Landes kennen zu lernen, durch die der Rio Mendiguaca als ungestümer Gebirgsbach eilt, ehe er in die heiße Ebene eintritt. Die erste von diesen trat ich, wieder in Gemeinschaft meiner Begleiter von damals, Ende März, zu jener im Gebirge schönsten Jahreszeit an, in der die Pflanzenwelt des Bergwaldes sich zu neuem Blühen anschickt, die Unzuträglichkeiten der Regenzeit aber noch nicht derartige sind, daß sie die Genüsse einer solchen Reise beeinträchtigen.

Den ersten Anmarsch bis Bonda und ein gutes Stück darüber hinaus kannte ich bereits. Wo sich der Trockenbusch mit der Vegetation des Regenwaldes mischte, verriet reiches Blühen von Baum und Strauch, daß in der Natur bereits der Frühling eingekehrt war, während bei Santa Marta noch winterliche Dürre und Trockenheit herrschte. Die zarten weißen Schmetterlingsblüten der Dalbergia Brownei erfüllten den Wald mit köstlichem Wohlgeruch. Aus dem ständig dichter und schattiger werdenden Laubgewirr leuchteten wie lodernde Fackeln die scharlachroten, großen Blütenköpfe des Arrizal (Brownea coccinea). Es war ein prächtiger Regenwald, in den wir eintraten, als wir vor Donama, immerfort steigend, vom Wege nach Guachaca abbogen. Hier machte uns unser Führer auf einen mächtigen, am Wege liegenden Urgesteinsblock, den Indianerstein, aufmerksam, dessen guterhaltener, allerdings von Moos bedeckter reicher Skulpturenschmuck auf die früheren Bewohner von Bonda zurückgeführt wird. Donama ist einer der letzten Reste der früheren französischen Siedlungsunternehmen am Nordhang der Sierra Nevada. Das Haus der Pflanzung wird noch von einem Mayordomo bewohnt, aber die Pflanzungen machen den Eindruck des Verfalls. Die Laubbäume des umliegenden Urwaldes sind in siegreichem Vordringen gegen die Kaffeesträucher und die hohen Aguacate-Bäume der Hacienda. Gleich hinter Donama kamen wir in ein Gebiet, in dem unbestritten der Urwald herrschte. Am Rio Piedras, den wir in einem wundervollen, romantischen Tale

Abb. 2. Pterocarpus draco am Rio Mendiguaca.

querten, marschierten wir durch große geschlossene Bestände der verschrobenen „Guayabo de Piedra“ (Psidiopsis Moritziana), übervoll von zierlichen, epiphytischen Orchideen. Siedler aus dem Innern Columbiens, aus Antioquia, hatten am Rio Piedras, in ständigem Kampf mit dem Fieber, mit dem Versuch begonnen, dem Urwalde Boden für Zuckerrohrkulturen abzugewinnen. Frauen und Mädchen, die durch edlere Züge die reine spanische Rasse verrieten, bearbeiteten geräuschvoll auf den Steinen des Flußbettes ihre Wäsche und tauchten kichernd und schreiend unter, als überraschend unsere Kavalkade nahte. Dann begann der Anstieg nach der Finca Medellin und den ihr benachbarten Kaffeepflanzungen der Deutschen Togogesellschaft, die zu besuchen mir leider die Zeit mangelte. Es ist ein ermüdendes Steigen auf langem Bergrücken über stark verwittertes Urgestein, ein anstrengender Marsch für die Tiere; der Reiter aber wird für die Mühsal des Kletterns entschädigt durch herrliche Ausblicke in tiefe, von den Laubmassen jungfräulichen Waldes erfüllte Schluchten mit rauschenden Gebirgsbächen, die dem Rio Piedras zueilen. Überall war der Pfad von kleinen kristallklaren Rinnsalen durchschnitten, die gleich hinter dem Wege in rauschenden Wasserfällen in die Tiefe stürzten. Herrlichste Urwaldvegetation überall, wohin das Auge reicht, und vor allem eine erstaunliche Menge von graziösen Palmen, der zierlichen hochragenden Maquenque und der stacheligen „Macana“, den Arhuacos geheiligt durch ihr zu rituellen Gegenständen verarbeitetes, hartes Holz. Im „Boqueron“ erreichten wir die höchste bei etwa 1200 m gelegene Stelle des Weges. Dieser Punkt, von Santa Marta 40 km entfernt, hatte oft meine Aufmerksamkeit auf sich gelenkt, wenn ich von der Stadt aus versuchte, mich mit der Topographie im Wirrwarr der Hänge nördlich von der Horqueta vertraut zu machen. Es sind nur wenige Tage, an denen hier nicht, spätestens um die Mittagsstunde, weiße, zerrissene Wolken von stürmischen östlichen Winden über den Sattel in die westlich gelegenen Täler hinuntergejagt werden. Vom Boqueron abwärts führte uns dann ein gut trassierter Weg nach der Kaffeepflanzung Medellin, in deren Umgebung mich topographische Arbeiten für einige köstliche Tage festhielten.

Die gutgehaltene Kaffeepflanzung fügte sich harmonisch in das wundervolle Landschaftsbild ein. Kaum ein Nachmittag, an dem nicht aus den fieberverseuchten, heißen Tiefen an der Mündung des Rio Mendiguaca im Norden, die Wolkenschwaden emporjagten und die mächtigen Baumriesen silhouettenhaft aus dem Einerlei des Waldes heraushoben. Dann sahen die langen, flaschenförmigen, in Mengen von den Ästen herunterhängenden Nester der „Oropendulas“, der possierlichen, rabengroßen Beutelsperlinge, wie im Winde pendelnde, phantastische Riesenfrüchte aus. Im Urwalde am Rio Mendiguaca gab es wieder herrliche neue Pflanzenbilder. Da leuchtete weithin auf den Bäumen die Guzmania monostachya, die glänzendste der epiphytischen Bromeliaceen, deren bunter Blütenstand in seinem obersten Teil in brennendem Scharlachrot prangt. Im Niederwuchse stand die herrliche „Carauta" (Pithecolobium Vahlianum) in voller Blüte. Ihre sonderbaren caulifloren Blütenstände, dichte Büschel karminrot leuchtender Seidenquasten, legten sich wie farbige Ringe, unmittelbar über dem Boden beginnend, um Stamm und Äste. (Taf. 3 Abb. 5.) Sammetschwarze Schwalbenschwänze mit smaragdgrünen und karminroten Schillerflecken schwebten an diesen duftenden Blütenbäumen auf und nieder.

In keinem Teil der Sierra Nevada sah ich die Macána-Palme (Guilielma) in solchen Mengen, wie hier. An ihren stacheligen Stämmchen klebten da und dort wie riesige Anschwellungen die großen schwarzen Nester äußerst bissiger Ameisen, die ihren Bauten kaum einen geschützteren Platz geben konnten, als zwischen den langen, nadelscharfen schwarzen Stacheln der Palmen. Der Wald am Rio Mendiguaca überraschte übrigens dadurch, daß trotz der geringen absoluten Höhe von etwa 800 m, bereits Charakterpflanzen der höheren Regionen, wie der Encenillo (Weinmannia) und die prächtige Palma real (Dictyocarium), an seinem Aufbau teilhatten — eines von den vielen Rätseln, welche die Sierra Nevada dem Pflanzengeographen aufgibt, möglicherweise im Zusammenhange mit den geologischen Vorgängen, denen das Gebirge seine Entstehung verdankt.

Leider waren mir durch andere Arbeiten die Tage genau vorgezählt, die mir in diesen wundervollen Urwäldern zur Verfügung standen, und so mußte ich nach dem heißen Santa Marta zurück, kaum daß ich einen flüchtigen Eindruck von diesen zauberhaften Wäldern gewonnen hatte. Ich hätte hier Wochen und Monate zubringen mögen, die für mich zu einem köstlichen Ferienaufenthalt geworden wären. Allerdings, die auch hier oben im Bergwalde herrschende furchtbare Sandfliegenplage wäre vielleicht nicht nach jedermanns Geschmack gewesen. Doch ich war durch meine Arbeiten in der Bananenzone überaus anspruchslos geworden und gegen derartige Kleinigkeiten, wie Sandfliegen, völlig abgestumpft. Jede Abwechselung, die mich aus der heißen Tiefebene herausführte, ob mit oder ohne Mückenplage, sah ich als Erholung an.

Eine dritte Expedition nach dem Idyll im Bergwalde fiel mitten in die ärgste Regenzeit hinein. Sie brachte zudem einen der so gefürchteten Zusammenstöße mit den Wespen der tropischen Wälder. Ich erwischte bei dieser Gelegenheit zwar nur einen Stich, aber der genügte. Mein Kopf und mein Hals waren derartig geschwollen, daß ich zwei Tage lang kaum aus den Augen sehen konnte und stark erhöhte Temperatur hatte. So nahm ich, wenn auch vom Sumpffieber verschont, doch noch von meinem letzten Besuch einen Denkzettel an die Urwälder des Rio Mendiguaca mit.

X. Kapitel.

Zum ersten Male bei den Indianern der Sierra Nevada.

Wieder einmal tobte in Santa Marta der Nordostpassat wie ein Orkan, jagte Staubwolken vor sich her, rüttelte an den Häusern und zwang, die Türen der Ostseite geschlossen zu halten und tagsüber bei künstlichem Licht zu arbeiten. In den Windpausen herrschte lähmende Glut. Es war in den letzten Tagen des Januar — ausdörrende Trockenzeit —, und ich war froh, als ich einen Auftrag erhielt, der für eine halbe Woche Erlösung aus dem Backofen der Ebene versprach und Arbeiten in den kühleren Regionen des Bergwaldes in Aussicht stellte. Diesmal galt meine Arbeit dem Rio Frio, dessen Quellgebiet zu den wenigst bekannten in der Sierra Nevada gehört, überhaupt fast nie betreten worden ist, auch von den Indianern wohl kaum, trotzdem aber von angeblichen Sachverständigen für eine Besiedlung mit europäischen Kolonisten in Aussicht genommen war. Die höheren Regionen dieses Flusses, zunächst einmal die leichter erreichbaren, kennen zu lernen, war darum für mich von besonderem Interesse.

Schon als ich auf meiner ersten Bahnfahrt durch die Bananenzone den Rio Frio bei dem Orte gleichen Namens zum ersten Male kreuzte, hatte der hier fast bis an die Bahn vorgeschobene, waldbedeckte Höhenzug der Sierra Nevada mit seinen herrlichen Landschaftsbildern gar zu verlockend heruntergegrüßt. Jetzt sollte ich ihn kennenlernen. — Die später gewonnenen Eindrücke waren dann so nachhaltige, daß ich die Expedition mit ganz besonderer Freude wiederholte, als Ergänzungsarbeiten meiner ersten Forschungen nötig wurden. Als ich damals, zur Vorbereitung der ersten Expedition in dieses kaum betretene Gebiet, in Rio Frio eintraf, befand ich mich infolge vorhergegangener Arbeiten im heißen Lande in einem Zustande völliger Erschöpfung, etwa so wie eine Mula, der man zuviel Ladung aufgebürdet hat, und die trotz aller Stockschläge einfach streikt. So brennend ich mich nun auch danach sehnte, aus der Ebene herauszukommen, so mußte ich doch meine Ungeduld abermals zügeln; denn auch hier waren es wieder die leidigen Schwierigkeiten bei der Beschaffung von Bestias, die fast noch im letzten Augenblicke meine Pläne zum Scheitern gebracht hätten. Endlich hatte ich zu einem, selbst für columbianische Verhältnisse erstaunlichen Preise ein recht wenig vertrauenerweckendes Reittier, einen Lastesel und den dazugehörigen Arriero aufgetrieben. Die Gesamtkosten dieser Expedition hätten gereicht, um damit eine Reise durch ganz Mitteleuropa in der ersten Klasse machen zu können. Was ich aber in der Folge von den Wegeverhältnissen am Aufstiege zu sehen bekam, machte mir die horrenden Forderungen begreiflich, welche die Besitzer der Tiere stellten.

Nach einem langen Marsch durch Pflanzungsgelände fing ganz unvermittelt der Anstieg auf diesem endlos erscheinenden Urgesteinsrücken an, der sich wie ein langes Vorgebirge in das Bananenmeer hineinschiebt. Es ist der einzige Zugangsweg von Rio Frio nach dem Tal des Flusses, einer von den uralten Indianerpfaden, mit ihrer nicht endenwollenden Folge von Auf und Ab. Man hatte mir schon im Orte gesagt, daß es auf diesem ganzen langen, ausgedörrten, verbrannten Filo während vieler Stunden keinen Tropfen Wasser gäbe. Die Tiere blieben mit fliegenden Flanken alle Augenblicke stehen, kaum, daß sie eine Entfernung von Steinwurfweite zurückgelegt. Sie brauchten mehr Zeit zum Verschnaufen, als zum Klettern. Ich hatte längst darauf verzichtet, im Sattel zu bleiben, und auch, als ich mein Pferdchen am Lasso hinter mir herzerrte, selbst schweißgebadet, mit keuchenden Lungen und heftig klopfendem Herzen, war kaum etwas gebessert. Das einzige Reittier, das ich nach langem Suchen in Rio Frio aufgetrieben, war den ihm zugemuteten Kletterkunststücken nicht gewachsen und erwies sich sogar ohne Reiter als völlig unfähig, diesen Anstieg zu nehmen. Ich hätte besser daran getan, ganz auf dieses Beförderungsmittel zu verzichten. Nun aber war es zu spät, und ich mußte sehen, wie ich weiterkam. Dieser Weg war allerdings einer der schlimmsten und halsbrecherischsten, die ich je im Gebirge Columbiens betreten, und erforderte größte Vorsicht, wollte man sein Reittier nicht verlieren. Die steilen, stark zerklüfteten Felsen waren derart von der unbarmherzigen Sonne durchglüht, daß man sie kaum mit der Hand berühren konnte. Ich spürte die Hitze durch die Stiefelsohlen durch, als ob ich auf einer glühenden Herdplatte marschierte. Und dennoch, überall stand beiderseits des Weges auf der kümmerlichen Grusdecke der steilen Hänge fast gänzlich entlaubter, schattenloser Buschwald, in allen seinen Vertretern, Bäumen, Sträuchern und Kräutern dieser wüstenartigen Dürre angepaßt. Einer der hier stehenden Bäume, die „Vichá“ (Astronium graveolens) ließ dem spärlichen Laub, das sich da und dort an den Zweigen zeigte, einen starken aromatischen Geruch entströmen. Dieser ganze trostlose Busch duftete danach. Alle Bäume waren krüppelig, niedrig, bizarr. Am auffallendsten schien mir die Art, wie die Ceiba, dieser weitverbreiteten Tropenkosmopolit, sich der extremen Trockenheit angepaßt hatte. Dieser Baum, in den feuchtheißen Regenwäldern der Tiefebene durch das Ebenmaß seiner gewaltigen Stämme und seine hoch ansetzenden Brettwurzeln eine der imponierendsten Erscheinungen, hatte sich hier, unter völlig anderen Verhältnissen in einen mißgestalteten grotesken Zwerg verwandelt. Die unförmlich zu dicken, bauchigen Flaschen aufgetriebenen Stämme vermochten trotz des in ihnen aufgespeicherten Saftvorrates, nur eine kümmerliche, verkrüppelte Krone zu entwickeln, die in argem Mißverhältnis zu ihrem Unterbau stand.

Nicht einmal diesen armen Busch hatten die Menschen in Ruhe gelassen. Statt sich dessen zu freuen, daß er wenigstens während einiger Monate der Regenzeit spärlichen Schatten spendete, hatten die Passanten auch an diese kümmerlichen Vegetationsüberbleibsel, einfach aus schlechter Angewohnheit heraus, Feuer angelegt. Von rechts und links zogen sich an den steilen Hängen dieses endlos langen Filos die schwarzen Flecken der Buschbrände in den dünnen Wald hinein. Es war ein unsagbar trostloses Bild, dessen bloßer Anblick schon Durstgefühl verursachte. Endlich, um die Mittagsstunde, kamen wir an zwei kleine Schluchten, in denen sich als letzter Rest aus der rücksichtslosen Zerstörung des Waldes noch ein kümmerlicher Buschstreifen mit einigen großen Caracolí-Bäumen gerettet hatte. Hier rieselten noch zwei winzige Rinnsale, gerade ausreichend, Menschen und Tiere etwas zu erfrischen, ehe die zweite und steilste Strecke des Anstieges begann. Eine etwas größere Karawane hätte wohl mit diesem geringen Wasservorrat aufgeräumt. Während bisher dürrer Trockenwald mit vereinzelten Macondos, der im wesentlichen wohl niemals sehr viel anders ausgesehen haben mochte, dem Filo das Gepräge gab, zeigten sich nunmehr immer häufiger die Pflanzen des Regenwaldes. Aber freilich, was für verkümmerte Vertreter der Waldflora waren das auf diesen dürren Hängen! Die Reste mächtiger Stubben zeigten deutlich, daß hier ehedem stattlicher Hochwald gestanden, ehe einige ganz Schlaue auf den Gedanken gekommen waren, hier oben Pflanzungen, ja sogar Cafetales, anzulegen. Das Fiasko konnte nicht ausbleiben und übertraf alle Erwartungen. Auf dem zweiten, etwa 700 m hohen, beiderseits jäh abfallenden Teil des Filos, dem „Cerro del Mico", standen noch einige Ranchos, ein Teil davon verlassen und verfallen, inmitten eines wüsten Rastrojos, den ihre Besitzer beschönigend als Pflanzung bezeichneten. Einige halbverdurstete gelbe Kaffeebäumchen waren noch am Leben geblieben, die letzten Opfer eines aussichtslosen Kampfes gegen Dürre und

Wasserlosigkeit, die der Vernichtung des Waldes wohl unmittelbar gefolgt waren. Die schlimmste Folge dieser von vornherein zum Tode verurteilten Pflanzungsunternehmen war die fast völlige Austrocknung des Guaymaro-Tales, dessen Sohle tief unter uns rechts vom Wege sich hinzog. Der letzte Rest von Wasser in diesem tief eingeschnittenen Tale entsprang einem kleinen Einzugsgebiet ganz oben am Ende der Kahlschläge, wo noch einige Fetzen des früheren Hochwaldes der Zerstörung entgangen waren. Das Verhältnis der vorhandenen, geringen Mengen fließenden Wassers zu der Ausdehnung des noch erhaltenen Urwaldstückchens mit Humusboden ließ einen annähernden Rückschluß zu auf die ehemalige, weit reichlichere Wasserführung des Tales in den Zeiten, als alle Hänge noch von jungfräulichem Walde dicht bedeckt waren. Das Tal der Quebrada del Guaymaro ist eins der sprechendsten Beispiele für die verhängnisvollen Folgen der Waldverwüstung. Ich hatte das ja bereits bei früheren Untersuchungen der Möglichkeiten für Anlage einer Talsperre gesehen.

Auf dem Cerro del Mico fand ich in einem kleinen Rancho zwei Quadratmeter Platz für mein Feldbett. Wasser zum Trinken und Kochen mußte von weither geholt werden. Die Leute, die es brachten, hatten es einem kleinen Quell tief unten im Tal entnommen. Während der Regenzeit ersparen sie sich diesen Weg, da dann die unter den Dachrändern aufgestellten Regentonnen genügend Wasser liefern. An einer anderen Stelle des Filos, an der eine unmerkliche Vertiefung wohl noch etwas Bodenfeuchtigkeit bergen mochte, standen einige dicht belaubte Zitronenbäume, voll der herrlichsten großen Früchte. Auf meine Frage, ob sich ein Verkauf dieser Zitronen nach Ciénaga oder Santa Marta nicht lohne, wo diese Früchte eine große Kostbarkeit sind, wurde mir der Bescheid, daß die Höhe der Transportkosten jeden Nutzen aus dem Verkauf unmöglich machen würde. Diese Auskunft, die ja auch im Einklang stand mit meinen eigenen Erfahrungen, war immerhin lehrreich im Hinblick auf die Rentabilität der Kolonisationsprojekte für das Tal des Rio Frio, von dessen Zugangsweg ich das erste Drittel zurückgelegt hatte.

Da mich der erste Tag meines Marsches darüber belehrt hatte, daß mein Reittier gänzlich unbrauchbar war, sah ich mich auf dem Cerro del Mico nach einem geeigneteren um. Don Modesto Correa, ein unternehmender junger Mann aus Ciénaga — seine Familie war aus Curaçao eingewandert —, der auf dem Cerro ein Erholungsheim besaß, half mir mit einer starken Mula aus. Auch einen leistungsfähigeren Lastesel konnte ich hier noch mieten, so daß ich Aussicht hatte, mit dem noch vor mir liegenden Teil des Aufstieges fertig zu werden. Dieser Aufstieg war zum Teil weit steiler, er hatte aber die große Annehmlichkeit, daß wir von nun ab meist im tiefen Schatten klettern konnten. Die neugemieteten Tiere machten ihre Sache brav und kletterten vorzüglich, obwohl die hier oben stets reichlicher fallenden Niederschläge den lehmigen Boden stellenweise so glatt machten, als sei er mit einer Seifenschicht bedeckt. Der nun mit jedem Schritt frischer und üppiger werdende Pflanzenwuchs bot dem Auge immer neue wechselvolle Genüsse. Zwei Bäume des Unterholzes, eine Heliocarpus-Art, mit ihren rötlichen Fruchtständen wie eine riesige rotblonde Perücke wirkend, und der „Sangre de Drago", eine Croton-Art mit weißer Unterseite der Blätter, brachten einen wirkungsvollen Wechsel in das Einerlei der dunkelgrünen Laubmassen. Als wir bei etwa 1000 m die letzten duftenden Caracolís hinter uns ließen, waren wir im eigentlichen Bergwald mit seinen Baumfarnen, seiner reichen Palmenflora und der Vielgestaltigkeit seiner Hartlaubbäume. Am Rande der Lichtungen und Wege rankte mit seinen glänzenden Blüten der wunderschöne Siphocampylos lilacinus, aus der Verwandtschaft der Glockenblumen. Er reichte bis in die höchsten Kronen, von denen er dann in förmlichen karminpurpurn leuchtenden Kaskaden herabfiel. Noch weit schöner als dieser war der Siphocampylus convolvulaceus mit scharlachroten Blumen, der allerdings viel spärlicher auftrat. Auch im Halbdämmer des Unterholzes gab es viele einzigartige Erscheinungen der Pflanzenwelt, die nur in diesen hochgelegenen, ewig feuchten Nebelwäldern zu finden sind. Ein starker Duft, wie von Teerosen, veranlaßte mich, nach oben zu sehen, und dabei entdeckte ich, daß er dem häufigsten Baume des Niederwuchses, einer Lecytis mit derben weißen, rosarot überhauchten Blüten entströmte. Für Augenblicke hatte ich die Illusion, als befände ich mich in einem sommerlichen Rosengarten der Heimat. Stundenlang stiegen wir so durch diese duftenden, feuchten, schattigen Wälder. Seltsame süße Blütengerüche scheinen überhaupt zu den besonderen Merkmalen des Bergwaldes dieser Gegenden zu gehören. Als ich ein halbes Jahr später meinen Besuch wiederholte, waren es ganz andere Pflanzen, welche die Räume des Waldes mit ihren Wohlgerüchen erfüllten, die „Azucena", eine baumartige Rubiacee mit Büscheln großer schneeweißer Blüten, der „Turumuto", eine zierliche Palme des Unterholzes, deren Duft bis auf eine Entfernung von hundert Schritten reichte und viele andere Bäume und Sträucher mehr.

Wir waren inzwischen bis auf etwa 1500 m Höhe gestiegen und damit in einem Gebiet, das mir eine solche Fülle von Palmen in reizvoller Mannigfaltigkeit der Formen zeigte, wie ich sie bisher auf meinen Reisen durch die Wälder der Tropen noch nie gesehen. Auf weite Strecken hin wurde das Unterholz gebildet von zierlichen Zwergpalmen, meist Geonoma-Arten, dem Rabo de Gallo, der Cananá, der stachligen Macana (Guilielma), zu denen dann in Beständen von seltener Schönheit die wundervollen schlanken Maquenques (Euterpe Carsteniana) traten, die immer wieder von neuem durch die Grazie ihrer kerzengeraden, schlanken Stämme und die Zierlichkeit ihrer Fiederkronen entzückten. Dazu kam in ständig zunehmender Menge und in einzig schönen Exemplaren das mir bereits von den Nebelwäldern am Alto San Lorenzo her bekannte Dictyocarium mit seinen riesigen Fiederblättern. (Taf. 4 Abb. 7 u. 8.) Diese königlichen Palmen ragten mit ihren Kronen vielfach über die anderen Waldbäume hinaus. Unter den Palmen des Bergwaldes (Taf. 3 Abb. 6) hob sich durch ihre sonderbare Färbung die reizende „Palma colorada", Euterpe purpurea, ab. Der zierlich geringelte Stamm und die Rippen der Blätter waren prächtig mahagonibraun und wie poliert; dazu kam die seltsame Schönheit der elfenbeinweißen Fruchtkolben mit den rosaroten Blüten. Auf fast allen höheren Palmen, aber auch den anderen Bäumen, hatten sich bunte Bromeliaceen in großer Menge angesiedelt, besonders eine prächtige Tillandsia mit karminroten, hängenden Blütenschäften und blauen Blumen. Orchideen waren verhältnismäßig zahlreich. Von diesen war die seltene Chondrorhyncha Lipscombiae mit großen weißen Blüten und der veilchenblau gerandeten Lippe sicherlich die schönste. Die Farnkräuter, besonders die zarten Hymenophyllen, saßen auf manchen Bäumen in dichten Polstern oder hüllten Stämme und Gezweig restlos ein.

Nachdem wir in steilen Serpentinen bis 1600 m ständig gestiegen waren, standen wir plötzlich auf einer freigeschlagenen Stelle des nach beiden Seiten steil abfallenden Rückens, von der wir nach Nordwesten und Westen einen unvergleichlichen Fernblick hatten. Da lag zu unseren Füßen, mit den Kronen des Urwaldes als Vordergrund, die hellgrüne Bananenebene und ihre Ortschaften, dahinter, von düsteren Mangrovewaldungen gesäumt und durchzogen, das ungeheure Wasserlabyrinth der Ciénaga Grande, rechts von ihr, nur durch die lange schmale Nehrung getrennt, das Karibenmeer; und am fernsten Horizont schimmerte wie ein verloschener Silberstreifen der Magdalenenfluß, die große natürliche Zugangsstraße zum Innern des Landes. Auf der anderen Seite des Filos öffnete sich unter uns eine weite Lichtung, in deren Mitte unser Marschziel, die Finca San José, lag und weiter dahinter grüßte von einem entwaldeten Grat, idyllisch gelegen, das Indianerdorf San Andrés mit seinen Kegeldächern. Der Hintergrund dieses reizvollen Bildes waren die schier unermeßlichen großartigen Waldberge der Sierra Nevada, völlig unerforschtes, unwegsames Gebiet, dessen Schluchten und Steilwände dichter Urwald deckt. Erst in weiter Ferne wurde der Wald in schätzungsweise 3500 m Höhe von braunem Páramo und einigen der wildzerrissenen hellgrauen Felszacken abgelöst, die aber für unseren Standpunkt den Ausblick auf die Schneeberge noch nicht freigaben.

Der Abstieg nach dem Hause von San José über abschüssige, halb zugewachsene Potreros, auf denen noch das Vieh fehlte, führte steil nach unten, dann kreuzten wir das Felsbett eines wasserreichen Baches und stiegen zu den palmblattgedeckten Baulichkeiten der Finca hinauf. Ihren Besitzer, den Obersten Don Julio Robledo, an den ich ein Empfehlungsschreiben mitführte, fand ich nicht vor. Er war schon seit Wochen mit seinem ältesten Sohne auf Viehkauf im Süden der Sierra Nevada. Seine sympathische Familie aber, und besonders seine Mutter, eine fast neunzigjährige Greisin, die noch so rüstig war, wie eine Sechzigjährige, nahmen mich mit großer Herzlichkeit auf, als sei ich ein alter Bekannter von ihnen. Sie mochten wohl wesensverwandte Züge in dem seltenen Gaste ahnen, den das Schicksal auf oft abenteuerlichen Zügen durch ihr Land geführt hatte. Was mir der Dialekt sofort verriet, wurde mir gleich darauf durch die Mutter des Obersten bestätigt. Die Familie war aus ihrer Heimat, Antioquia, ausgewandert und nach mancherlei schweren Schicksalsschlägen in der Bergwildnis der Sierra Nevada gelandet. Diese Leute waren Columbianer, rührige, energische Antioqueños, anspruchslos, zäh und anpassungsfähig, mit allen Kniffen des Landes vertraut und standen dennoch im schwersten, fast aussichtslosen Kampf um die Existenz. Was mir die Greisin, deren Erzählungen einen durchaus glaubwürdigen Eindruck machten, über die Schicksale der Familie berichtete, klang wie ein Roman, den die Phantasie eines begabten Romanschriftstellers ersonnen. Was würde wohl, so dachte ich, das Schicksal einer deutschen Familie sein, die an dieselbe Stelle verschlagen worden wäre?

Auf den kurzen Ausflügen, deren Ausgangspunkt Don Julios Finca war, begleitete mich der kleine Ricardo, der zweitälteste Sohn des Obersten, und Eugenio, ein Ijca-Indianer aus San Sebastian. Ohne ihre Hilfe wäre es mir unmöglich gewesen, Proben der Waldbäume zu erhalten, die ich meinem Herbar einverleiben wollte. Der Rand der bereits sehr ausgedehnten Lichtung, auf der, abgesehen von den Potreros, Bananen, Mais und Yucca (M a n i h o t) gepflanzt waren, gab mir eine recht gute Vorstellung von der Zusammensetzung des prachtvollen Bergwaldes. Er war reich an Cedro (C e d r e l a), bestand aber in der Hauptsache aus den hohen „Mameicillo", einer Lorbeerart mit eichelartigen, roten und schwarzen Früchten. Überall, im Walde selbst und auf den Lichtungen, war der erstaunliche Reichtum an Palmen eines der hervorstechendsten Merkmale.

Vor allem wünschte ich, dem Indianerdorf San Andrés (Taf. 5 Abb. 9), das in der Luftlinie knapp zwei Kilometer — ich konnte die Menschen vor den

Häusern mit bloßem Auge erkennen — von San José lag, einen Besuch abzustatten. Dazu mußten wir erst wieder auf den Filo hinaufklettern, den wir nach der Finca abwärtssteigend, verlassen hatten. Der Weg, ein typischer Indianerpfad, vielleicht so alt wie die Besiedlung der Sierra Nevada durch Menschen, folgte ziemlich genau der Mitte des Filos, ein ewiges Auf und Ab, und wechselte ebenso oft die Richtung wie dieser. So steil auch die Hänge des Filos waren, so selten gab doch der Urwald durch irgendeine Lücke den Blick in die Tiefe frei. Endlich, wir waren drei Stunden auf und ab geklettert — lichtete sich der Wald und wir sahen links von uns das Indianerdorf liegen. Es lag auf einer tafelartig erweiterten Abzweigung des Grates — auf dem wir gekommen —, deren ebene Fläche knapp ein Hektar umfaßte. Die Indianer schienen sich tatsächlich den geeignetsten Platz für ihr Dorf ausgesucht zu haben; denn weit und breit gab es offenbar keinen nur annähernd gleich geeigneten. Um das etwas höhere Haus des Mama, des Medizinmannes, waren die anderen Hütten herumgruppiert. Alle diese sauber und gefällig aussehenden Bauten hatten einen kreisrunden Grundriß. Das kegelförmige Dach war mit den Wedeln des Rabo de Gallo gedeckt. Der mich begleitende Ijca-Indianer Eugenio konnte sich, wie er behauptete, nicht mit den Bewohnern verständigen. Von ihnen waren zunächst nur wenige im Orte anwesend. Es ist sehr wahrscheinlich, daß die Bewohner von San Andrés verschiedenen Stämmen der allgemein unter dem Begriff Arhuaco zusammengefaßten Indianer des Gebirges angehören. Wie ich später erfuhr, wohnte in San Andrés sogar einer der einflußreichsten Ijca-Leute, Delfin Hizquierdo aus Sircayuca bei San Sebastian. Ich hatte den Eindruck, daß die Bewohner von San Andrés alles solche Indios waren, die vor der „Zivilisation" fliehend, sich an diese schwerer zugängliche Stelle zurückgezogen hatten. Wenn nur die Hälfte von dem wahr ist, was ich über die zwischen den „Civilizados" und den armen Indianern — nach reichlicher Spendierung von Rum! — abgeschlossenen „Geschäfte" gehört habe, so kann man es den Indios nicht übelnehmen, wenn sie vor der „Zivilisation" Scheu haben und sich vor ihr soweit wie möglich zurückziehen. Wiederholt haben sich die Indianer über erlittene Übervorteilungen bei den Behörden in Santa Marta beschwert, aber mir ist kein Fall bekannt, in dem sie Recht bekommen hätten.

Leider verhielten sich die Indianer von San Andrés auf Grund ihrer mit den Weißen gemachten Erfahrungen auch mir gegenüber mißtrauisch und waren nicht dazu zu bewegen, sich von mir photographieren zu lassen. Das Dorf wurde nach und nach belebter, da die Indios von der Feldarbeit zurückkehrten, die Frauen die breiten Tragbänder ihrer Lasten vor der Stirn und beim Gehen, wie stets, mit einer Handarbeit beschäftigt. So hatten sich die Straßen allmählich mit Indianern, Männern, Frauen und Kindern in ihren malerischen Trachten gefüllt; aber mir war es nicht möglich, bei der Kürze der zur Verfügung stehenden Zeit, ein vertraulicheres Verhältnis mit ihnen anzubahnen. Immerhin war es mir vergönnt, einige der Hütten und besonders auch das Haus des Medizinmannes, ein kleines Museum der Arhuaco-Kultur, zu betreten, in welchem mir die große Sauberkeit und Ordnung vorteilhaft auffiel. Ein Ethnograph hätte sein helles Entzücken an dem Hausgerät gehabt. Zwei ältere Indios, darunter der, den ich für den Medizinmann hielt, schaukelten sich Koka kauend in ihrer Hängematte, machten aber nicht die geringsten Anstalten, mich zu unterstützen. Mit dem verbotenen Rum, wenn ich welchen bei mir gehabt hätte, wäre es vielleicht möglich gewesen, das Eis aufzutauen.

So mußte ich denn unverrichteter Dinge nach San José zurückkehren. Dafür lieferte mir mein Ausflug nach San Andrés aber wenigstens einen recht interessanten Beitrag über die Verkehrsverhältnisse in diesem Teil des Gebirges. Mir wurde an einem kleinen Beispiel klar gemacht, wie groß in der Sierra Nevada die Unterschiede zwischen Luftlinie und tatsächlicher Wegstrecke sind. Ich hatte geglaubt, in einer halben Stunde von San José nach San Andrés kommen zu können, und fast einen ganzen Vormittag hatten wir für den Weg gebraucht. Für die augenblicklichen Verkehrsbedürfnisse ist eine solche Tatsache natürlich belanglos, sie gewinnt aber sofort eine andere Bedeutung, wenn man sich denkt, daß an beiden Punkten Mitglieder einer Siedlungsgenossenschaft wohnen, die gegenseitig aufeinander angewiesen sind. Denn, darüber muß man sich klar sein, daß in diesem Teil der Sierra Nevada an die Gründung einer geschlossenen Ortschaft von weißen Ansiedlern bei der ungeheuren Zerrissenheit des Gebirges nicht gedacht werden kann. Daran ändern auch die Illusionen solcher Leute nichts, die über die Unzugänglichkeit der Sierra Nevada durch die dichte, alles überziehende Walddecke getäuscht werden. Es wird sich hier bei einer Kolonisation immer nur um Einzelsiedlungen handeln können, die weit, durch unwegsames Gelände getrennt, auseinanderliegen. Der gewichtigste Einwand, der gegen eine Kolonisation erhoben werden kann, ist aber die Unmöglichkeit, die Produkte des Ackerbaus abzusetzen. Was hat der Siedler von den Absatzmöglichkeiten für seine Erzeugnisse zu erhoffen, wenn schon vom ersten Drittel des Zugangswegs leichtverderbliche Produkte die Kosten des Transports nach Santa Marta oder gar Barranquilla nicht lohnen? Es ist fast sicher, daß die Kartoffeln oder Zwiebeln oder Gemüse, die der Pflanzer in diesem schwer zugänglichen Gebirge baut, nicht mit den weit billigeren Produkten der gleichen Art in Wettbewerb treten können, welche die Fruchtdampfer schon heute von Nordamerika nach den columbianischen Häfen am Karibenmeer bringen.

Als ich meine erste kurze Expedition in die Bergwälder des Rio Frio zum Abschluß brachte, war ich wieder um einige Erfahrungen und Kenntnisse reicher. Ich hatte abermals eine Bestätigung für die längst gewonnene Erkenntnis erhalten — und meine zweite Reise bestärkte mich in meiner Anschauung —, daß der Naturfreund zwar in der Sierra Nevada in hohem Grade auf seine Rechnung kommt, daß aber für den praktischen Landwirt, der sich an realere Gesichtspunkte halten muß, dieses fast unzugängliche, schwer zu bewirtschaftende Hochgebirge — abgesehen von dem Teil, der in erreichbarer Nähe des Hafens von Santa Marta liegt — heute ebenso wenig ein Feld der Betätigung sein kann, wie zur Zeit der Conquista.

XI. Kapitel.

Mit Goleta und Automobil nach Villa Nueva.

Zu Beginn des Jahres 1928 kündeten sich bei mir immer deutlicher die Einwirkungen jahrelanger schwerer Arbeit im tropischen Klima durch einen Zustand fast völliger Erschöpfung an, so daß mir der Arzt für längere Zeit einen Klimawechsel angeraten hatte. Da die Jahreszeit mit dem allzustarken Temperaturwechsel eine Europareise für mich nicht ratsam erscheinen ließ, blieb mir keine andere Möglichkeit als die, in dem wegen seines Klimas so sehr gepriesenen kalten Lande der nahen Sierra Nevada für längere Zeit meinen Aufenthalt zu nehmen. Ich hatte mich schon lange vorher mit ähnlichen Plänen getragen, aber meine Arbeiten waren fast durchweg solche, die mich an das heiße Tiefland fesselten. Vorstöße in so bedeutende Höhen wie die am Alto de San Lorenzo, waren mir meist auch nur deshalb möglich, weil sie keinen weiten Anmarsch bedingten, keine allzugroßen Kosten verursachten und zur Not während der Feiertage ausgeführt werden konnten. Es kam noch etwas anderes hinzu, das mich in der Ausführung meiner Reisepläne bestärkte: die Notwendigkeit, mich über die Nutzpflanzen der Sierra Nevada zu unterrichten, hatte mich dazu geführt, jede sich bietende Gelegenheit zu botanischem Sammeln zu benutzen, eine Beschäftigung, die, soweit mir überhaupt Zeit dafür blieb, natürlich nur neben meinen anderen Arbeiten hergehen konnte. Prof. Diels, der Leiter des Botanischen Museums in Dahlem, das meine Sammlungen bearbeitete, hatte, wie er mir schrieb, von jeher besonderes Interesse für die Flora dieses fast ganz isolierten Hochgebirges gehabt und hatte mir seine botanische Erforschung sehr ans Herz gelegt. Ich war aber in der Sierra Nevada bisher noch nie, auch an der Horqueta — wo mein Vorstoß in Bambusdickicht stecken geblieben war —, über 2400 m hinausgekommen. Mein Verhältnis zu den Vegetationsformationen der allerhöchsten Regionen war also bisher ein rein platonisches geblieben, und besonders vom Páramo des Hochgebirges konnte ich mir keine rechte Vorstellung machen. Nach den Angaben von Sievers mußte er in mancher Hinsicht vom Páramo der Anden stark abweichen. Auf größere Entfernungen hin aber war es, selbst mit Hilfe eines scharfen Fernglases, unmöglich, irgendeinen Anhalt über seinen Charakter zu gewinnen. Jetzt endlich sollte ich jene so selten betretenen Regionen kennen lernen. Urlaub hatte ich bereits bei dem für mich zuständigen Ministerium in Bogotá beantragt und erhalten, jetzt kam es nur noch darauf an, meine auf drei Monate veranschlagte Expedition vorzubereiten und mich nach einem geeigneten Begleiter umzusehen. Einen solchen hatte ich bald in Juan Melendez, einem jungen Mann aus San José de Costarica, gefunden. Ich hatte ihn als Bedienten meines Hôtels in Santa Marta kennengelernt, wo er mich schon wiederholt gebeten hatte, ihn als Begleiter mitzunehmen, falls ich einmal eine größere Expedition in die Sierra Nevada machen sollte. Er schien großes Interesse für Reisen zu haben und hatte im Drange, andere Länder kennen zu lernen, als Steward schon Fahrten auf peruanischen Dampfern an der Pazifischen Küste gemacht, auch an Expeditionen auf den Irasú und Chiriquí in seiner zentralamerikanischen Heimat teilgenommen. Wie er mir erzählte, war es schon während seiner Schülerzeit die liebste Beschäftigung seiner Freistunden gewesen, in der Bibliothek von San José Reisewerke und naturwissenschaftliche Bücher zu lesen. Derartige Interessen schienen mir bei einem jungen Latino-Amerikaner etwas so Seltenes, daß ich beschloß, Juan Melendez mitzunehmen. Ich habe diesen Entschluß nicht zu bereuen gehabt und sah bald, daß ich mir keinen geeigneteren Begleiter hätte aussuchen können.

Nun mußte ich mir noch über die Wahl des Weges schlüssig werden. Da ich den äußersten Süden des Gebirges noch nicht kannte, und hoffen durfte, von dort aus auf den von Simons, Sievers und Bolinder benutzten Pfaden am leichtesten bis zum Páramo und gegebenenfalls bis zur Schneekette vordringen zu können, da es mir ferner weniger darauf ankam, geographische oder geologische Entdeckungen zu machen, sondern die vertikalen Grenzen der Pflanzenformationen kennen zu lernen und ihre Wechselbeziehungen zu den meteorologischen und hydrographischen Verhältnissen des Gebirges, so wählte ich jenen bekannten Weg. Zweifelhaft war nur noch, ob ich für den Marsch in der Ebene den alten Karawanenweg Fundación—Valle de Upar wählen oder mich einer der Goletas anvertrauen sollte, welche die Verbindung auf dem Seeweg zwischen Santa Marta und Rio Hacha herstellt, um dann von dort nach Valle de Upar zu kommen. Am 15. Februar ließ ich mich mit Juan und unserem Gepäck, d. h. Zelt, Decken, Blechkoffern und Sammelgerät nach dem im Hafen von Santa Marta verankerten 25 tons großen Motorschoner „Elda" hinüberrudern. Das Deck der Goleta war voll von Passagieren, als wir über die Reling kletterten. Über 700 Lasten waren bereits an Bord verstaut, und die Ladelinie war schon unter dem Wasserspiegel verschwunden, aber immer noch kamen neue Passagiere und Lasten an. „Das kann gut werden!" dachte ich, als ich die stark überladene Nußschale sah und die hochgehenden Wogen draußen vor der Bai, die mit lautem Tosen an der Leuchtturminsel brandeten. Der Kapitän der Goleta schimpfte wie ein Rohrspatz, weil ihm der Reeder zumutete, bei dem schweren Nordostpassat mit einem so stark überladenen kleinen Fahrzeug die Reise zu wagen. Auch die Passagiere machten nicht sehr glückliche Gesichter, als der Motor sich am Nachmittag in Bewegung setzte, und das Schiffchen zwischen der Leuchtturminsel und dem Kap der Bai Kurs auf das offene Meer nahm. Sobald wir aus der engen Durchfahrt heraus waren, fing der Kahn an zu schaukeln. Zunächst war die Fahrt freilich noch einigermaßen angenehm, weil die ganz schweren Seen vorläufig noch von dem Vorgebirge abgehalten wurden, das die malerische Bai von Tanganga nach Osten begrenzt. Man merkte aber trotzdem, wie die Seekrankheit den Passagieren allmählich nach der Kehle griff. Ein junger katalanischer Kaufmann aus Barcelona, der die Fahrt mitmachte, hatte sich als angeblich unfehlbares Mittel gegen die Seekrankheit eine Zitrone in den Mund gesteckt und sah so einem der abgekochten Schweinsköpfe, wie man sie früher hier und da in den Schaufenstern der Metzgerläden sah, verzweifelt ähnlich. Wie ich später sah, hatte sich dieses Mittel nicht bewährt. Als wir aus dem Schutz des letzten Vorgebirges und der ihr vorgelagerten hohen, kahlen Felseninseln heraus waren, ging der Tanz los, und wir kamen nur sehr, sehr langsam gegen die schwere See vorwärts. Der Kapitän mochte wohl eingesehen haben, daß es unmöglich war, nachts bei diesem stürmischen Passat mit überladenem Schiffe die Küstenfahrt fortzusetzen. Deshalb gingen wir in einer vor dem Ostwind geschützten kleinen Bucht vor Anker. Aber auch hier herrschte starker Wellengang, und unser Fahrzeug zerrte ächzend an der Ankerkette. Die Seekrankheit hatte schon hier fast alle Passagiere überwältigt. Ich versuchte, in einem Deckstuhle auf der Back zu schlafen, aber das Gestöhn und Keuchen der auf Deck zusammengepferchten Seekranken ließ mich nicht dazu kommen. Um 3 Uhr in der Frühe beim dürftigen, noch durch Wolken abgeschwächten Schein der schmalen Mondsichel sollte die Fahrt fortgesetzt werden. Es war eine etwas unheimliche Reise, da wir hart unter der drohenden Felsküste gegen den Passat und den hohen Seegang nur schwer vorwärts kamen. An der ganz nahen steilen Küste brandete gegen hunderte von Felsvorsprüngen das Karibenmeer in hohen Staubfontänen. Man hatte fast den Eindruck, als ob irgendeine Strömung die Goleta gegen die Felsen trieb, und ich dachte an Poes berühmte Erzählung von der Fahrt auf dem „Maelstroem". Hier entschloß sich der Kapitän, unter Zuhilfenahme der inzwischen gesetzten Segel mit voller Kraft der viel zu kleinen Maschine weiter hinein ins offene Meer zu halten und in langen Schlägen gegen den Passat zu kreuzen. Ich hatte mich schon längst hinter den Aufbau über dem Eingang zum Mannschaftslogis gestellt, an dem ich mich festhielt. Hier in der frischen Luft und unberührt von den schrecklichen Szenen und den Geräuschen, die vom Mittel- und Achterdeck kamen, das wußte ich, würde es mir möglich sein, meine oft erprobte Seefestigkeit zu bewahren. Ab und zu tauchte das Bugspriet mit seiner ganzen Länge in die Fluten, und schwere Sturzseen gingen dann über das halbe Deck. Ich wurde trotz des Schutzes, den ich hinter meinem Deckaufbau hatte, von einigen Sturzseen vollkommen durchnäßt, aber mir schien das immer noch besser, als unter den keuchenden und wimmernden Kranken auf Deck zu liegen. So dämmerte endlich, sehnsüchtig erwartet, der Morgen herauf und machte die Lage etwas freundlicher. Ein junger Katalane, der Freund des Jünglings mit der Zitrone, lief jammernd zu allen Passagieren, soweit sie die Seekrankheit nicht vollkommen teilnahmslos gemacht, und malte ihnen unsere Situation in den düstersten Farben aus. Er hatte zufällig gehört, wie der Kapitän den Steuerleuten gegenüber seine Besorgnis geäußert hatte. Unsere braven schwarzen Steuerleute waren von einer bewundernswerten Kaltblütigkeit und Geschicklichkeit. Es schien mir wie ein Kunststück, wie sie es verstanden, beim Heranrollen einer der großen Wogen die Goleta jedesmal so zu steuern, daß die Sturzseen nicht in die Ladeluken schlagen konnten, die man, wie ich später sah, wegen allzu reichlicher Ladung nicht gehörig hatte dicht machen können. Eine einzige solcher unglücklich kommenden und nicht richtig parierten Sturzseen hätte die Goleta leicht auf den Grund des Karibenmeeres bringen können. Ich kümmerte mich um all das nicht, denn was hätte es mir geholfen, mir unnötig Gedanken über das zu machen, was ich doch nicht ändern konnte. So hatte ich stehend und mich nur an meinem Aufbau festhaltend, fast die ganze Fahrt zurückgelegt und hatte schließlich sogar Freude an der Reise, denn jetzt sah ich erst, wie prachtvoll die Karibische See in ihrer ungebändigten Wildheit war. Nie hatte ich sie so schön gesehen. Ich versuchte, nach Steuerbord blickend, Einzelheiten an Land zu erkennen, aber wir waren viel zu weit von der Küste, um mehr zu sehen, als die ab und zu aus schweren Regenwolken auftauchenden Schneezacken der Sierra Nevada. Auch das Tierleben auf dem Meere hatte ich mir reicher vorgestellt, denn nicht einmal die sonst unvermeidlichen Delphine waren zu sehen. Nur ab und zu jagten wir fliegende Fische auf, oder es segelte, im herrlichsten Rosa oder Himmelblau leuchtend, eine Physalia vorüber, das war alles. Erst gegen Abend kam wieder die Küste in Sicht, niedriges Land mit dunkler Mangrove-Vegetation und davor ein weißer Sandstreifen.

Es war schon sehr spät, neun Uhr abends vorüber, als im Südosten dicht über dem Kimm, das Leuchtfeuer von Rio Hacha auftauchte. Nun kam der letzte lange Schlag, in dem wir fast genau parallel zur Hauptrichtung der Wellen segelten. Der Wind war zwar stark abgeflaut, aber die Dünung ging hoch, und unser kleines Fahrzeug schlingerte hier ärger, als während der ganzen stürmischen Fahrt. Selbst mir war diese Schaukelei etwas unbehaglich. Ich legte mich lang auf das Dach der Schiffskombüse unter dem Fockmast, hielt mich hier fest und sah, wie die Mastspitze große Bogen gegen den klaren Sternenhimmel beschrieb. Erst um 11 Uhr ging auf offener, flacher Reede angesichts der Lichter von Rio Hacha der Anker auf den Grund, und ich glaube, es war niemand an Bord, der nicht herzlich froh darüber war. Es dauerte aber noch lange, ehe die Canoas heran waren, mit denen die Passagiere ausgebootet werden sollten. Die Ladung sollte wegen der Dunkelheit erst am folgenden Tage an Land gebracht werden. In der Canoa ging das Elend für die Seekranken von neuem an, aber jetzt war wenigstens ein Ende ihrer Leiden abzusehen. Ich hatte mich auf dieser bösen Seefahrt als vollkommen seefest erwiesen, als ich aber spät in der Nacht, es war fast 1 Uhr, an Land kam, torkelte ich förmlich, die Häuser von Rio Hacha bewegten sich vor mir, ich hatte das Empfinden, als ob ich noch auf hoher See sei, und eine schmerzende Blutleere im Gehirn peinigte mich. Dieser höchst unangenehme Zustand war erst von mir gewichen, als ich des Morgens aufwachte. So war denn auch ich, wenn auch post festum, von dieser Fahrt nicht leer ausgegangen. Juan, der alte Seefahrer vom Pacifico, gestand mir, daß er während der ganzen Fahrt bis zur Bewußtlosigkeit seekrank gewesen sei. Er schwor, diese Reise um keinen Preis nochmals machen zu wollen. Es galt nun, in dieser vorgerückten Stunde ein Unterkommen in Rio Hacha zu finden, und das war nicht so einfach. In allen „Hôtels" wurde mit großem Spektakel der Karneval gefeiert, kein erbaulicher Gedanke für Leute, die mehr als dreißig

Stunden auf der „Elda“ gewesen waren, kaum geschlafen hatten und ein unüberwindliches Ruhebedürfnis spürten. Zudem waren ja auch unsere Lasten noch nicht an Land. Ich hatte gerade erklärt, daß ich Lust hätte, mich, sowie ich da war, in den Sand zu legen, als uns zufällig in den Straßen Don Moises Henriquez, ein sehr jovialer Kaufmann aus Curaçao begegnete, der in Rio Hacha ein Almacen unterhielt. Er stellte mir und meinen Begleitern, zu denen außer Juan auch noch der Jüngling aus Barcelona mit der Zitrone und sein Freund gehörten, in liebenswürdigster und selbstlosester Weise sein Haus zur Verfügung, bot uns auch noch einen Imbiß an. Das war wirklich ein seltener Glückszufall, den wir dankbaren Herzens wahrnahmen.

Am nächsten Morgen waren wir früh auf den Beinen, denn wir hatten das inzwischen ausgeladene Gepäck aus dem Zollamt herauszuholen und uns um die Verbindungsmöglichkeiten nach Valle de Upar zu kümmern. — Heute ist die Verbindung nach dem Süden etwas einfacher als zu Sievers' Zeiten vor vierzig Jahren, wo die Wege nach dem Innern durch die, auch heute noch gefürchteten Goajiro-Indianer gesperrt waren. Auf weite Strecke ist außerdem der Weg zu einer leidlich guten Automobilstraße ausgebaut, und auch dort, wo es noch nicht soweit ist, verstehen es die Autolenker, wenigstens zur Trockenzeit, mit bewundernswertem Geschick ihre Fahrzeuge über die oft noch recht bedenklichen Pfade zu bringen.

Ich hatte nach einigem Herumfragen in Erfahrung gebracht, daß noch am selben Nachmittag ein Lastautomobil direkt nach Valle de Upar gehen sollte. Das war ein glücklicher Zufall, den ich wahrnehmen mußte. So traf ich gleich mit dem Besitzer ein Abkommen. Am Frühnachmittag sollte das Fahrzeug vor der Posada sein, in der wir uns eingerichtet hatten, um uns und unsere Sachen in Empfang zu nehmen. Die Zeit bis dahin wollte ich dazu benutzen, um den Bischof Athanasio der Kapuzinermission zu besuchen, das Haupt der Bekehrungstätigkeit unter den Indianern des Staates Magdalena. Der Bischof wohnte draußen im Osten vor der Stadt, dort, wo der schüttere Dornbusch beginnt, der für diese landschaftlich so reizlose Gegenden so bezeichnend ist. Zu meinem lebhaften Bedauern traf ich ihn nicht an. Von niemandem hätte ich bessere Auskünfte und Ratschläge bekommen können, als von ihm, galt er doch als einer der besten Kenner der Gebiete, die das Ziel meiner Reise waren. Bei dieser Gelegenheit sah ich aber wenigstens etwas von den Goajiros, diesem stolzen, wehrhaften Indianerstamm, der heute noch Herr der nach ihm benannten Halbinsel ist. Unter einer Gruppe von Akazien, an die sie ihre Pferde angebunden, hockte, finsterblickend, eine Gesellschaft dieser hochgewachsenen, stattlichen Indianer, Männer und Frauen, um ein Lagerfeuer. Auch in Rio

Hacha selbst sah ich dann noch Goajiros, die vor den Häusern der Händler große Säcke mit dem von ihnen gesammelten und immer noch sehr gesuchten Divi-Divi abluden. Die Goajiros haben, durch die Unzugänglichkeit und die der Zivilisation feindliche Natur ihrer Halbinsel begünstigt, den Columbianern von je viel zu schaffen gemacht, einer der Gründe, welche die columbianische Regierung neuerdings veranlaßt haben, eine Schwadron Kavallerie nach der Guajiro-Halbinsel zu verlegen.

Meine Freude, noch am selben Tage die Autoreise nach dem Süden antreten zu können, erwies sich leider als verfrüht; denn gerade als wir im Begriff waren, das Gepäck aus unserer Posada herauszutragen, bekam das Automobil, das schon recht wenig vertrauenerweckend aussah, beim Ankurbeln asthmatische Anfälle und setzte alle Bemühungen, es in Gang zu bringen, energischen Widerstand entgegen. Als ich den Besitzer auf Ehre und Gewissen frug, wie er sich die mehr als 150 km betragende Reise nach Valle de Upar auf diesem Automobilveteranen dächte, gab er kleinlaut zu, daß wir mit ziemlicher Sicherheit mit einigen längeren Pannen rechnen könnten. Da ich aber keine Lust hatte, mich des Nachts im Busch ungeschützt für Stunden den Angriffen der Moskitos auszusetzen oder gar an einer wasserlosen Stelle ganz sitzen zu bleiben, so verzichtete ich, nicht leichten Herzens, auf diese Möglichkeit einer direkten Autoverbindung nach Valle de Upar und zog es vor, am nächsten Tage auf dem Umweg über Villa Nueva zu reisen, da es nach dorthin mehrere Fahrgelegenheiten mit neuen, kräftigen Automobilen gab.

In Rio Hacha traf ich noch am Tage unserer Abreise, dem Samstag vor Karneval, den deutschen Kaufmann Oltmann aus Barranquilla, der von seinen Geschäftsreisen her die Ortschaften im Osten der Sierra Nevada gut zu kennen schien und mir auch das Hôtel von Doña Margot Nieto empfahl, in dem ich während meines Aufenthalts in Villa Nueva wohnen könne. Um 1 Uhr war endlich das inzwischen besorgte leistungsfähige Lastautomobil zur Stelle. Schnell waren unsere Lasten verstaut, und die Fahrt konnte losgehen, nachdem sich noch der schwarze Führer des Wagens und sein Assistent mit dem für solche Gelegenheiten nötigsten Requisit, einer großen Flasche Rum, versorgt hatten. Zunächst ging es in schneller Fahrt auf recht guter Straße durch völlig flaches, sandiges Gelände mit ödem Dornbusch, ähnlich dem der Umgebung von Santa Marta. An vielen Stellen war aber an dem in großen Rissen aufgesprungenen dunklen Alluvialboden und dichterer Buschvegetation zu erkennen, daß zur Regenzeit flache Wasserläufe und Tümpel das Einerlei unterbrachen. Einzelne große Caracolí-Bäume deuteten darauf hin, daß in etwas größerer Tiefe sogar noch Grundwasser vorhanden sein müßte. Auch die „Tara"-

Palme (C o p e r n i c i a) (Taf. 5 Abb. 10) und die „Curua“ standen an solchen Stellen in stattlichen Exemplaren. Nach und nach hob sich über den dürftigen Busch ein bewaldeter Höhenzug von etwa 400 m Höhe, die „Sierra falsa“, heraus, der letzte nordöstlichste Ausläufer der Sierra Nevada. Hier wurde die Waldvegetation, die anscheinend nach oben in richtigen Regenwald überging, üppiger. So weit ich bei der schnellen Fahrt beurteilen konnte, hatte sie Ähnlichkeit mit dem halbxerophilen Wald bei Aracataca und Fundación, doch fehlte der Macondo völlig. Bei einem kurzen Aufenthalt, den eine Ausbesserung am Wagen nötig machte, fand ich sogar in großen Exemplaren eine besonders charakteristische Pflanze des Südwesthangs, die B e l o p e r o n e b r a c t e o s a wieder. Die von den Ausläufern der Sierra Nevada kommenden Wasserläufe in dem — für dieses Gebiet charakteristischen — Kalkgestein führten alle noch Wasser. Hier zeigte sich die günstige Einwirkung des Waldes auf die Wasserführung der Bäche, trotz der Trockenheit des Klimas. Der Wald auf den niedrigen Höhenzügen war, soweit ich sehen konnte, noch überall in seiner ursprünglichen Form erhalten. In diesem Falle hatte vielleicht die Furcht vor den Goajiro-Indianern günstig auf die Erhaltung der Wälder gewirkt; denn hätten hier größere Siedlungen bestanden, so würden wohl die Wälder und mit ihnen das Wasser in den Bachläufen längst verschwunden sein. Als wir uns der Häusergruppe „El Hato“ näherten, hörte dann tatsächlich die Wasserführung in den Bächen auf. Hier begann auch wieder der öde dürre Buschwald mit Divi-Divi, hohem C e r e u s und dicken Kugelkakteen, zwischen denen magere Rinder nach den spärlichen Kräutern suchten. Eigentümlicherweise erschienen auf den Bäumen viele epiphytische Orchideen, die aber zur Zeit nicht blühten.

Die schöne Automobilstraße hörte schon vor El Hato auf, und die Fahrt ging weiter auf dem alten „Camino Real“, der zunächst zwar noch eben blieb, aber durch die vielen Windungen, die er machte, durch die Dornbäume und Sträucher, die ihn einengten, und durch große Steine, die überall an der Erdoberfläche verstreut lagen, nicht geringe Anforderungen an die Geschicklichkeit des Autolenkers stellten. In dieser sterilen Landschaft passierten wir die Orte Popayal und Barranca. Dieser Platz hatte vielleicht einstmals bessere Zeiten gesehen. Seine alte, rosa getünchte turmlose Kirche, ein Überbleibsel aus der ersten Zeit der spanischen Kolonialherrschaft, deutete durch den Gegensatz zu den ärmlichen Hütten auf Verfall hin. Es lag eine melancholische Stimmung über diesem abendlichen Bilde. Ganz im Hintergrunde durch den Dunst der heißen Ebene, weit im Osten, grüßte zum ersten Male die blaue Cordillera de los Andes herüber.

Als wir Barranca verließen, war es bereits dämmerig, und die Nacht kam schnell heran. Die Wege wurden auch holpriger und kreuzten alle Augenblicke eine der zahlreichen trockenen Rinnen, die zum Rio Rancheria verliefen. Das breite, nur wenig Wasser führende Bett dieses Flusses querten wir kurze Zeit darauf. Im blendenden Lichtkegel unserer Lampen nahmen die krüppeligen Bäume des Dornbusches abenteuerliche Formen an. Opossums und Füchse, die über den Weg schnürten, machten, vom Lichte geblendet, für Augenblicke halt; ihre Augen leuchteten phosphoreszierend durch die Nacht. Die nun etwas dichter gedrängten Ortschaften passierten wir alle bei völliger Dunkelheit. Ich hätte diese Plätze, die während der Kolonialzeit eine bedeutendere Rolle gespielt hatten als heute, gerne im Tageslicht gesehen, um mir eine Vorstellung von ihnen und der umgebenden Landschaft machen zu können. Es war bereits 7 Uhr als wir durch Fonseca fuhren, wo wir uns mit neuem Benzinvorrat versahen. Dann kamen wir durch San Juan de Cesar, wo ich an einen der Honoratioren des Ortes, Dr. Ariza, ein Empfehlungsschreiben abzugeben hatte, und einen alten Bekannten, Dr. Tovar-Daza aus Santa Marta, begrüßte, dessen Familie schon seit Generationen am Ostfuße der Sierra Nevada ansässig ist. Ich hatte zuerst noch den Plan erwogen, mit Unterstützung dieser Herren, die mich sehr liebenswürdig aufnahmen, von einem dieser Plätze aus in das Gebirge vorzudringen, mußte ihn aber bald fallen lassen, weil er mit viel zu großen Opfern an Geld und Zeit verbunden war und mir nicht das versprach, wie der Weg über San Sebastian.

In Molino, einem kleinen Ort, durch den wir dann hindurch mußten, hatte der Karneval die ganze Bewohnerschaft, Creolen und Mulatten, in einem wirbelnden Durcheinander auf der Straße versammelt. Beim roten, qualmenden Schein der Fackeln, in einer phantastischen Beleuchtung, gaben sich Männer und Weiber, über und über besudelt mit Anilinfarben, mit Leidenschaftlichkeit der Cumbiamba hin, diesem echt afrikanischen Tanz, der offenbar zugleich mit den eingeführten Negersklaven importiert wurde und im Wechsel der Zeiten derselbe geblieben ist. Die betrunkenen Zuschauer rasten vor Begeisterung und spendeten lärmenden Beifall. Eine dicke Atmosphäre, gemischt aus Staub, Rauch und dem Duft von Schweiß und schlechtem Fusel lagerte über dieser lärmenden Festversammlung, durch die wir uns mit dem Auto unseren Weg zu bahnen hatten. Dabei konnte es nicht ausbleiben, daß einige betrunkene Burschen unser Fahrzeug zum Halten brachten und mit glasigen Augen, duftend nach Rum, ihre Köpfe in das Auto hineinsteckten, um sich den „Mister" anzusehen, der da in ihren Karnevalstrubel hineingeschneit kam. Die Situation sah zunächst etwas bedenklich aus; es gelang uns aber, mit der in solchen

Fällen unerläßlichen Extradosis Ruhe, aus diesem Trubel herauszukommen und ungefährdet die Fahrt fortzusetzen.

Spät in der Nacht, es war schon 11 Uhr, hielten wir in Villa Nueva vor dem „Hôtel", das mir mein Landsmann in Rio Hacha empfohlen hatte. Der Autolenker ließ vor den Toren die Hupe ertönen, aber niemand meldete sich. Das Haus war verschlossen. Doña Margot war abwesend und mußte erst gesucht werden. Sie hatte, wie wir erfuhren, mit ihren Töchtern einen der zahlreichen „Bailes" besucht, die jetzt zur Karnevalszeit an der Tagesordnung waren. Nach einer halben Stunde erschien dann die Dame des Hauses, eine bejahrte Mulattin, mit ihren Sprößlingen, und wir konnten uns in einem der vorhandenen beiden Räume häuslich einrichten. Hätte ich allerdings geahnt, daß das „Hôtel" von Señora Nieto am kommenden Sonntag einer der Brennpunkte des Karnevals sein würde, so hätte ich mich anderswo einquartiert.

Am folgenden Morgen war es mein erstes, mich in Villa Nueva nach einer Reisegelegenheit umzusehen, denn mir lag daran, so schnell wie möglich vorwärtszukommen und keinen Tag von meiner kostbaren Zeit zu verlieren. Außerdem waren der Ort und seine Umgebung, obschon das Klima als relativ gesund gilt, nicht so verlockend, daß ich länger als unbedingt nötig dort hätte bleiben mögen, zumal in Anbetracht des Karnevals. Villa Nueva liegt weit ausgedehnt in einer dürren, reizlosen Buschlandschaft. Die Sierra Nevada im Osten und Südosten verschwand fast völlig im Dunste der Trockenzeit, dagegen bot die nahe Ostkordillere mit dem pittoresken, etwa 3000 m hohen Cerro Pintado wundervolle Ausblicke. Der in Villa Nueva ansässige Don José Manuel Martinez, an den ich ein Empfehlungsschreiben von Santa Marta mitgebracht, erzählte mir von einer Expedition nach diesem schwer zugänglichen Teil der Anden, die einige Einwohner von Villa Nueva für die nächsten Tage geplant hätten, und fragte mich, ob ich mich daran beteiligen wollte. Ich mußte diesen Vorschlag zu meinem großen Bedauern ablehnen, da ich für eine solche Expedition von meiner knapp bemessenen Zeit, die schon für die Sierra Nevada fast zu kurz war, mehr als eine Woche hätte opfern müssen. Mit Don José Manuels Hilfe war es mir aber möglich, Mulas aufzutreiben, mit denen wir, schon am nächsten Tage, über Valle de Upar direkt nach San Sebastian reisen könnten. Das war ein großer Gewinn, obwohl der für diese Recua geforderte Preis geradezu horrend war.

Im Dorfe traf ich zu meiner Überraschung eine deutsche Landsmännin, eine sympathische junge Frankfurterin, die sich in Villa Nueva mit einem Österreicher verheiratet, nachdem ihr erster Gatte dem Fieberklima der Ebene östlich von Fundación zum Opfer gefallen war. Nach ihren Erzählungen mußte sie nach dem Tode ihres Mannes ein wahres Martyrium durchgemacht haben, ehe sie ihre zweite Heirat aus ihrer schlimmen Lage befreit hatte. Mit ihrem ersten Gatten war sie vier Jahre vorher in Gesellschaft anderer Deutscher, auf die ich später noch traf, nach Columbien ausgewandert. Der Mann, bis dahin Beamter in ihrer Heimatsstadt, hatte sich mit den Verhältnissen im Deutschland der Nachkriegszeit nicht abfinden können und sich, in idealer Schwärmerei, vom ungebundenen Leben in den Tropen alles erhoffend, der Auswanderergesellschaft angeschlossen. Er ahnte gleich seinen Gefährten nichts davon, wie schrecklich nüchtern, aufreibend, entsagungsreich und hoffnungslos sich im Departamento Magdalena das Leben für den gestaltet, der ohne sichere Stellung die alte Heimat hinter sich ließ. Wochenlang pilgerten die Auswanderer, durch die Versprechungen ihres Führers getäuscht, durch die mörderische heiße Fieberebene im Süden der Sierra, um von Fundación in das Land der Verheißung zu kommen, schutzlos den Angriffen der blutdürstigen Moskitos ausgesetzt. Der Frankfurter war das erste Opfer dieses Fiaskos. Er blieb nach Streitigkeiten mit dem Führer mit Frau und Töchterchen krank in der Ebene zurück, während die anderen Kolonisten weiterzogen. Als ihn in Maria Angola der Tod von Fieberqualen und Enttäuschungen erlöste, irrte seine Witwe rat- und planlos mit ihrem Kinde durch die Ebene, keines Wortes der Landessprache mächtig, der Freundlichkeit der Bewohner vertrauend. Nur wer die Verhältnisse im Departamento Magdalena kennt, vermag das Furchtbare dieser Lage zu ermessen. Nach mancherlei Irrfahrten kam die Witwe dann nach Villa Nueva, wo sie eine Familie fand, die sich ihrer dann in großherziger Weise annahm. Hier traf sie dann auch mit dem tatkräftigen, praktischen jungen Menschen zusammen — ich lernte ihn später persönlich kennen —, der sie zu seiner Frau machte. In Villa Nueva stellten sich mir noch zwei ältere Mulattinnen als die Töchter eines Deutschen vor, der schon zu Sievers' Zeiten, also vor mehr als vierzig Jahren, im Orte ansässig gewesen und, als er vor drei Jahren gestorben war, seinen Kindern von seinem Deutschtum nichts als den Namen vererbt hatte.

Draußen, weit von dem Dorfe, genoß ich dann noch einen herrlichen Sonnenuntergang, der die gewaltige Masse des geheimnisvollen Cerro Pintado in wundervolle Farben tauchte. Fast bedauerte ich, daß ich die mir gebotene Gelegenheit ausgeschlagen hatte, diese Bergwelt kennen zu lernen. Aber dann dachte ich an die Páramos und die Schneeberge der Sierra Nevada, denen ich morgen schon näher kommen sollte.

XII. Kapitel.

Über Valle de Upar nach San Sebastian.

Es war wohl mit auf den Karneval zurückzuführen, daß die tags zuvor bestellten Mulas am Montag statt um 7 erst nach 10 Uhr vor meiner Posada erschienen. Der Arriero, der mich bis nach San Sebastian begleiten sollte, behauptete, er hätte große Schwierigkeiten gehabt, die Tiere einzufangen. Bis dann die Carga-Mulas glücklich beladen waren, wurde es 11 Uhr, so daß wir mit unserem Ritt gerade in die heißeste Tageszeit hineinkamen. Da der Arriero und der Junge, den er sich als Gehilfen mitgenommen, auch beritten waren, so konnte unsere Recua traben und wir kamen außerordentlich schnell vorwärts. Aber es war ein sehr anstrengender Ritt in der lähmenden Glut durch diesen dürren schattenlosen, doch in seiner Art großartigen, Dornbusch. Die Kandelaber-Kakteen (Cereus colombianus) erreichten hier so gewaltige Dimensionen, wie ich sie auch nur annähernd weder in der Umgebung von Santa Marta, noch im Dornbusch von Don Jaca bemerkt hatte. Das ließ jedenfalls den Schluß zu, daß die Vegetation schon sehr alt war. Auch die übrigen Bäume dieses lichten xerophilen Buschwaldes, vorwiegend Divi-Divi und Prosopis juliflora, erreichten bedeutende Größe. Offenbar hatten auch sie schon ein hohes Alter, denn — und das war das Merkwürdige an diesem dürren Busch — sie waren über und über mit wahren Riesenexemplaren von Orchideen besetzt, die leider nicht blühten, aber ihre Artzugehörigkeit (Encyclia atropurpurea und Oncidium cebolleta) leicht erkennen ließen. Es klingt fast paradox, aber dieser dürre Akazienbusch war die an epiphytischen Orchideen, der Individuenmenge nach, reichste Gegend, die ich bis dahin in Columbien gesehen hatte. Es muß in der Tat ein einzigartiger Genuß sein, zur Blütezeit der Orchideen stundenlang durch diesen Busch zu reiten, denn die Blüten der Encyclia gehören zu den ansehnlicheren und verbreiten, allerdings nur während der Vormittagsstunden, einen wundervollen starken Wohlgeruch. Dieser Busch ging an vielen Stellen, besonders in der Nähe der ausgetrockneten Bachbetten, in prachtvollen Hochwald vom Charakter des Trockenwaldes über, in dem der Carreto vorherrschte, eine ganz rätselhafte Baumart, deren Holz sehr geschätzt wird, deren Artzugehörigkeit aber nicht festzustellen war, weil ich weder blühendes Material, noch Früchte auftreiben konnte. Zu den Wasserläufen mit völlig ausgetrockneten Betten gehörte auch der Rio Cesar, den wir bald nach Mittag kreuzten. Nicht einmal an den tiefsten Stellen seines Bettes waren Spuren von Wasser anzutreffen.

Das war also derselbe Rio Cesar, der früher eine so wichtige Rolle als Verkehrsweg im Staate Magdalena gespielt hatte! Fließendes Wasser beginnt in diesem Fluß heute während der Trockenzeit erst weiter stromabwärts. Es entstammt seinen Zuflüssen, von denen wir zwei, den Rio Badillo und den Guatapurí, noch am selben Tage überschritten. In diesen beiden Flüssen rauschten reichliche Mengen schönen klaren Wassers zu Tal. Demgegenüber fällt die völlige Wasserlosigkeit des Rio Cesar selbst doppelt auf. Sie ist aber nicht wunderbar, wenn man sie mit der Menge der Ortschaften und Ranchos in Zusammenhang bringt, die gerade im Einzugsgebiete des Flusses liegen. Hier haben die Creolen mit dem Walde fast restlos aufgeräumt und damit zur Austrocknung und Verarmung der Gegend beigetragen. Vielleicht ist sogar der Rückgang von Valle de Upar, der erst neuerdings zum Stillstand kommt, damit in Zusammenhang zu bringen. Dieser Schluß liegt wenigstens nahe, wenn man die entsetzliche Kahlheit des Südhanges der Sierra Nevada sieht. Die nächste Umgebung von Valle de Upar machte allerdings auch jetzt während der Trockenzeit einen frischen Eindruck. Es ist eine Oase mitten im dürren Buschwalde. Ein vielverzweigtes Netz von Kanälen, die vom Rio Guatapurí kommen, bewässert die Pflanzungen und die sattgrünen Potreros, auf denen die Rinder fette Weide finden. Die letzte Viertelstunde vor unserem Eintreffen in Valle de Upar trabten wir im tiefen Schatten einer prächtigen Alle von hohen Caracolí-Bäumen und empfanden das als wahre Wohltat nach dem langen Marsch durch den fast schattenlosen, sonnendurchglühten Busch. Dann labten sich unsere Mulas in den klaren Fluten des Flusses und trotteten durch die Straßen der alten Conquistadorengründung. In Valle de Upar suchte ich zuerst den einzigen dort lebenden deutschen Landsmann, den Zahnarzt H., auf, der gerade eines der furchtbaren Sumpffieber überstanden hatte, durch die Valle de Upar verrufen ist. Er bot Juan und mir Obdach für die Nacht an und gab mir Empfehlungen an einige einflußreiche Persönlichkeiten im Orte mit. Zu diesen gehörte auch der junge columbianische Arzt Dr. P., in dem ich einen feingebildeten und auf dem modernsten Standpunkt der medizinischen Wissenschaft stehenden Arzt kennen lernte, wie er für das tückische Klima von Valle de Upar am Platze ist.

Wenn man den Verfall der alten Bauten aus der Kolonialzeit sieht, begreift man, was Valle de Upar vor 400 Jahren bedeutet haben mag. In der jüngsten Zeit scheint sich allmählich ein neuer Aufschwung vorzubereiten, denn auch dieser Ort hat teil an der Wiederbelebung des Handels, die der Bananenindustrie in Santa Marta zu danken ist. Auch die entfernteren Plätze im Süden und Osten der Sierra Nevada sind der

Küste durch die Santa Marta-Bahn, besonders aber durch den beginnenden Automobilverkehr, erheblich näher gerückt. Das Kraftfahrzeug hat sich, trotz der oft über alle Begriffe miserablen Wege, auch hier als der Sieger über die Mula- und Eselkarawanen erwiesen, weil es ungeachtet aller Hindernisse und Pannen die langen Durststrecken schneller überwindet. Der Ausbau des Weges in der Ebene, besonders aber der Bau von Brücken oder Wagenfähren über die Flüsse, würde diesen Aufstieg noch beschleunigen. Es sind auch Anfänge hierzu gemacht, aber es sind nur Anfänge geblieben, weil auch hier stets alles mit unzureichenden Mitteln ins Werk gesetzt wurde, und man sich immer wieder hartnäckig der Tatsache verschließt, daß eine leistungsfähige ausländische Gesellschaft die sichersten Garantien dafür bietet, daß die für solche Unternehmungen ausgeworfenen Gelder in der zweckmäßigsten Weise verwandt werden. Die Einsicht pflegt dann meist erst zu kommen, wenn größere Summen durch mangelhafte Organisation nutzlos verpulvert worden sind. — Spät in der Nacht traf von Fundación kommend, auf seiner ersten Fahrt ein neues Lastauto ein, dessen Führer sich mir als der Gatte der deutschen Landsmännin zu erkennen gab, die mir in Villa Nueva ihre Schicksale erzählt hatte. Er hatte durch Schaden am Motor langen Aufenthalt gehabt, war aber der Schwierigkeiten des Weges, den ich später noch kennenlernen sollte, Herr geworden.

Nachdem wir uns am folgenden Morgen früh von unserem Gastfreunde verabschiedet, trabten wir zwischen den alten Häusern von Valle de Upar nach Westen in den fast laublosen Trockenwald hinein, durch dessen ermüdendes Einerlei unsere Mulas nun stundenlang in derselben Richtung weitertrotteten. Die xerophilen Bäume, die diesem Walde das Gepräge gaben, waren fast durchweg die nämlichen, die ich schon aus der Umgebung von Santa Marta kannte; doch schien dieser Trockenwald noch ganz unberührt zu sein. Er zeichnete sich durch riesige Exemplare des sonderbaren Volandero (Gyrocarpus) aus, dessen bronzeglänzende Stämme und Äste dem Walde etwas Starres, Totes gaben. Das Marschieren auf dem steinigen, schattenlosen Pfade, den kein Luftzug erreichte, hatte etwas furchtbar Ermüdendes. Monoton klapperten die Schlösser an den Blechkoffern und die Hufeisen der Tiere auf den Steinen. Ab und zu klangen dazwischen die Flüche des Arrieros, wenn eine der Mulas stehen blieb und an dem halbverdorrten Krautwuchs am Wege ihren Hunger zu stillen versuchte. Sonst herrschte Totenstille in diesem Walde; die Tierwelt schien ihn zu meiden. Die einzige Ausnahme machten die munteren possierlichen Trupiale (Icterus) mit schwarzem und orangegelbem Gefieder, die zuweilen durch die Dornbüsche schlüpften. Ihre retortenförmigen Nester hatten sie geschickt in das stachlige Gezweig der „Cachitos“, der Kuhhorn-Akazien (Acacia spadicigera) verflochten, ein Platz, an dem ihre Brut vor Nachstellungen einigermaßen sicher ist, nicht wegen der mächtigen scharfen Dornen der Akazie, sondern wegen der bissigen Ameisen, die in den hohlen Dornen leben und kein Lebewesen außer den Trupialen an ihren Wohnbaum heranlassen. Nur in einigen der Wildbäche, die wir querten, fanden wir noch fließendes Wasser, das von irgendeinem Waldrest an den kahlen Hängen weiter oben herunterkommen mochte, um schließlich von der ausgedörrten Ebene aufgesaugt zu werden. Wir nahmen jede solcher Gelegenheiten wahr, unseren Durst zu stillen, Menschen und Tiere.

Um der einschläfernden Wirkung des Rittes durch diesen heißen Wald entgegenzuarbeiten, begann ich an den numerierten Pfählen der Telegraphenlinie, die dem Wege folgt, die Kilometer abzuzählen, aber diese ermüdende Monotonie schien kein Ende nehmen zu wollen. Es war 3 Uhr nachmittags, als wir vom Wege nach rechts abbogen und damit die Ebene verließen. Auf merklich ansteigendem Geröllboden, über den mächtige gerundete Urgesteinsblöcke zerstreut lagen, ging es nun aufwärts dem Gebirge zu. Auf weite Strecken behielt die Landschaft ihren trockenen, trostlosen Charakter bei. Die Vegetation bestand fast ausschließlich aus Chaparro (Curatella americana) und einer Byrsonima, niedrigen, krüppeligen Eichen nicht unähnlich. Dazwischen aber begann da und dort schon die Pflanzenwelt des unteren Bergwaldes sich mit den Chaparrales zu mischen. Es waren arme, angekohlte Bäume und Sträucher, die Überbleibsel früher vielleicht stattlichen Waldes, die der Vernichtung durch Axt und Feuer noch widerstanden hatten. Wie riesige, schwarze Tintenkleckse lagen die Flächen, auf denen die Buschfeuer gewütet, über der Landschaft. Wir waren nunmehr in dem Gebiete, in dem die Waldverwüstung größten Stiles begann und mit ihr die Austrocknung des Gebirges. Endlich am Spätnachmittag nahm uns wieder primärer Wald in seinen Schatten auf. Es war freilich auch nur der letzte Rest der früheren ausgedehnten Walddecke, die ehemals die felsigen Hänge überzogen haben mochte. Mit Genugtuung begrüßte ich hier unter den ganz Großen des Waldes einen lange vermißten alten Bekannten, den Macondo, der hier die Ostgrenze seines eng umrissenen Verbreitungsgebietes erreicht. Ringsum war diese Waldinsel von einer ausgedehnten Zone der Zerstörung eingeschlossen. Von den Laubmassen dieses Waldrestes beschattet, rieselt in seinem Felsbett ein kristallklarer Bach. Hier lag El Descanso, eine Gruppe halbverfallener Hütten am Wege und gleich dahinter am Rande der Waldinsel Tamaco, ein ärmlicher, schmutziger Rancho, in dem zwei alte, wenig appetitliche, mit Carate[4]) behaftete Negerinnen hausten. Hier machten wir — es war inzwischen 5 Uhr geworden — Rast, da es unmöglich war, noch vor Hereinbruch der Nacht einen anderen Platz zu erreichen. So mußten wir uns unter dem Palmdache des Ranchos so gut es ging, einrichten. Für den Arriero war nicht einmal der bescheidenste Bissen aufzutreiben, so daß ich ihm aus meinen eigenen, für Juan und mich berechneten Vorräten aushelfen mußte. Unter solchen Verhältnissen ist die Frage wohl berechtigt, welchen Zweck die Zerstörung des Waldes hat, wenn die ihn verdrängenden Kulturen nicht einmal in bescheidenster Weise zur Ernährung beitragen können. Ein Peon der beiden Negerinnen war bei unserer Ankunft gerade damit beschäftigt, ein weiteres Stück Waldes abzuholzen, womit er einer kleinen Quelle dicht beim Rancho den Schatten nahm. Als ich zwei Monate später, schon nach den ersten Regengüssen, hier, zurückkehrend, wieder durchkam, war der Quell versiegt.

Aus den Kronen der Bäume tönte das Gekrächz der Aras. Ich hatte diese mir so vertrauten Laute lange nicht mehr gehört. Es waren aber nicht meine alten Freunde aus dem Macondowalde der Ebene, die blauen Guacamayas und die roten Gonzalos, die uns da begrüßten, sondern die Aras des Bergwaldes, herrliche Vögel mit einer sehr aparten Farbenzusammenstellung ihres Federkleides, smaragdgrün mit scharlachrotem Vorderkopf mit türkisblauem Rücken und purpurrotem Schweif. So hatte wenigstens der erste Marschtag im Gebirge einen freundlichen Ausklang und verscheuchte den Mißmut über die recht dürftige Unterkunft für diese Nacht.

Die kümmerliche Verpflegung in Tamaco hatte immerhin auch ihr Gutes. Da der Arriero nicht die Zutaten zu dem so beliebten warmen Frühstück mitgeführt hatte, dessen Bereitung soviel Zeit wegnimmt, so mußte er sich am kommenden Morgen wie Juan und ich mit einer Tasse Kaffee und ein paar Biskuits begnügen, und so konnten wir früh den Weitermarsch antreten. Wir hatten dadurch den Vorteil, die steilen, langen Zickzackpfade an den kahlen, vor uns liegenden Hängen wenigstens zum Teil hinter uns zu bringen, ehe die Sonne es gar zu gut meinte. Es war ein Gebiet, das überall die Spuren der unerhörtesten Waldverwüstung zeigte. (Taf. 6 Abb. 11.) Reste des Waldes waren noch hier und da in den tieferen Rissen der Hänge erhalten geblieben. Auch in der Nähe der wenig ertragreichen Kaffeepflanzungen, durch die unser Weg führte, hatte man noch da und dort einen Fetzen Waldes, an den Rändern regelmäßig von Buschfeuern angesengt, stehen lassen, freilich meist viel zu wenig, um die Bäche vor

[4]) Carate ist eine im Staate Magdalena weit verbreitete Hautkrankheit.

dem Versiegen zu schützen. Es waren die einzigen kurzen Strecken, auf denen wir die Annehmlichkeiten des Schattens genossen. Überall sah man die vollkommene Planlosigkeit der Rodungsarbeiten, das nirgends gehemmte Überhandnehmen der leichtfertig entfachten Busch- und Grasbrände, die schwarzen häßlichen Brandflecken an den kahlen dürren Hängen. Welch furchtbares Bild der Zerstörung und Trostlosigkeit! Links von unserem steil am verbrannten Hange hinaufkletternden Saumpfad fiel der Blick auf den schroffen, bis zu zwei einhalbtausend Meter aufragenden Teregunguruá, in dessen Waldbestände die Buschbrände sich auch bereits hineingefressen hatten, hoch an den steilen Hängen hinauf. Hier war die Waldzerstörung noch unverständlicher, noch zweckloser, weil diese Hänge sich nicht einmal als Weideflächen geeignet hätten. Noch am Vormittag überschritten wir bei 1200 m den Paß der Randkette, an deren kahlen Hängen wir am Morgen emporgeklommen waren, und näherten uns der Talebene, in der das Marschziel des Tages, Pueblo Viejo, liegt. Auch auf dieser Seite dasselbe Bild der Zerstörung, der nur noch kleine Waldparzellen standgehalten hatten. Unten rechts im Tal ein aufgegebenes Cafetal mit seinen Baulichkeiten, aufgegeben, weil man den Kaffeebäumen durch allzu gründliche Entwaldung Feuchtigkeit und Wasser genommen hatte. Kein Mensch macht sich darüber Kopfzerbrechen; denn sind ein paar hundert Hektar Waldlandes zerstört, der Boden ausgetrocknet und nicht mehr ertragsfähig, so kommt eine andere eben so große Fläche daran, und das Spiel von Waldzerstörung und Austrocknung beginnt von neuem. Daß damit dann nach und nach das Wasser in den Bächen verschwindet und Landwirtschaft und Viehzucht in der Ebene ruiniert werden, daran denkt niemand!

Rechts von unserem Pfade, weit im Hintergrunde, nach Norden gelegen und hoch über unserm Pfad, grüßte eine gewaltige, dunkle Kuppe herüber. Das war der berühmte Inárua, oft auch Chinchicuá genannt, mit seinen Regenwäldern, zu Sievers' Zeiten der letzte große Urwald im südlichsten Teil der Sierra Nevada. Wir werden noch sehen, wie es die Bewohner dieses Hochgebirges verstehen, auch damit fertig zu werden.

Gegen Mittag lag die riesige Schotterterrasse des Rio Ariguaní und seiner Zuflüsse vor uns, auf der, weitzerstreut, die Häuser von Pueblo Viejo liegen. Tief haben sich die Flüsse wiederum in ihre eigenen Ablagerungen eingeschnitten und bringen so Abwechslung in die mächtige, tischebene Fläche. Noch ehe wir den ersten großen Flußeinschnitt querten, grüßten am Wege freundliche weißgetünchte Häuser mit Strohdach, von Bougainvillea-Gerank im brennenden Karmin übersponnen. Dann aber kamen wir auf die eigentliche, nach Süden von hohen Bergen eingefaßte Ebene, die einzige, im westlichsten und südlichsten Teil der Sierra Nevada, welche sich für die Gründung einer geschlossenen größeren Ortschaft eignen würde. Zwischen dem kurzen Gras, das die Ebene bedeckt, hatten sich bereits, trotzdem die ersten Regengüsse in diesem Jahre noch nicht gefallen waren, die ersten blühenden Kräuter herausgewagt, die wunderschöne, großblumige Clitoria guyanensis und eine hellblaue Ruellia, die mancherorts so dicht stand, daß man aus weiterer Entfernung glauben konnte, eine Wiese der Heimat mit blühenden Veilchen vor sich zu haben.

In einem der ersten Häuser der Mesa von Pueblo Viejo traf ich einen deutschen Landsmann, Herrn St., einen schlesischen Handwerker, der sich mit Frau und seinen kleinen Söhnen hier oben niedergelassen und festen Fuß gefaßt hatte, nachdem er sich gleichfalls durch ein Siedlungsunternehmen recht zweifelhafter Art hatte verleiten lassen, der Heimat den Rücken zu kehren. Er war von all diesen in die Sierra Nevada verschlagenen deutschen Auswanderern, die ich näher kennenlernte, wohl der erste, dem es geglückt war, sich, gefördert durch Sparsamkeit, Nüchternheit, Fleiß und Intelligenz, eine unabhängige, einigermaßen gesicherte Position zu schaffen. In seinem Hause unterhielt er einen kleinen, gutgehenden Laden. Frau und Kinder gingen ihm dabei zur Hand. Von der Quinta St. sah ich zum ersten Male auf dieser Expedition zwei Spitzen der Schneeberge, die über vorgelagerte, kahle Felshöhen hinweg fern im Norden herüberglitzerten. Nach kurzem Aufenthalt bei meinem Landsmann machten wir uns dann auf die Suche nach Don Osvaldo Mestre, an den ich von Valle de Upar aus empfohlen worden war. Ich mußte, um ihn zu finden, die ganze Mesa bis zu ihrem westlichsten Punkte queren und konnte mir auf dieser fast halbstündigen Strecke einen Begriff von der Ausdehnung von Pueblo Viejo machen. Von Don Osvaldo, einem der sympathischsten Columbianer, die ich im Departamento Magdalena kennen lernte, wurden wir mit offenen Armen aufgenommen. Ich konnte mich hier zum ersten Male von einem Kenner dieses Teils der Sierra Nevada über wichtige Gesichtspunkte unterrichten lassen, deren Kenntnis für die kommenden Wochen für mich von größtem Nutzen war. Wir sprachen mancherlei über die Probleme der Sierra Nevada, und ich hörte dabei auch meine Beobachtungen über den verhängnisvollen Einfluß der Waldverwüstung auf Regenfälle und Quellbildung bestätigt.

Am nächsten Morgen, in aller Frühe, brachen wir wieder auf. Don Osvaldo begleitete mich eine gute Strecke Weges. Bei der Quinta St. kletterten unsere Mulas den hohen steilen Hang der Schotterterrasse herunter zum Rio Ariguaní, der, eingefaßt von einer Galerie hoher Bäume und grünen Wiesenflächen über grobes Geröll zu Tal rauscht. Große, überall herumliegende Felsblöcke und Reste von höheren oder niedrigeren Schotterterrassen zeigten die Arbeit, die der Fluß hier im Laufe von Jahrtausenden geleistet hat. An seinen Ufern lenkten große Caracolís unsere Aufmerksamkeit auf sich durch den herrlichen Orchideenflor, der sich auf ihren Ästen entfaltet hatte, die Blütensträuße einer Schomburgkia-Art, sonderbare Blumengebilde, wie aus braunglasiertem Porzellan, mit rosaroter Lippe, in lockeren Rispen auf langen Stielen. Die Weidegräser der Talebene und der Hänge standen in Büscheln. Überall sah man zwischen ihnen den harten grauen Boden oder die schwarze, von den Grasbränden herrührende Asche. Es scheint, daß sich bei der Jahr für Jahr wiederkehrenden Vernichtung durch die Feuer nur die Kräuter halten können, deren Wurzeln tief in den Boden hineinreichen oder die sonstwie gegen die Einwirkungen des Feuers geschützt sind. Eine der groteskesten Erscheinungen dieser Art war der hier, ebenso wie auf anderen kahlen Höhen Columbiens, weit verbreitete Scirpus paradoxus, der niedrige lichte Miniaturwälder bildete, ein kleines gedrungenes halbfingerhohes und ebenso dickes Stämmchen, auf dem oben eine kleine dichte Perücke aus unzähligen fadendünnen Blättchen thronte. Diese kleinen „Grasbäumchen" blühten, trotzdem ihre struppigen Stämmchen und auch die Blattspitzen schwarz verkohlt waren. In dieser Auslese der Widerstandsfähigen dem Feuer gegenüber schnitten die Bäume des Bergwaldes, dem wir immer näher kamen, sehr schlecht ab. Wie ich später sah, gab es kaum eine Baumart dieser nebelfeuchten Regionen, die den Jahr für Jahr angelegten Feuern widerstanden hätte. Gerade als wir, über kahle, kohlschwarz versengte Hänge, den Wäldern am Chinchicuá näher kamen, konnte ich bemerken, wie ihre Anwohner — es mochten wohl Indianer sein — mit Feuer gegen den Wald wüteten. Häßliche rotbraune Flecken in dem dunklen Grün zeigten die Stellen, an denen vom Waldrande aus die Buschfeuer sich in die grünen Laubmassen hineingefressen hatten. Bläulicher Rauch lagerte über dem Walde und erfüllte die Luft, durch die schwarze Aschenreste wirbelten, mit brandigem Geruch.

Bei etwa 1500 m traten wir in die Urwälder am Rio Chinchicuá an ihrer unteren Grenze hinein. Ununterbrochen steigend, nahm ich nun all die Herrlichkeiten dieses Bergwaldes in mich auf. Hier hatte ich wieder die himmelhohen Bäume des Nebelwaldes in ihrer großen Mannigfaltigkeit, die zierlichen Baumfarne, die Überfülle der Lianen, die Zwergbambusdickichte; es war derselbe Wald, der mich am Alto de San Lorenzo so sehr entzückt hatte. Ich nahm mir jetzt schon vor, diesen Wundern einige Tage zu widmen, wenn auch nicht gleich, so doch wenigstens nach meiner Rückkehr aus den höchsten Regionen des Gebirges. Vorderhand lag mir daran, zunächst einmal diese kennen zu lernen. Nachdem wir den eiskalten Rio Chinchicuá gequert hatten, kamen wir an den Resten eines Hauses vorbei, ehedem Eigentum eines deutschen Siedlers, der längst wieder diese Wälder verlassen hatte. Ich hatte aber schon in Pueblo Viejo gehört, daß noch ein anderer Deutscher als vollkommener Einsiedler in diesen Wäldern hausen solle, und nach allem, was man mir von ihm erzählte, schien er mir der Mann zu sein, dessen Unterstützung mir bei meiner botanischen Sammelarbeit hier oben von größtem Nutzen sein konnte.

Inzwischen waren wir auf eine große Waldlichtung herausgetreten, auf der hohe Adlerfarne und Brombeeren wucherten. Einzelne Kegelhütten am Waldrande zeigten uns, daß die Eingeborenen im Begriff waren, dieses Gebiet unter Kultur zu nehmen. Uns begegneten auf dem Pfade, stumm grüßend, Indianer, Männer, Frauen und Kinder, mit Lastochsen; die Männer, in ihrer würdevollen schönen Tracht und besonders ihren Mützen fast so aussehend wie die Gestalten auf den altassyrischen Reliefs, die Weiber mit der unvermeidlichen am Stirnband getragenen Last auf dem Rücken und der noch unvermeidlicheren Handarbeit in den Fingern. Es kam jetzt wieder in endlosen Serpentinen ein langer, ermüdender Anstieg zu der Kette, die uns noch von dem Tal von San Sebastian trennte. An den steilsten Hängen des Inárua, der rechts von uns über 3000 m aufragte, schien der Wald noch ganz unberührt zu sein. Durch die wogenden Nebel, die über ihm brauten, konnte ich deutlich die hohen, im Winde schwankenden Wachspalmen erkennen, hoch über den Kronen der anderen Waldbäume. Aber in den Teilen des Waldes, die näher dem Wege zu lagen, war überall das Werk der Zerstörung sichtbar, ragten die verkohlten Baumstümpfe aus dem hohen Adlerfarn. Hohe, gelbblühende Kompositen mit weißwolliger Unterseite ihrer Blätter breiteten über einzelne Stellen dieser neuen Lichtungen einen goldigen Schimmer. Die gelbgrünen Blattrosetten großer Bromeliaceen, die aber jetzt nicht blühten, leuchteten überall aus dem Graugrün oder Olivbraun der Kräuter und Sträucher oder von den grauen Steilwänden der Schluchten, welche die Hänge furchten. Ich vermißte auch hier den Reichtum an Erdorchideen, die oft in förmlichen Rasen an ähnlichen Stellen der Anden der Landschaft ihr Gepräge geben, die leuchtenden Fuchsien und die glänzend scharlachroten Begonien. Wohl aber traten nun in immer größerer Menge und Artenzahl die Gaultherien, heidelbeerähnliche Sträucher, und die Bejarien, die Andenrosen, auf. Gleich ihren Verwandten, den Alpenrosen, denen sie so sehr ähneln, waren diese Bejarien, dicht von rosaroten Blüten übersäte Büsche, ein unvergleichlicher Schmuck dieser hochgelegenen Regionen. Metallisch schimmernde Kolibris, weit bunter und glänzender als die Arten des heißen Landes, schwirrten in geschäftigem Treiben um die rosenroten Blüten. Die Bejarien hier waren aber nur kleine Exemplare; die höchsten von ihnen erreichten vielleicht Mannshöhe. Später sah ich sie als ansehnliche hohe Bäume des Bergwaldes wieder.

Je mehr wir uns dem vor uns liegenden, etwa 2300 m hohen Paß näherten, den wir nach dem Tal von San Sebastian zu überschreiten hatten, desto stickiger wurde die Luft durch beizenden Rauch, der von oben herunter kam und sich wie ein dünner bläulicher Schleier über die Hänge legte. Als ich auf der Paßhöhe angelangt war, und in der Richtung des jenseitigen Hanges hinuntersah, glaubte ich einen schwarzen ausgebrannten Riesenkrater vor mir zu haben, einer der trostlosesten Anblicke, die mir auf meinen Reisen in Columbien geworden waren, und ich war in dieser Hinsicht, weiß Gott, an manches gewöhnt. In dieser ganzen Landschaft war, soweit der dichte Rauch überhaupt die Fernsicht freigab, alles verbrannt, die Schluchten und Hänge bis zu den höchsten Kuppen hinauf. Ein Gebiet, das zu durchwandern man einen Tag nötig gehabt hätte, ungezählte Geviertkilometer, vollständig ausgebrannt, von rechts nach links, von vorne bis in den fernsten Hintergrund! Eine einzige kleine Insel von dunkelgrünen dickblättrigen Sträuchern, Adlerfarn und Brombeerdickicht, auf feuchterer Stelle, durch die sich der Saumpfad vor uns in engen Schleifen hinabzog, waren noch erhalten geblieben. Diesem frischen grünen Busch wird das Feuer, das von unten an den Hängen heraufschwelte, nichts anhaben können, so dachte ich. Ich war vorher schon abgesessen, um auf dem steilen Anstieg die Beine der ermüdeten Mula etwas zu schonen, und daher hinter meinen Begleitern etwas zurückgeblieben. Die Flammen waren indessen näher gekommen, prasselten gegen den Saum der noch frischgebliebenen Buschinsel und ließen dicke Rauchwolken emporwirbeln. Plötzlich spürte ich die furchtbare Glut, die aus der Tiefe heraufkam, ganz nahe, ich sah, wie die Blätter sich bräunten, lange bevor sie die Flammen erreicht hatten. In diesem kritischen Augenblick bekam meine Mula — ich hatte Ähnliches schon auf früheren Reisen erlebt — einen Anfall von Halsstarrigkeit und wollte nicht mehr von der Stelle. Zurück konnte ich nicht mehr. Hinter mir hatte das Feuer den Saumpfad bereits erreicht, und neben und vor mir fehlten nur noch wenige Schritte, dann waren auch hier die Flammen am Wege. Zu beiden Seiten des Pfades aber stand dichtes Gesträuch, das die Glut binnen Sekunden erreichen mußte. Mit Gedankenschnelle war ich aufgesessen, peitschte auf die Mula ein und brachte sie im letzten Moment in Galopp. Mit einigen Sprüngen waren wir aus dem Gefahrenbereich. Hinter mir prasselten die Flammen, knatterten wie Maschinengewehrfeuer, loderten haushoch im Gesträuch, sprangen auf die andere Seite des Weges über und eilten mit Windesschnelle am steilen Hange weiter hinauf. Die Buschinsel war ein einziges Flammenmeer, das dicke, lederige Laub und die rosaroten Blütenbüschel der Bejarien brannten wie Zunder; dicke Rauchwolken stiegen zum Himmel und lagerten über den Hängen — das Werk der Zerstörung in diesem Tal des Todes war vollendet. Gefahr war jetzt nicht mehr vorhanden, eine ähnliche Situation wie die eben erlebte war kaum mehr zu befürchten, denn was von grüner Vegetation bis dahin vorhanden, war nun restlos zerstört. Ich hatte jetzt Muße, meine Aufmerksamkeit den Einzelheiten dieses düsteren Bildes zuzuwenden. Die Landschaft ringsum war tatsächlich schwarz, fast sammetschwarz; einzig die Pfade, die sich im Laufe der Jahre das Vieh getreten, und die kreuz und quer über die Rücken und Hänge zogen, hoben sich wie helle dünne Fäden von der Farbe der Trauer ab, wie Spinnewebe vom dunklen Hintergrund. Es war, als ob man über das ganze Tal einen riesigen schwarzen Sammetmantel gebreitet hätte, der an den Falten fadenscheinig geworden ist.

Wie ich später erfuhr, war dieses zerstörende Feuer, dessen Zeuge ich zufällig geworden, durch die Indianer angelegt worden. Es war nur eines von den ungezählten Feuern, die sich Jahr für Jahr ganz systematisch wiederholen, als das einzige, in dem System herrscht. Und wahrhaftig, die Indios hatten gründliche Arbeit verrichtet! Sie hatten die „Civilizados" im Geschäft des Waldverwüstens weit übertroffen, die Schüler ihre Meister. Wer will es ihnen aber verargen, wenn sie in dem, was ihnen ihre Unterdrücker Jahr für Jahr vormachen — genau wie beim Alkoholmißbrauch —, schließlich das Alleinzweckmäßige sehen! Sie wissen ja nichts davon, daß die Vorfahren der Usurpatoren, die ihr Wirtschaftssystem von der Iberischen Halbinsel nach der Neuen Welt verpflanzten, durch eben dieses System die Hochländer ihrer spanischen Heimat mancherorts mit solcher Gründlichkeit in Wüsteneien verwandelt haben, daß es zweifelhaft ist, ob diese Schäden je wieder gutgemacht werden können. Der leitende Gedanke für die Indianer bei der Anlage der Busch- und Grasbrände — wenn sie sich überhaupt etwas dabei denken — mag die Annahme sein, daß sie die Weide verbesserten. Unter andern Verhältnissen und in andern Gegenden Columbiens mag das da und dort der Fall sein. In den hochgelegenen Gebieten der Sierra Nevada treffen diese Voraussetzungen aber nicht zu. Im Gegenteil, die Feuer vernichten die zarten Gräser und andern Kräuter, die für das Vieh während des ganzen Jahres Abwechslung bringen würden, und lassen nur die harten, in Bülten stehenden Gräser übrig, die zwar nach dem Einsetzen der ersten Regen für kurze Zeit zarte Blätter zwischen den verbrannten Stoppeln treiben, dann aber ein hartes, für das Vieh ungenießbares Futter werden.

Wir hielten nun scharf nach vorne Ausschau, ob wir in dieser Landschaft, die mir wie der Eingang zur Unterwelt zu sein schien, irgend etwas Freundliches entdeckten. Endlich tauchte ganz ferne in dem schwarzen Einerlei ein Stückchen grüner Wiesenfläche auf und darin vereinzelte runde Hütten mit grauen Kegeldächern. Das war das Tal von San Sebastian (Paúruba), das zu sehen ich mit so großer Spannung, fast Ungeduld, erwartet hatte. Unter solchen Betrachtungen hörte ich hinter mir flüchtiges Pferdegetrappel auf dem Gestein. Ein älterer Indianer parierte hart hinter uns sein schweißbedecktes Pferd aus schnellster Gangart — fast wäre er über den Hals des Tieres geflogen — und lallte irgendeinen mir unverständlichen Gruß in seiner Sprache mit einigen Brocken Spanisch. Ich merkte sofort, er war total betrunken. Dann, nachdem er sich an uns vorbeigedrängt, setzte er seinen Ritt fort und sauste im schnellsten Galopp den steilen Pfad hinunter, an Abgründen und steilen Abhängen entlang, bald nach rechts, bald nach links überhängend, wenn er eine Wegekrümmung nicht rechtzeitig erkannt hatte, aber er hielt sich im Sattel. Kein Zirkusreiter hätte in nüchternem Zustande diesen tollkühnen Ritt besser absolvieren können. Wir konnten den Betrunkenen noch lange Zeit mit den Augen verfolgen, bis er hinter einem Felsvorsprung verschwand. Wie ich später erfuhr, soll er nach dieser Steeplechase wohlbehalten in San Sebastian eingetroffen sein.

Allmählich verengte sich das Tal zu einer tiefen Schlucht, aus der das Rauschen eines Baches heraufdrang. Hier standen auch, hart am Bachufer, die ersten Bäume wieder, die wir seit Chinchicuá sahen. Bald darauf soffen unsere Mulas mit langen gierigen Zügen das klare Naß, und dann hatten wir die grüne Talebene des Rio San Sebastian vor uns (1990 m Mh), darin über dem Wiesengrunde das freundliche, ummauerte Indianerdorf, und hoch über allem, am südlichen Hange, die Kirche und übrigen Gebäude der Kapuzinermission von San Sebastian de Rábago. (Taf. 6 Abb. 12.)

Ich machte sofort dem Prior des Klosters, Padre Bernardo, meinen Besuch, einem hochgewachsenen Spanier — mit seinem blonden Vollbart eigentlich eine ganz germanische Erscheinung —, der mich herzlich begrüßte und für unser Unterkommen zu sorgen versprach. Der Arriero war indessen mit den Tieren durch das überdachte Stadttor in Paúruba eingezogen und hatte unsere Sachen vor dem von blühendem Hollunder umgebenen Hause der deutschen Familie R. abgeladen. Diese Familie, die einzigen Deutschen in San Sebastian, war mit dem gescheiterten Auswanderungsunternehmen herausgekommen, auf das ich zuerst in Villa

Nueva aufmerksam geworden war. Sie war schließlich in San Sebastian de Rábago gelandet, nachdem die Kapuziner Herrn R. mit seinem vielseitigen Können in ihre Dienste genommen hatten. Er arbeitete dort als Schlosser, Tischler und Maurer. Als wir in San Sebastian eintrafen, baute er gerade an einem Ziegelofen. Padre Bernardo stellte mir die Hilfe der Kapuzinermission in Aussicht. Der Prior machte später seine Versprechungen in wahrhaft großzügiger Weise wahr. Ohne seine Hilfe wäre es mir unmöglich gewesen, meine Vorstöße nach den höchsten Teilen der Sierra Nevada ins Werk zu setzen. Vorab mußte ich mich gedulden, denn noch waren die Tiere für diese Expedition nicht zur Stelle. Die in Villa Nueva gemieteten mußte ich aber noch am Tage meines Eintreffens zurückschicken. So richteten wir uns denn, so gut es ging, im Hause der Familie R. ein, das wir später mit einem andern, der Mission gehörigen im Dorf vertauschten. Beide Häuser waren wie das ganze Dorf von den Indianern erbaut und hatten dicke hölzerne Türen.

Ich hatte nun genügend Zeit, mich in der Umgebung von San Sebastian umzusehen und mit Juan in den kleinen Waldresten des Tales zu botanisieren. In der wundervollen frischen Luft, die mir weit kühler schien als in gleich hohen Lagen der Ostkordillere, waren diese Exkursionen eine wirkliche Erholung. Unsere ergiebigsten Ausflüge führten über den Weg, der in östlicher Richtung auf die hohen Felskuppen des Mamon und Figueroa zu, dem Laufe des Rio San Sebastian folgte. Es war ein freundliches Wiesental, reich an wechselvollen Bildern, die in der klaren Gebirgsluft mit allen Einzelheiten wunderbar scharf heraustraten. Hier atmete alles Ruhe und Frieden. Ich hatte dergleichen gar nicht zu finden gehofft, nachdem wir vom Inárua nach Norden in den schrecklichen ausgebrannten Krater geblickt. Da gab es vieles zu sehen, das an die ferne Heimat erinnerte. Besonders anheimelnd waren die Herden langwolliger Schafe, die über die hellgrünen, leichtgewellten Weiden zogen. Die kleinen Einzelsiedlungen, in denen weißgekleidete Indianer aus und ein gingen, verliehen der Landschaft einen ganz besonderen Reiz. Eine meterhohe dicke Mauer aus großen Steinquadern, oval oder kreisrund, von größerem oder kleinerem Umfang, begrenzte die kleineren Anwesen. Die Mauern waren stark genug, die Rinder und die mageren schwarzen Schweine, die überall herumstreiften, von unerwünschten Besuchen abzuhalten. Innerhalb der Mauern standen, umgeben von Gartenanlagen, wie Bienenkörbe, die Hütten mit dicken Wänden und dem üblichen Kegeldach aus dicken Strohlagen, auf denen grünes Moos und graue Flechtenpolster wuchsen und auf hohes Alter der Bauten hinzudeuten schienen. Jeder dieser Steinwälle barg mehr Liebe, Fleiß, Ordnungs- und Heimatsinn, als ich in solch' elenden Nestern der „Civilizados" in der Ebene, wie etwa Barranca, bemerkt hatte. Mit größter Sorgfalt waren die kleinen Gärtchen gehalten, auf deren Miniaturbeeten all die Pflanzen, eine von der andern getrennt, gehegt wurden, die der Indio für seinen Bedarf pflanzt; Perico (eine Art von Canna), Arracacha, Kartoffeln, Zwiebeln, Kohl, Borretsch, Dill, Fenchel, ja sogar Lein; selbst Blumen waren dort zu sehen. Die größeren Gärten trugen auch hohe Kaffeebäume, die, bei künstlicher Bewässerung, reichlich Früchte angesetzt hatten. Ihnen dienten große Ficus-Bäume, Erythrinen mit feurig-roten Blüten, Guamos (Inga) und besonders die prächtige Manzana (Lucuma obovata) mit lederigen derben Blättern und mehligen, apfelgroßen Früchten als Schattenbäume. Diese Bäume waren meist vom Gerank der Granadilla (Passiflora ligularis) übersponnen, deren köstliche, aromatische Kugelfrüchte aus dem Laube glänzten. Die kastanienbraunen Blattunterseiten der Manzana gaben diesen kleinen Buschgruppen einen warmen, bräunlichen Ton, der überhaupt den kleinen Hainen und den noch vorhandenen Waldresten eigentümlich zu sein scheint. Nur in Paúruba selbst war Eucalyptus angepflanzt, dieser in den Hochanden so sehr beliebte Fremdling, mit dem man dort versucht hat, das Land aufzuforsten, mit dem Erfolg, daß man den an sich schon so trockenen Boden noch mehr ausgetrocknet hat.

Wir konnten natürlich nicht erwarten, in den gar zu oft durch Feuer und Axt zerstörten Wald- und Buschresten eine allzu große Fülle von Formen vorzufinden. Schon der Mangel an epiphytischen Orchideen bewies, daß kaum eines der Waldstücke primär war; die Epiphyten, die auf kaum einem der älteren Bäume fehlten, waren meist schnellwachsende Tillandsien und andere Bromeliaceen mit hohen, bunten Blütenschäften. Neben hohen, baumartigen Ericaceen, denen leicht die Verwandtschaft mit den nordischen Heidel- und Preißelbeeren anzusehen war, herrschte in diesen Buschwäldern der „Encenillo" (Weinmannia) vor. Es mochten wohl früher mächtige Bäume gewesen sein, wie man an ihren alten, dicken Stubben erkennen konnte, die unverdrossen immer wieder neu austrieben. Dazu kamen karminrot blühende Melastomaceen, Dilleniaceen mit starkem rosenartigen Wohlgeruch ihrer Blüten, duftende Escallonien und Clethra-Arten, Alchornia, Oreopanax-Arten mit großen handförmigen Blättern, derbblättrige Clusien auf hohen Stelzwurzeln und viele andere Hartlaubgewächse. Dazwischen machten sich Dickichte von Zwergbambus breit, schon auf größere Entfernungen durch ihr helleres Grün kenntlich. Baumfarne waren äußerst selten. Wir trafen sie nur in einigen Bachschluchten am Fuße des Mamon, wo sich der Wald noch am ursprünglichsten erhalten hatte und stets die reichste botanische Ausbeute lieferte. Mancherlei Schlingpflanzen rankten im Geäst, Kompositen, Rubiaceen, eine Cuphea mit karminroten, grüngerandeten Blütenröhrchen, Malpighiaceen mit goldgelben, blutrot geaderten Blumen, stachlige Smilax-Arten und Passifloren. Dazu kamen viele blühende Sträucher und Stauden im Niederwuchs, darunter gelbblühendes Johanniskraut und Salbei mit großen, kobaltblauen Blumen.

An den Paúruba zunächst gelegenen Hängen des Figueroa schien der tonige harte Boden der Regeneration des zerstörten Waldes so ungünstig zu sein, daß dort nur noch Lebensbedingungen für die im tropischen Amerika weitverbreitete, anspruchslose Dodonea viscosa gegeben waren. Auf weite Entfernungen hin war dort nichts anderes zu erblicken als die reizlosen Gebüsche, die sich lediglich aus dieser Pflanze zusammensetzten. Alle diese Busch- und Waldreste zwischen Paúruba und dem Mamon ließen jedenfalls so viel deutlich erkennen, daß sie nur die letzten Überbleibsel ehedem stattlicher Hochwälder waren, die einst die Hänge des Tales von San Sebastian bedeckten und bei einer vernünftigen Waldwirtschaft wenigstens so weit hätten erhalten werden können, daß die zahlreichen kleinen Nebentäler und Schluchten ihr Wasser behalten hätten. Es stände dann heute um die Landwirtschaft im heißen Lande besser, wo angesichts der ständig zunehmenden Bananenkultur während der trockenen Jahreszeit jeder Kubikmeter Wasser mehr von Wichtigkeit ist.

Längs der Ufer des Rio San Sebastian selbst stand ein nicht allzu üppiger Buschwald, hauptsächlich aus niedrigen Bäumen der „Guayabo de Piedra" (Psidiopsis Moritziana) gebildet, die jetzt im Schmuck ihrer weißen Blüten prangten. Aus diesem Gebüsch ragten die riesigen Blütenschäfte der Maguei (Fourcroya gigantea) mit ihren zierlichen, gelblichweißen Glöckchen. Kleine Dickichte der Guayava, von Brombeergerank durchflochten, drängten sich dazwischen. Sie lieferten neben den Granadillos und Manzanas das einzige dürftige Obst, das wir auftreiben konnten; aber wir waren froh, daß wir es hatten.

Die Lebensmittel waren überhaupt in San Sebastian außerordentlich knapp, und wenn Juan und ich auch zuweilen bei den Vätern der Kapuzinermission zu Gast waren, so mußten wir doch froh sein, wenn wir, meist sehr spät von unsern Ausflügen zurückkehrend, im Hause der Familie R. allzeit einen gedeckten Tisch fanden. Die Luft von San Sebastian zehrte, und ich verspürte seit Jahren zum ersten Male wieder rechtschaffenen Hunger. Hätte ich vorher gewußt, daß in San Sebastian Lebensmittel so schwer zu beschaffen sind, so hätte ich mich von vornherein weit reichlicher mit Vorräten eingedeckt. Trotzdem ich von unserm knappen

Proviant, der eigentlich für das Leben im Zelt berechnet war, zur Tafel beitrug, war doch die Fürsorge, die uns unsere Gastfreunde angedeihen ließen, wirklich rührend und doppelt anzuerkennen, weil die Vorräte für die Familie selbst kaum langten. Die Schwierigkeit der Versorgung in San Sebastian ist eine nicht wegzuleugnende Tatsache. Sie kann aber kaum überraschen, denn die Ursachen liegen auf der Hand: Die genügsamen Indianer bauen nur so viel an, wie für den Unterhalt der eigenen Familie nötig ist. Die „Civilizados" in Paúruba rühren keinen Finger; sie verträumen rauchend und trinkend den Tag, und leben vom Tauschhandel mit den stets übervorteilten Indianern, auf die sie, selbst meist Mulatten — um die Ironie voll zu machen —, mit unendlicher Verachtung herabsehen. Wie sich die „Geschäfte" mit den armen Indios abwickeln, und welche verhängnisvolle Rolle dabei der Rum spielt — dessen Verkauf an die Indianer gesetzlich verboten ist! —, ist allgemein bekannt. Es wird auch gar kein Geheimnis daraus gemacht. Die Kapuzinermission, die ernstlich das Wohl der Indianer im Auge hat, ist dagegen vollkommen machtlos. So sieht sich der „Civilizado" nicht veranlaßt, im Tal von San Sebastian irgend etwas anzubauen. Daß der Ackerbau hier sehr wohl möglich ist, hat die Mission bewiesen, die sich und die zahlreichen in ihrem „Orfelinato" erzogenen Indianerkinder mit dem ernähren, was ihnen die eigene Landwirtschaft bringt. Die Landwirtschaft erfordert aber im Tal von San Sebastian viele und anstrengende Arbeit, mehr als in irgendeinem andern Gebiete der Sierra Nevada, da zu allem andern die Felder durch Steinwälle geschützt werden müssen, um das Einbrechen der halbverwilderten Rinder und Schweine zu verhüten, wozu der so beliebte Stacheldraht nicht ausreicht. Hier zeigt es sich, wie wenig Segen die Einführung des europäischen Viehs bei den Indianern der Sierra Nevada gebracht hat. Dem Vieh zuliebe wurden die Wälder des Hochgebirges verwüstet, gegen das Vieh sind besondere und kostspielige Schutzmaßregeln für den Ackerbau nötig, und schließlich wurde das Vieh die Veranlassung zu den unsauberen Geschäften zwischen Indio und „Civilizado", die keineswegs dazu beigetragen haben, das gute Einvernehmen zwischen beiden Rassen zu fördern.

Unter solchen Verhältnissen ist es begreiflich, daß die Kapuzinermission von San Sebastian sehr gerne eine Besiedlung ihres Tales durch moralisch hochstehende und vor allem arbeitsame Einwanderer sehen würde. Es wäre an und für sich wohl in dem lang sich hinziehenden Tal von San Sebastian Platz für etwa fünfzig Siedlerfamilien, wenn auch die topographischen Verhältnisse dafür bei weitem nicht so günstig sind wie auf der Ebene von Pueblo Viejo. An eine geschlossene Ortschaft wäre dabei kaum zu denken; es würde auf Einzelsiedlungen herauskommen, bei deren

Anlage die alten Rechte der Indianer nach Möglichkeit respektiert werden müßten und auch auf tunlichste Schonung der Wälder Rücksicht zu nehmen wäre. Dieser letzte Gesichtspunkt ist vor größter Wichtigkeit, denn von ihm hängt die Wasserversorgung von Ackerbau und Viehzucht im Tieflande ab. Eine andere Frage ist die, ob ein solches Unternehmen für die Siedler selbst einträglich wäre. Sie steht mit der Frage nach den Verbindungsmöglichkeiten zur Küste in engstem Zusammenhang. In der richtigen Erkenntnis, daß auf dem weiten Umwege über Pueblo Viejo und die im Sommer fast wasserlose Tiefebene im Süden der Sierra Nevada eine Ausfuhr der wirtschaftlichen Erzeugnisse des Hochlandes kaum möglich ist, hat die Mission bereits im Tale von San Sebastian mit der Anlage eines direkten Weges in Richtung auf Fundacion begonnen und ist dabei bis zur Entfernung eines guten Tagemarsches nach Westen gelangt. Auch nach Fertigstellung dieses Weges wird man immer noch zwei gute Tagemärsche nötig haben, um von San Sebastian nach Fundacion zu kommen, und es ist fraglich, ob die Transportkosten für die Produkte des Tales auf Mularücken sich bezahlt machen. Wesentlich anders würden sich die Verhältnisse natürlich gestalten, wenn man den geplanten Weg gleich zu einer Automobilstraße ausbaute. In diesem Falle müßte selbstverständlich mit einer ganz erheblichen Steigerung der Baukosten gerechnet werden.

Auf jeden Fall würde eine kleine Kolonie von europäischen Siedlern an der Kapuzinermission einen starken Rückhalt haben und von dieser gut beraten werden. Was man von der Missionsarbeit und besonders der Erziehung der Indianerkinder durch die Padres, Brüder und Schwestern in San Sebastian de Rábago sieht, verdient höchstes Lob. Mag auch vom Standpunkte des Ethnographen zu bedauern sein, daß die alte schöne Tracht und vieles von den Sitten der Indianer verschwindet, so ist doch die Form, in der die Mission die Zivilisation vermittelt, ganz abgesehen von den ethischen Gesichtspunkten, zweifellos die beste und die einzige, welche vom Indianer die großen Gefahren dieser selben Zivilisation nach Möglichkeit fernhalten kann und sie vor der Unterdrückung durch die „Civilizados“ bewahrt.

Wir hatten innerhalb von fünf Tagen trotz der Artenarmut der sekundären Wälder im Tal von San Sebastian doch eine ganz nette botanische Sammlung zusammengebracht, die wir allnächtlich im Backofen unseres Hauses trockneten. Inzwischen waren die Mulas und die drei Lastochsen, Eigentum der Mission, eingetroffen, die mir Padre Bernardo besorgt hatte. Herr R., der die höheren Regionen der Sierra Nevada noch nicht kannte, erbot sich, uns zu begleiten. Außerdem verpflichtete ich zwei jüngere

Indios, Santiago und Modesto, die in der Mission erzogen worden waren, für die Dauer der Exkursion. So war alles vorbereitet für den Vorstoß in die höchsten Regionen der Sierra Nevada, dem ich mit soviel Spannung entgegengesehen hatte.

XIII. Kapitel.

Nach der Schneekette

Am Morgen des 6. März verabschiedeten wir uns vor dem Tore von Paúruba von Padre Bernardo, nachdem wir unser Gepäck, Zelt, Koffer und Sammelausrüstung auf den Lastochsen verstaut hatten. Außer den zwei Indios Santiago und Modesto, die unsere ständigen Begleiter sein sollten, schlossen sich uns am Morgen noch drei weitere an, die in den Bergen wilde Schweine jagen wollten. Zunächst marschierten wir im Tal des Rio San Sebastian ein Stück nach Westen, dann begann fast unvermittelt auf schmalem Zickzackpfade der ermüdende Anstieg über einen langen, mit verkohlten Grasbülten bedeckten Rücken, an dessen steilen Hängen das Vieh sich überall Pfade getreten hatte. Nur in tief eingerissenen, schmalen Schluchten waren noch Reste des ehemaligen Waldes zu erblicken. Nachdem wir um etwa 600 m gestiegen waren, grüßten uns die ersten Páramo-Pflanzen, niedrige, wacholderähnliche Hypericum-Sträucher, niedliche blaublühende Lippenblütler, im Aussehen den heimischen Heidekräutern recht ähnlich, und kleine Büsche von dunkelrot blühenden Andenrosen. Links vom Wege fiel hier der Hang steil zu dem bewaldeten Tal von Sircayuca ab. Aus dunklen Laubmassen ragten dort himmelhohe Wachspalmen, die nahe bis zu unserem Saumpfade heranreichten, wo sich der Wald in der Páramo-Vegetation verlor. Ganz unten im Tal lagen inmitten größerer Waldlichtungen Hütten der Indianer.

Es wäre fast unnatürlich gewesen, wenn nicht auch dieser Wald gebrannt hätte. Ich hatte schon lange vorher den Rauch von Buschfeuern bemerkt, die nun, bei unserer Annäherung, vom trockenen Laub der Zwergbambusdickichte genährt, in mächtigen Flammen aufloderten und selbst bis in die Kronen der Palmen reichten, an deren Stämmen das brennende Wachs herunterlief. Die Glut dieses Feuers, die wir fast bis zu unserm Saumpfad herauf spürten, war so furchtbar, daß, wie ich später bei einem Besuch des Tales von Sircayuca sah, die herrlichen Palmen fast alle zerstört worden waren, Dicke, dunkelgraue Rauchmassen wogten über dem verwüsteten Tal und mischten sich oben mit den über dem Paß liegenden Wolken, in die wir geradeswegs hineinmarschierten. Breite, tiefschwarze Flächen zeigten den Weg, den das verheerende Element genommen hatte. (Taf. 7 Abb. 13.)

Wir waren indessen bis etwa 3000 m gekommen, und damit mitten im Páramo. Die Andenrosen (Taf. 7 Abb. 14) wurden immer häufiger und dichter und leuchteten als dunkelrosenrote Flecken aus dem bräunlichen Grün. Fast noch anmutiger als sie waren die zahlreichen niedrigen Stauden und Sträucher, in deren Formen die Natur mühelos erreicht hatte, was sonst nur die Kunst besonders geduldiger und geschickter Gärtner fertig bringt. Überall standen in entzückenden Gruppen „japanische Zwergbäumchen", die, äußerlich kaum zu unterscheiden, ganz verschiedenen Pflanzenfamilien angehörten, Ericaceen, Baldrianarten, Compositen, und — die schönste von allen — eine weißblütige Verbenacee aus der Gattung Stachytarpheta, über deren Spitzen es wie silbriger Glanz lag. Alle diese Pflanzen, die dem rauhen Klima des Páramos angepaßt waren, hatten zähe holzige Zweige und nadelartige Blättchen wie Wacholder oder Fichten. Ihnen sehr ähnlich schienen große Lycopodiaceen, die besonders an moorigen Stellen wuchsen. Große Flächen waren dicht bedeckt von der seidig befilzten Alchemilla columbiana, die wie Silber schimmerte. Noch aber vermißte ich die Espeletien, die berühmten Frailejones, deren untere Grenze in der Sierra Nevada weit höher zu liegen scheint als in den Anden, wo sie schon von 2600 m an auftreten.

Die Wolken, die von Westen heraufjagten, hüllten uns jetzt in dichte graue Nebelmassen ein und erschwerten das Atmen. Wir konnten kaum zwei Schritte weit sehen, und es war ein recht unbehagliches Marschieren in der düsteren Stimmung, aber unsere Tiere fanden sich durch Moore und Steingeröll und niedriges, heidekrautartiges Gestrüpp zurecht. In einem Augenblick, in dem sich das Wolkenmeer etwas lichtete, kamen wir über eine steinige Fläche, auf der bis zu acht Meter hohe baumartige Andenrosen sich in reizvollen Umrissen von dem Weiß und Grau der Wolken abhoben. Es waren die einzigen höheren Pflanzen. Andere mochte wohl das Feuer zerstört haben. Wiederum ging es dann durch eine flache Talmulde, in der aus den tieferen Regionen die letzten Ausläufer des Waldes bis zu dieser bedeutenden Höhe, 3200 m, vorgedrungen waren. Hier herrschten merkwürdige Bodenverhältnisse. Über dem Fels lag eine fast zwei Meter starke, von Wurzeln durchsetzte schwarze Humusschicht, eine Art von Torf, unterhalb derer ein kleiner Bach floß, den man da und dort durch größere Löcher erblicken konnte. Die Löcher waren aber durch den Krautwuchs derart verdeckt, daß man bei nicht genügender Vorsicht leicht in eines von ihnen fallen konnte.

Nun kam an diesem Tage die letzte Steigung, die über steinige Halden mit großen Felsblöcken führte. Hier sah ich die ersten baumförmigen Espeletien[5]), und überhaupt die ersten Vertreter dieser sonderbaren Kompositengattung in der Sierra Nevada. (Taf. 8 Abb. 15.) Um 4 Uhr nachmittags waren wir an einer Stelle des Páramo, die mir unsere Indios als Siminchucuá bezeichneten. Es war ein prächtiger Lagerplatz am Rande eines von den letzten baumartigen Pflanzen beschatteten Baches. Ich hatte seine Höhe später mit Siedeapparat auf 3254 m ermittelt. Im letzten Augenblicke konnte ich noch verhindern, daß unsere Indios aus alter Angewohnheit das Gras des Páramos anzündeten, um aus der Umgebung unseres Lagers dieselbe schwarze verkohlte Einöde zu machen, wie wir sie am Abstieg nach San Sebastian und im Tal von Sircayuca gesehen hatten.

Wir mußten uns mit der Einrichtung unseres Lagers, besonders auch mit dem Aufbau des Zeltes, für das uns die letzte Nachmittagssonne den Boden noch etwas anwärmte, beeilen; denn von Süden nahte ein Unwetter. Das Gewitter kam indessen nicht bis zu uns herauf. Das Wolkenmeer blieb unter uns — nur ein mächtiger Cumulus ragte darüber hinaus — und während die scheidende Sonne die wogenden weißen Massen hell aufleuchten ließ, züngelten die Blitze aus ihnen heraus und erschütterte der Donner Schlag auf Schlag die Luft. Darüber aber und über unserm Zeltlager blaute der dunkle klare Himmel des Hochgebirges.

Für die Nacht hatten wir damit zu rechnen, daß die Temperatur tief sinken würde. Drei unserer an die Kälte gewohnten indianischen Begleiter mußten unter dem Sonnensegel des Zeltes schlafen. Auf der nur vier Quadratmeter messenden Bodenfläche des Zeltes selbst hatten nur fünf von uns, und auch die nur eng aneinander gedrängt, Platz. Wir hatten uns gut mit Decken, Unterzeug und Kleidern vorgesehen, trotzdem begannen wir, besonders Juan und ich, die wir noch nicht richtig akklimatisiert waren, die Kälte recht empfindlich zu spüren, sobald wir uns, nach eingenommenem Mahl, im Zelt auszustrecken versuchten. Es war schon deshalb kein richtiger Schlaf möglich, weil wir uns gegenseitig immer im Halbschlummer knufften und stießen. So fühlten wir uns nach dieser ersten sternklaren Nacht im Páramo recht verklammt und unausgeschlafen, als endlich die Morgensonne uns weckte. Die ganze Umgebung unseres Lagers war weiß bereift, das Wasser in unsern Kochtöpfen hatte eine dicke Eisschicht. Die Vegetation um unser Zelt schien frostfest zu sein, denn sie hatte nicht im mindesten gelitten. Außer den weißbefilzten Kompositen und Potentilla-Arten und einer blauen Lupine hatte der Frost auch

---

[5]) Espeletia glossophylla, eine neue Art.

den andern, nicht geschützten, Pflanzen nicht viel anhaben können, den gelben Ranunculaceen und Pantoffelblumen, die allerdings etwas geschützt standen, den Baldrian-Arten, den Geranien, den Enziangewächsen und den zierlich belaubten Umbelliferen, die zwischen den hohen Grasbülten von Mühlenbergia angustata blühten. Sobald die Sonne etwas zu wärmen begonnen hatte, flatterten kleine dunkle Falter (Pedaliodes) über dem Gras und summten dicke Hummeln um die Blütenbecherchen der Heidelbeeren (Gaultheria); große träge Rüsselkäfer nagten an den Blättern der Sträucher. Das war das einzige Getier, das wir hier oben sahen, sogar der leise melancholische Gesang des „Copetón", der kleinen graubraunen Gebirgsammer (Brachyspiza capensis), war verstummt.

Während drei unserer indianischen Begleiter den Páramo durchstreiften, um auf verwilderte Schweine zu jagen, beschloß ich, hier zwei Tage mit botanischen Sammlungen zuzubringen; denn die Wegstrecke zwischen den großen Andenrosen und unserm Zeltlager hatte viel zu verlockend ausgesehen, um ihr nicht einige Zeit zu widmen. Schon an dem tiefeingeschnittenen Bachbett beim Lager fingen die Herrlichkeiten an. Da hingen an den Felsen wunderliche, ganzrandige Farne mit langen rotbraunen Borsten und andere Seltsamkeiten mehr. Am buntesten sah der dünne Galeriewaldstreifen auf dem torfigen Boden aus, den wir am Tage vorher passiert hatten. Er schien von einer erstaunlichen Artenfülle zu sein. Auch eine Podocarpus-Art, diese charakteristische Hochgebirgstaxacee, war hier in einer Art vertreten. Auf den letzten krüppeligen Encenillos, dicht an der Frostgrenze, wuchs in reichlichen Mengen eine der allerschönsten epiphytischen Orchideen, die ich in Columbien gesehen hatte und zugleich wohl auch die einzige, die sich in diesen unwirtlichen Höhen zu halten vermochte, eine besondere Form des Oncidium nubigenum mit prächtigen, gelb und braun, weiß und veilchenblau getuschten Blüten. Das sonderbarste an diesem Waldstreifen war, daß die glänzenden Falter der wärmeren Höhenlagen, darunter die glänzende Thecla coronata, sich durch diesen dünnen Waldstreifen, der weit bis in die unteren Regionen hinein zu verfolgen war, zu einem Ausflug in den kalten Páramo hatten verleiten lassen. Sie flatterten um die bunten Blüten der seltsamen Sträucher und Bäume, nachdem sie um schätzungsweise 2000 m gestiegen waren. Den in vollem Flor stehenden baumartigen Andenrosen wurde von uns allein ein halber Vormittag gewidmet. Ich wollte vor allem feststellen, welche Bewandtnis es mit dem Orchideenreichtum auf den Ästen dieser Bäume hatte, von dem Sievers — er hatte sehr wahrscheinlich dieselbe Stelle passiert — berichtet. Nach genauer Untersuchung kam ich zu der

Überzeugung, daß dieser Forscher die epiphytischen Bromeliaceen, die allerdings in großen Mengen das Gezweig bedeckten, wohl auf Grund der mächtigen, dunkelroten Blütenschäfte für Orchideen gehalten hatte, während ich von dieser Pflanzenfamilie auf all den vielen Bejarien auch nicht eine einzige Art antraf. Die Andenrosen waren aber auch ohne Orchideen etwas geradezu Einzigartiges. Mit ihrem dichten Flor von dunkelrosaroten Blüten glichen sie riesigen Blumensträußen, die sich seltsam von dem Grau und Braun ihrer Umgebung abhoben.

Erstaunlich reich war auch das Tierleben, dessen Mittelpunkt die blühenden Bejarien waren. Schwärme von Hummeln, Bienen und Wespen summten um die brennendroten Blütenkelche, und zu ihnen gesellten sich die bunten Kolibris des Hochgebirges, die unermüdlich mit lautem Surren von Blume zu Blume eilten, ein Gefunkel von lebenden Edelsteinen.

Durch die Erfahrungen der ersten Nacht belehrt, hatten wir uns für die folgende unser Nachtlager durch dicke Unterlagen von Gras und Laub etwas behaglicher gestaltet und der Kälte etwas besser widerstanden. Nur unsere Mulas fühlten sich nicht wohl, sie hatten doch sehr unter der ungewohnten Kälte gelitten und sahen traurig und recht struppig aus. Ich mußte schon aus diesem Grunde trachten, die Expedition möglichst schnell zu Ende zu führen. So brachen wir am 9. März früh auf und wanderten, zunächst steigend, über leicht gewellte, melancholische Páramolandschaften mit Mooren und eiskalten Bächen. Die Vegetation war durch niedriges, heidekrautartiges Gestrüpp und die malerischen Zwergbäumchen ausgezeichnet. Auf langen, vielfach gewundenen Pfaden stiegen wir dann in das breite, öde, unbewohnte und unbewohnbare Hochtal von Aduriameina hinab, in dem der erste der Quellbäche des Rio Aracataca nach Westen eilt. Auf den moorigen, von Felsen übersäten Hochweiden grasten Rinder. Kleine Trupps von wilden Pferden kletterten mit großer Geschicklichkeit und Schnelligkeit über die kahlen, glatten, wie poliert aussehenden Felsen und verschwanden zwischen dem wüsten Blockgewirr der hohen Parallelkette, welche das Tal im Norden begrenzte. Das waren dieselben kahlen Felsenhöhen, die ich zur Regenzeit vom heißen Lande aus nach nächtlichen Gewittern mit Neuschnee bedeckt, gesehen hatte. Die Luft war so außerordentlich klar hier oben, daß man sich gewaltig über die Entfernungen täuschte, und die langen Serpentinen, die wir nun am anderen Hange hinaufzuklettern hatten, schienen kein Ende nehmen zu wollen. Da und dort hatte das Felsgewirr am Wege natürliche Höhlen gebildet, in denen man noch die Aschenreste von Feuern sah. Hier finden die Indios Schutz vor der Witterung, wenn sie sich während der Trockenzeit aufmachen, das verwilderte Vieh zu jagen oder Pferde einzufangen. Der Hang, den wir hinaufkletterten, endete oben wie die meisten dieser Kämme in einem wildzerrissenen Gewirr von Felszacken; unten aber war er abgeschliffen und verriet überall die Wirkung ehemaliger Gletscher. Auch die kleinen, zum Teil vermoorten Karseen, an denen wir vorbeikamen, schienen auf glaziale Tätigkeit hinzuweisen. Hier nahmen die murmelnden Wässerchen, die dem Tal von Aduriameina zueilten, ihren Anfang, hier war die Möglichkeit für das Gedeihen etwas frischerer Vegetation gegeben. Während zwischen dem Steingewirr der Hänge nur dürftige Compositen bescheidene Existenzbedingungen fanden, darunter besonders häufig eine rötlich blühende Stevia, sehr ähnlich den Baldrian-Arten der nahen Hochweiden, leuchteten an den feuchten Stellen die glänzendroten Blütenstände von Castilleja-Arten und Berberitzen oder die korallfarbenen großen Blumen von rankenden Tacsonien (Passifloren). In dem braunen Moore selbst glänzten die großen, wunderschönen, schneeweißen Sterne einer stengellosen, von den Indios „Cardo" genannten Composite. Ich hörte, daß diese ehemals häufige Pflanze durch die verwilderten Schweine, die den langen, rübenartigen Wurzeln nachstellen, fast völlig ausgerottet worden sei.

Die glattgeschliffenen Felsen ließen es nunmehr ratsam erscheinen, zu Fuß zu klettern, da die Hufe der Mulas keinen richtigen Halt mehr fanden. Dabei spürte ich deutlich den Einfluß der immer dünner werdenden Luft; das Atmen wurde schwer, und der Puls klopfte bis in die Schläfen. Als wir uns nach einer besonders schwierigen Stelle etwas verpusteten, machten mich die Indios auf große Vögel aufmerksam, die in bedeutender Höhe über uns schwebten. Es seien Buitres, sagten sie, also Geier. Aber welche? Gallinazos konnten es nicht sein, denn dazu waren sie viel zu groß, und für Kondore mochte ich sie auch nicht ansprechen, denn mir war nichts davon bekannt, daß dieser König der Anden soweit nördlich vorkommen sollte. Wie mir meine indianischen Begleiter verrieten, sollen diese Vögel in den obersten Tälern zwischen den Schneegipfeln häufig sein. Pater Bernardo hatte mir noch kurz vor meinem Aufbruch von San Sebastian die Schwungfeder eines gewaltigen Vogels gezeigt, den die Indios erlegt hatten. Es hätte ganz gut die Feder eines Kondors sein können.

Ich hatte, seit wir Pueblo Viejo verlassen hatten, nichts mehr von der Schneekette gesehen und brannte darauf, ihr sobald wie möglich näher zu kommen. Unsere Indios sagten uns, daß wir sie erblicken würden, sobald wir den vor uns liegenden Paß von Cungucaca erreicht hätten. Es dauerte dann auch tatsächlich nicht mehr lange, so lag vor uns — es war Spätnachmittag geworden — mit der Schneekette als Hintergrund die großartigste, erhabenste Hochgebirgslandschaft, die ich bis dahin in der Sierra

Nevada gesehen hatte. In der Schneekette waren deutlich drei höhere Gipfel und mehrere kleine zu unterscheiden. Dieses herrliche Bild machte auf uns Weiße einen tiefen Eindruck, und dennoch war zu sehen, daß die Firn- und Schneewelt dort oben nur die letzten Reste einstiger weit gewaltigerer Eis- und Schneemassen waren, denn das Tal, das uns von der Schneekette trennte, war das alte Bett eines gewaltigen Gletschers, der ehedem dieses Steinmeer bedeckt hatte und bei seinem Schwinden mächtige Moränen und tiefe Kare hinterlassen hatte, ein geradezu klassisches Gebiet für Gletscherstudien. (Taf. 8 Abb. 16.)

Nachdem ich meine Höhenbestimmung mit dem Siedeapparat ausgeführt, die 4000 m Höhe ergab, kletterten wir zwischen den Steilwänden des riesigen Kars herab, das vor uns lag. Die Mulas führten wir am Lasso hinter uns her. Hier zeigte sich zum ersten Male, mit welcher Geschicklichkeit und Ruhe unsere Tragochsen solch schwierige Stellen zu nehmen wußten. Nach einstündiger halsbrecherischer Kletterei waren wir endlich am Grunde des Kars angelangt. Mit gletscherpolierten Rundhöckern wechselten düstere kleine Seen und schwarze Moore ab, die sich durch eine eigenartige Vegetation auszeichneten. Diese Moore nötigten uns zu großen Umwegen. So hatte ich keine Zeit, mich mit Botanisieren aufzuhalten und konnte nur ganz allgemein die Eindrücke der interessanten Landschaft in mich aufnehmen. Unsere Führer drängten zur Eile, denn die Sonne stand schon bedenklich tief, und es lag noch ein weiter Weg bis zu den Hütten von Mamancanaca vor uns, die unser Marschziel waren. Nachdem wir ein Stück am Ufer eines mir als Anabunciameina bezeichneten, tiefen und unheimlich düsteren Sees entlangmarschiert waren, kam eine zweite Stufe des Abstiegs längs einer mächtigen Moräne. Mit einer anderen, noch höheren begrenzte sie ein weiteres Seitental des Rio Aracataca. In diesem Tal floß in trägen, verschlungenen Mäandern ein breiter Moorbach und zeichnete mit der dunkelgrünen Vegetation seiner Ufer ein reizvolles Batikmuster in Grün, Schwarz und Braun. Die Moräne, die das Tal auf der anderen Seite begrenzte, mochte wohl mit ihrem oberen Rande um 150 m den Moorgrund überragen; sie hatte die eigentümliche Regelmäßigkeit eines Kunstprodukts und sah etwa so aus, wie eine der großen Schutthalden in einem Bergwerksbezirk. (Taf. 9 Abb. 17.)

Wir hatten jetzt das zweifelhafte Vergnügen, an der Moräne, auf der wir selbst standen, herunterzuklettern, eine Arbeit, gleich anstrengend für Menschen, wie für Tiere. Überall standen in dem Gewirr der großen und kleinen Blöcke die silbergrauen Frailejones. Als wir endlich am Fuße dieser Geröllmassen anlangten, begrüßten uns, inmitten des ewigen Grau in Grau, auf dunkler Moorwiese die tiefblauen Sternchen des Vergißmeinnichts, ein freundlicher Willkomm, den uns das Tal von Mamancanaca entbot. Endlich — die Sonne war schon verschwunden und es wurde bereits dämmerig — unterschieden wir zwischen mächtigen Felsblöcken zwei Kegeldachhütten: Wir waren in Mamancanaca. (Taf. 9 Abb. 18.)

Es war keine Zeit zu verlieren, denn die Nacht brach schnell herein. So wurden wir denn gezwungen, uns in einer der augenblicklich unbewohnten Indianerhütten, die offen standen, einzurichten. Dicht bei dieser Hütte lag ein von dicken Steinmauern eingefriedigter Corral, in dem wir die Tiere hätten unterbringen können. Da aber dort kein grüner Halm wuchs, mußten wir sie im Freien anpflöcken, damit sie sich am Bache Futter suchen konnten. Nachdem wir zwischen dem Hausgerät etwas Ordnung geschafft hatten, entzündeten wir in der Mitte der Hütte mit trockenen Frailejon-Stämmen, die wir in der Nähe aufgelesen, ein mächtiges Feuer und richteten unser Lager für die kommende Nacht ein. Wir konnten mit beträchtlicher Kälte, besonders während der ersten Morgenstunden, rechnen, da Mamancanaca noch erheblich höher lag — ich hatte am folgenden Morgen 3450 m ermittelt — als Siminchucuá, und dort hatten wir ja schon genügend gefroren. Unsere Hütte war trotz der dicken Wände durchaus nicht warm, da der Wind an unzähligen Stellen, auch bei geschlossener Türe, Eintritt fand; und trotzdem wir uns für die Nacht noch wärmer kleideten als in Siminchucuá, und trotz des schwach glimmenden Feuers, froren wir ganz erbärmlich. In der Frühe sahen wir, daß dicker Reif auf der Vegetation lag. Dieser Morgen brachte uns eine recht unangenehme Überraschung, denn unsere Indios stellten fest, daß meine Reitmula und einer der Tragochsen während der Nacht ausgerissen waren. Das war eine recht fatale Botschaft und ein recht schlechter Anfang für unsere Arbeiten im Tal von Mamancanaca. Zwei von unseren Indios machten sich auf die Suche nach den verlorenen Tieren. Um die Zeit auszunutzen, ging Herr R. mit den übriggebliebenen Indianern auf die Wildschweinjagd, während ich mit Juan die Wiesenflächen und Moore am Fluß nach Neuheiten für das Herbar durchsuchte.

Das Tal von Mamancanaca zog sich oberhalb unserer Hütte, nur mählich steigend, weit nach Osten, im Hintergrunde abgeschlossen durch steile, zackige, völlig kahle Felsberge. Auch in diesem Tale war überall die glaziale Tätigkeit sichtbar. Die Urgesteinsbuckel, die gerade gegenüber unserer Hütte lagen, zeigten deutlich die Spuren von der Arbeit des mächtigen Gletschers, der das Tal geformt. Auf beiden Hängen, besonders an dem südlichen, lagerte der Moränenschutt in großen und kleinen Blöcken. Etwa hundert Schritt von der Hütte entfernt lag ein mächtiger, fast kubischer Breccien-Block von etwa 3 m Höhe, der nur durch das Eis bis dahin transportiert sein konnte. Die Masse dieses Blockes, welche in großer Buntheit die Bruchstücke einschloß, war von außerordentlicher Härte. Dieser Findling war durch die Menge und Färbung seiner Einschlüsse von so großer Schönheit, daß er, sowie er da war, für jedes geologische Museum ein Glanzstück gewesen wäre. Er enthielt einen großen Teil der geologischen Geschichte der Sierra Nevada und schien auch auf die Indianer Eindruck gemacht zu haben, denn sie hatten auf ihm, wohl schon seit Jahren, ein Steinmännchen aufgetürmt. Ich konnte von unseren Indios nichts darüber in Erfahrung bringen, ob sich, wie ich vermutete, an diesen Block eine der Sagen knüpfte, an denen die Überlieferungen der Indianer so reich sind.

Trotz der hellen Morgensonne, die über dem Hochtal von Mamancanaca strahlte, und trotz der klaren Luft, lag doch etwas unsagbar Melancholisches, Totes über der Landschaft. Daran konnte auch die, übrigens spärliche, Vegetation nichts ändern, welche die Schutthänge bedeckte oder den schwarzen Humus als kurzhalmige Wiese überzog. Die Espeletien hatten sich auch hier, im Gegensatz zu den Frailejones der Anden, die dürresten Stellen ausgesucht. Die Hänge schimmerten weithin silbergrau von diesen grotesken Riesencompositen. Dazwischen wuchsen kleinere Pflanzen, Hypericum-Arten — deren baumartige Vertreter merkwürdigerweise völlig zu fehlen schienen —, krautige Compositen mit dichtem Pelz und die eigentümlichen Wegerich-Arten, Plantago alopecurus und caricina — die ich schon bei Siminchucuá gesehen —, gleichfalls dicht befilzt, mit schmalen, grasartigen Blättern. Auf den augenblicklich ziemlich trockenen Matten, in die sich der eiskalte Bach von Mamancanaca sein Geröllbett eingeschnitten hatte, waren die blühenden Pflanzen nicht allzu reich vertreten. Unter ihnen fiel mir eine kleine, blattlose, ganz und gar strohgelbe Erdorchidee auf, die höchst vorkommende, die ich bis jetzt gesehen hatte. Unter den Rändern der mit weichen Polstern überhängenden Matten, welche die Ufer des Baches säumten, standen seltsame Farne und gelbblühende Pantoffelblumen, die hier gegen die Einwirkung der Nachtfröste geschützt waren. Was ich am Bachufer vollkommen vermißte, übrigens auch sonst nirgendwo in irgendeinem der hochgelegenen Teile der Sierra Nevada gefunden hatte, das waren die Erlengebüsche, die für ähnliche Örtlichkeiten mit gleichen klimatischen Bedingungen in der Ostkordillere so überaus häufig und charakteristisch sind. Ebenso fehlten die hohen abenteuerlichen Puya-Arten jener Gegenden. Auch diese negative Feststellung war mir ein Beweis für die großen Unterschiede der Flora, die ganz offenbar zwischen den beiden Hochgebirgen bestehen.

Kurz nachdem ich mit Juan zu unserer Hütte zurückgekehrt war, traf einer der Indios mit der entlaufenen Mula ein. Sie war gerade in dem Augenblicke gefangen worden, als sie Anstalten machte, sich einem Trupp verwilderter Pferde anzuschließen. Der Junge band die Mula an einen großen Felsblock dicht bei unserer Hütte an und entfernte sich dann wieder. Als ich für einen Augenblick die Hütte betrat, um zu sehen, ob nicht irgendwie Platz im Hause zu schaffen wäre, um die Mula dort sicher für die Nacht unterzubringen, hörte ich draußen Hufgeklapper. Wie ich voll böser Ahnungen heraustrat, sah ich zu meiner Bestürzung, daß die Mula sich abermals befreit hatte und, samt dem Lasso, verschwunden war. Es war nichts mehr davon zu sehen, nicht einmal mehr zuverlässige Spuren, die irgendeinen Anhalt gegeben hätten. Sie war, als ich später San Sebastian verließ, noch nicht wieder eingefangen worden. Einige Indianer behaupteten aber, sie zwischen verwilderten Pferden im Parámo gesehen zu haben. Kurze Zeit nach diesem Vorfall traf Herr R. mit seinen Jagdgefährten ein und brachte ein erlegtes Schwein mit. So war allerdings einigermaßen für Lebensmittel gesorgt, aber das Mißgeschick, das wir soeben erlebt hatten und der Mangel an genügender Weide in diesem öden Hochtal legten die Befürchtung nahe, daß wir auch noch den Rest unserer Tiere auf ähnliche Weise verlieren könnten. Dadurch wäre Mamancanaca zu einer Art Falle für uns geworden. Mir war durch dieses Erlebnis die Freude an der Expedition arg verleidet worden, und ich hatte genügend Gründe, unseren Aufenthalt im Hochgebirge so sehr wie möglich abzukürzen. Die Indios, die der Verlust der zwei Tiere ziemlich kalt zu lassen schien, waren ganz in die Zubereitung der Jagdbeute vertieft, brieten und kochten; und unsere Hütte war so voller Rauch, daß die Augen schmerzten.

Nach der zweiten, fürchterlich kalten Nacht, beschloß ich mit Juan und dem Indio Santiago, den Vorstoß zur Schneekette zu unternehmen. Santiago versprach, mich bis zu einem Schneefelde, das er kenne, zu führen, und stellte in Aussicht, daß dies die einfachste Sache von der Welt sei und keiner besonderen Vorbereitungen bedürfe. Ich war ganz auf Santiago angewiesen, den man mir in San Sebastian als Wegekundigen mitgegeben hatte, und glaubte dabei gut zu fahren, wenn ich mich seiner Führung anvertraute. Kartenmaterial über die früheren Vorstöße nach der Schneekette, das mir irgendeinen Anhalt hätte geben können, besaß ich nicht. Wie ich in der Folge sah, hätte ich mein Ziel am schnellsten und sichersten auf dem von Sievers benutzten Wege erreicht. Dieser Weg war Santiago indessen entweder überhaupt nicht bekannt, oder er kannte ihn, wollte ihn aber aus irgendeinem Grunde, vielleicht aus abergläubischer Furcht vor den bösen Geistern in den an jenem Pfade gelegenen Seen, nicht benutzen. Auf alle Fälle durfte ich hoffen, einen Punkt zu erreichen, der nahe der Schneegrenze lag und mir Aufschlüsse über den Charakter der Pflanzenwelt in diesen hochgelegenen Regionen verschaffte.

Der Weg, den Santiago uns führte, folgte zunächst zwei Stunden dem Laufe des Baches von Mamancanaca in fast rein östlicher Richtung über die öden Hochmatten des Tales. Wir stiegen dabei, ohne daß wir es recht merkten, bis zu etwa 3700 m, wo wir angesichts einer etwa 600 m hohen, im unteren Teil von Gletschern polierten Felsmasse uns direkt in Richtung auf die Schneeketten wandten. Kleine, düstere Seen, wie dunkle melancholische Augen, füllten die Kare am Fuße der Felsen. Wir kletterten weiter über Moränenschutt mit spärlicher Vegetation die steilen Hänge hinauf. Selten nur fand der Fuß festen Halt, die Steine gaben meist nach und polterten geräuschvoll in die Tiefe. Dies war der weitaus beschwerlichste Teil des Aufstiegs. Santiago war das Klettern in der dünnen Luft gewohnt und dadurch Juan und mir weit überlegen, denn nach zehn, zwölf Schritten mußten wir immer einen kurzen Halt machen, um zu verschnaufen. Als weit weniger unangenehm empfanden wir die dann beginnende eigentliche Kletterei in den Felsen, obwohl wir keinerlei Übung im alpinen Sport hatten und darauf mit unserem Schuhwerk gar nicht eingerichtet waren. Durch einen kleinen Kamin, in dem ein dünner Streifen Wassers nach unten stäubte und die letzten Sträucher benetzte, arbeiteten wir uns aufwärts und standen dann in einem Kar, dessen pechschwarzer Torfboden gefroren war. Auf den Torfbülten wuchs eine seltsame Vegetation. Ich hatte Ähnliches niemals vorher gesehen. Sonderbare Farne, dicht rostrot befilzt, einem Affenschweif nicht unähnlich, ragten senkrecht aus den olivbraunen Polstern in die Höhe, und ganz in das schützende Moos eingebettet, öffneten die kleinsten und zierlichsten Compositen ihre winzigen stengellosen Blütensternchen, so klein, daß sie mir entgangen wären, wenn ich die Blüten nicht genau untersucht hätte. Indessen drängte Santiago. Er hatte einen weiten Vorsprung, rief uns von irgendwoher aus dem Steingewirre zu und war schließlich als dunkler Punkt auf den grauen Felsen hoch über uns zu erkennen. Als wir mit starkklopfenden Herzen bis 4300 m geklettert waren — die Mittagsstunde war schon vorüber —, standen wir vor einer dunkelbraunen, völlig vegetationslosen Mulde unterhalb einer Steilwand. Das war der Platz, zu dem uns Santiago hatte führen wollen. Nach seiner Behauptung war diese Mulde vor kurzem noch völlig mit Schnee bedeckt gewesen, und bei näherer Betrachtung konnte ich mich davon überzeugen, daß dies den Tatsachen entsprach. Der völlige Mangel an Pflanzenwuchs deutete darauf hin, daß dieser Platz nur ganz vorübergehend ohne Schnee sein konnte. Der Boden war dort auch jetzt noch gefroren. Von den Schneefeldern, die wir von Cungucaca aus gesehen, war von dieser Stelle aus nichts zu erblicken. Überall stiegen die völlig kahlen, furchtbar zerklüfteten Felsmassen vor uns noch reichlich zweihundert Meter höher hinauf und endeten nach oben mit einem in steilen Zacken zerrissenen Kamm, der uns jede weitere Aussicht versperrte. Öde und Grauen wohnte in dieser Felswildnis. Während wir uns darüber berieten, an welcher Stelle wir — Seile hatten wir nicht bei uns — die vor uns liegende Wand am besten nehmen könnten, kamen über den Kamm dicke weiße Wolkenmassen auf unseren Standplatz zu herübergejagt. Ein eisiger Wind fegte vor ihnen her. Damit hatte uns das Wetter einen bösen Streich gespielt. Der Weg nach vorwärts und oben war uns bereits verschlossen, und wir mußten damit rechnen, daß uns auch der Rückweg versperrt wurde. Es hieß also: zurück so schnell wie möglich. Zum Glück hatte ich bereits vorher im Schutze eines großen Felsens meinen Siedeapparat in Tätigkeit gesetzt, so daß wenigstens die Höhenbestimmung bereits gemacht war, als die Lage anfing bedenklich zu werden. Wir durften keinen Augenblick mehr verweilen, wenn wir nicht wollten, daß die Wolken uns einholten, ehe wir aus der schlimmsten Stelle des Abstieges heraus waren. Von diesem Punkte nahm ich als Andenken die letzte und höchst vorkommende Blütenpflanze, die wir angetroffen, mit, eine für die Wissenschaft neue D r a b a - Art, wie fast alle diese Hochgebirgspflanzen vom Nadelholztyp. Sie glich einem winzigen Tannenbäumchen, dessen oberste Zweigspitze orangengelbe Blüten trugen, ähnlich denen des wilden Goldlacks.

Dann begann der Abstieg, der weitaus unangenehmste Teil dieser Expedition, bei dem uns die Wolken zunächst immer dicht auf den Fersen blieben. Etwa hundert Meter hatten wir so zu klettern, dann waren wir aus den Ängsten heraus. Jetzt verteilten sich zum Glück auch die Wolken, und es war keine Gefahr mehr, daß sie den vor uns liegenden Steilhang zudeckten. Trotzdem blieb auch jetzt noch der Abstieg überaus beschwerlich. Es war ein furchtbares Gewirr von Blöcken, über das wir mehr herunterrutschten, als kletterten, mit weiten seitlichen Abständen, um uns nicht gegenseitig durch den Steinschlag zu gefährden. Zwischen diesen Blöcken standen von etwa 4100 m abwärts die Frailejones in prachtvollen, silbrig schimmernden, dicht belaubten Büschen, so schön, wie wir sie bis dahin noch nicht gesehen hatten. Zur Not hätten wir hier genügende Mengen von den seidig behaarten, dicken Blättern gehabt, um uns daraus zwischen den Felsen ein warmes Lager für die Nacht zu bereiten. Wir hatten das zum Glück jedoch nicht nötig und kamen von jetzt ab so schnell vorwärts, daß wir bereits anderthalb Stunden, nachdem wir den höchsten von uns erreichten Punkt verlassen, bereits wieder auf den duftenden, von der warmen Nachmittagssonne übergossenen Matten der Talebene standen. Kurz vor fünf Uhr waren wir wieder in unserer Indianerhütte.

Herr R. und die übrigen Indios waren noch nicht von ihrer Streife zurück, die dem Wiederauffinden der entlaufenen Tiere gegolten hatte. Erst als die Nacht sich über das Tal senkte, hörten wir die Stimmen unserer Gefährten. Sie hatten weite, anstrengende Wege gemacht, um, vielfach von falschen Spuren irregeführt, die verlorenen Tiere zu finden. Ihr Bemühen war aber leider ergebnislos geblieben. Wir hielten nun Kriegsrat, was wir in dieser fatalen Lage anfangen sollten. Es war kaum damit zu rechnen, in dieser wilden, schwer zugänglichen Gebirgswelt die entlaufenen Tiere wiederzufinden oder gar einzufangen. Die einzige Hoffnung war, daß sie selbst den Weg nach San Sebastian zurückfinden würden. Die uns noch verbliebenen Tragochsen waren infolge Futtermangels stark abgemagert; es war ratsam, sie sobald wie möglich nach San Sebastian zurückzubringen. Unter solchen Umständen blieb nichts anderes übrig als zu versuchen, am nächsten Tage unter Zurücklassung eines Teils von unseren Lasten sofort nach San Sebastian zu gehen.

Es kam die letzte Nacht in der Hütte von Mamancanaca. Spät, bei völliger Dunkelheit, traf noch eine von Donachuí kommende Indianerin, die Frau des Besitzers der Hütte, mit ihrem Töchterchen ein. Die beiden sorgten dafür, daß die ganze Nacht über das Feuer in unserer Hütte nicht verlosch. Unseren Bienenkorb füllte freilich binnen kurzem ein so dichter Rauch, daß es für die Weißen kaum möglich war, die Augen zu öffnen. Eines aber ist sicher, es war die erste Nacht im Hochgebirge, in der wir nicht gefroren hatten.

Ein herrlicher frischer Morgen versprach uns einen angenehmen Rückmarsch. Wir ahnten allerdings nichts davon, wie er sich in Wirklichkeit gestalten würde. Bei schönstem Sonnenschein, der schnell den dicken weißen Reif forttaute, beluden wir in aller Eile die uns verbliebenen Lastochsen. Von Modesto mietete ich dessen eigenes Reitpferd, auf das auch noch ein Teil des Gepäcks verladen wurde. So konnten wir alle unsere Lasten mitnehmen, ausgenommen meinen Sattel, für den ich ja keine Verwendung hatte und den ich in der Hütte zurücklassen konnte, da Santiago sich erboten hatte, ihn später nach San Sebastian herunter zu bringen.

Die durch Futtermangel geschwächten und diesesmal weit stärker beladenen Tiere marschierten so langsam, daß mir Zeit blieb, am Aufstieg nach dem Paß von Cungucaca unser Herbar um eine Reihe von interessanten Pflanzen zu bereichern. Den nachhaltigsten Eindruck — wörtlich genommen — machte dabei ein Pflänzchen, das uns schon beim Abstieg aufgefallen war durch die einladenden gelbgrünen, moosartigen Polster, mit denen es den Humusboden rings um die Moore überzog. Als Juan und ich uns hier lagerten, um einen kurzen Marschimbiß einzunehmen, fuhren wir sofort, wie von hundert Nadeln gestochen, hoch, denn die so harmlos aussehenden Polster waren gespickt mit kleinen Grassamen, die nach oben in eine feine glasharte Spitze auslaufen, schärfer als die Stacheln eines Kaktus, und sich klettenartig in das Fleisch hineinbohrten. Dieses heimtückische Gewächs, eine winzige Grasart, Ariachne pulvinata, das uns auf sein bis dahin unbekanntes Vorkommen in der Sierra Nevada auf so fühlbare Weise aufmerksam machte, bildete eins der bemerkenswertesten Sammelobjekte, das uns die so selten von Weißen betretenen Hochmatten der Sierra Nevada beschert hatten.

Als wir dann vom Paß, nach einem letzten Blick auf die schimmernde Schneekette, über die kahlen glatten Felsbuckel zum Tal von Aduriameina herunterkletterten, kreisten plötzlich dicht über uns die großen Vögel, die „Buitres", die wir schon am Aufstieg in großer Höhe schwebend bemerkt hatten. Jetzt waren sie so nahe, daß wir jede Einzelheit sehen konnten, denn wir hätten fast mit Steinen danach werfen können. Es war tatsächlich eine Kondorart. Keiner von diesen riesigen Vögeln ließ allerdings etwas von dem Kamm erkennen, der den erwachsenen männlichen Kondor auszeichnet, auch fehlte den Schwingen das reine, schneeige Weiß, das mir in Südcolumbien bei diesem Vogel als besonderer Schmuck des Gefieders aufgefallen war, dagegen hob sich die weiße Krause am Hals deutlich von dem tiefschwarzen Federkleid ab.[6])

Die „Buitres" folgten uns längere Zeit, immer in Büchsenschußweite über unseren Köpfen kreisend, sie brachten aber, wie schon die nächsten Stunden zeigten, schlechte Auspizien; sie waren Unglücksvögel für uns. Bald nachdem wir am jenseitigen Hange des Tales von Aduriameina den Aufstieg beendet hatten — es war etwa 11 Uhr —, sahen wir plötzlich riesige dunkle Wolkenmassen vor uns über der Erde lasten. Schwarz und drohend, versperrten sie restlos die Aussicht nach vorn und hüllten uns schnell in dichte, durchnässende Nebel ein. Bei unserem alten Lagerplatz von Siminchucuá schlugen uns die ersten Tropfen ins Gesicht. Unglück-

[6]) Der Ornithologe des Zoologischen Museums in Berlin, Dr. Stresemann, den ich fragte, meinte, es handle sich um junge Vögel des andinen Kondors. Das würde dafür sprechen, daß der Kondor in der Sierra Nevada Standvogel ist. In der Monographie des amerikanischen Ornithologen Carricker über die Vogelwelt der Sierra Nevada wird der Kondor nicht aufgeführt.

licherweise waren gerade in diesem Augenblick die Tiere weit vor mir. Hätte ich aber geahnt, was nun kommen würde, so hätte ich doch noch den Versuch gemacht, sie zurückzuholen, um das Zelt aufzuschlagen. Es war allerdings sehr fraglich, ob wir damit noch zu Rande gekommen wären, denn noch ehe ich mich mit den Indios verständigen konnte, brach eines jener furchtbaren Unwetter, einer dieser Regenparoxysmen los, die nur die tropischen Hochgebirge kennen. Wahre Fluten eisigkalten Regens, untermischt mit Hagelschlossen, stürzten aus den Wolken und weichten uns in wenigen Minuten bis auf die Haut ein. Von meinem Gummiponcho hatte ich keinen Nutzen, denn der war vorne bei den Tieren. Als wir zu der Talmulde herabstiegen, in der mir beim Aufstieg die tiefen Löcher im torfigen Humusboden aufgefallen waren, tosten über die kahlen Hänge ungeheure Wassermengen in die Tiefe, ein einziger entfesselter Wildbach. Dort, wo noch wenige Tage zuvor, tief unter der dicken Humusdecke, eine winzige Wasserader rieselte, brauste jetzt ein reißender Fluß dahin, den wir, bis an die Knie im Wasser, und den Untergrund mit unseren Stöcken abtastend, querten, und ähnlich diesem Bächlein, hatten alle die vorher unbedeutenden Wasseradern, die wir noch passierten, völlig ihre Natur verändert. Ich begriff jetzt, woher die gewaltigen, plötzlich auftretenden und ebenso schnell wieder ablaufenden Wassermassen kamen, die mir bei meinen Flußaufnahmen im vergangenen Jahre soviel zu schaffen gemacht hatten. In den Zeiten, als hier noch die dichten Bergwälder standen, deren letzte schäbige Überbleibsel in den Schluchten das furchtbare Vernichtungswerk durch Feuer und Axt nicht erreicht hatte, wären diese katastrophalen Wasserfluten ganz undenkbar gewesen, hier, wie in allen anderen Gegenden Columbiens, wo die Verhältnisse ähnlich liegen. Auch bei dieser Sintflut bewährten sich die hervorragenden Eigenschaften unserer braven Tragochsen. Mit unerschütterlichem Gleichmut zogen sie bedachtsam Schritt vor Schritt durch diese Wasserfluten über die steilen glitschigen Hänge und wußten geschickt, die einzige Stelle aufzufinden, an der die Wildbäche überhaupt noch zu passieren waren. Auch unsere Indios Modesto und Santiago machten ihre Sache brav, ordneten, ohne eine Miene zu verziehen, die Lasten, wenn es nötig wurde, und waren nicht aus der Ruhe zu bringen. Bei dieser Gelegenheit zeigte es sich, in wie außerordentlichem Grade der Indianer des Hochgebirges sich der wilden Natur seiner Heimat angepaßt hat, und wie weit er seinen Unterdrückern eigentlich in vieler Hinsicht überlegen ist.

Unterdessen war der Regensturm immer heftiger geworden, die Zähne klapperten uns, und die Aussicht, daß noch reichlich vier Stunden in diesem furchtbaren Unwetter auf den in Wildbäche verwandelten Wegen, an Abgründen und Steilhängen vorbei, vor uns lagen, war wirklich teuflisch. Juan, der dicht hinter mir folgte, begann Gespräche über gleichgültige Dinge, erzählte mir von seiner Heimat Costarica und versuchte, wie ich merkte, durch die so erreichte Art von Autosuggestion über das Gefühl des Erstarrens hinwegzukommen. Auch meiner hatte sich bereits ein immer stärker werdendes Gefühl der Müdigkeit und Gleichgültigkeit bemächtigt. Nur noch rein mechanisch setzte ich einen Fuß vor den anderen. Während dieser kritischen Augenblicke sah ich, wie uns Herr R. von vorne zuwinkte. Ihm mochte es ähnlich ergangen sein, wie uns. Er hatte seinen Rucksack, der durch das aufgesogene Wasser viel zu schwer geworden war, auf einen Stein gelegt, und schwenkte etwas in der Hand, das sich als eine Labeflasche mit Rum herausstellte. Wir hatten von der Existenz dieses Lebensretters keine Ahnung. Ein langer Zug aus dieser Flasche gab uns unsere Lebensgeister zurück, und ich weiß wirklich nicht, ob wir ohne diesen Schluck das Tal von San Sebastian erreicht hätten. So hatte „König Alkohol", der im Departamento Magdalena schon soviel Unheil angerichtet, auch einmal etwas Gutes gestiftet.

Als wir im Tal anlangten, hörte der Regen auf, aber auch dann war das Marschieren mit dem großen Gewicht der von Wasser triefenden dicken Kleidung noch schlimm genug, und die Kälte schüttelte unseren Körper. Bald nachdem wir dann den eiskalten Rio San Sebastian gequert, lagen die Häuser von Paúruba vor uns. Ich glaube, daß mir selten in meinem Leben der Wechsel der Kleider solchen Genuß bereitete, wie an diesem Spätnachmittag im Indianerdorfe, und um dieses Glück voll zu machen, folgte noch eine Tasse wundervollen heißen, schwarzen Kaffees, den uns die „Niña" Antonia gebraut hatte.

Der Rückmarsch von Mamancanaca war also noch verhältnismäßig glimpflich abgelaufen. Leider hörte ich im Dorfe nichts von dem Eintreffen der Mula und des Tragochsen, die uns ausgerissen waren, und auch Padre Bernardo, dem unser erster Besuch galt, und dem ich unser Mißgeschick berichtete, wußte noch nichts über das Schicksal der Tiere. Der Ochse wurde später hoch im Gebirge wieder eingefangen; die Mula aber war und blieb verschwunden. Die folgenden Tage waren reichlich mit Arbeiten ausgefüllt, und besonders das Trocknen, Katalogisieren und Verpacken unserer botanischen Sammlungen nahm uns restlos in Anspruch.

Ich mußte nun allmählich an die Rückkehr nach Santa Marta denken. Da aber Santiago den von mir in Mamancanaca zurückgelassenen Sattel noch nicht wiedergebracht hatte — er sollte zugleich die entlaufene Mula suchen —, mußte ich diese Reise aufschieben. Inzwischen blieb mir aber Zeit, dem Waldtal von Sircayuca, dessen Wachspalmenwälder es mir bei dem Aufstieg zu den Schneebergen angetan hatten, einen kurzen Besuch abzustatten; dazu brauchte ich nur Zelt und Koffer, hatte aber kein Reittier nötig. Um in kurzer Zeit ein möglichst günstiges Sammelresultat zu erzielen, sandte ich an den Einsiedler von „Playoncito" am Chinchicuá, meinen Landsmann Re. — bei dem ich das nötige Verständnis für derartige Arbeiten voraussetzen durfte — einen Brief, in dem ich ihn bat, mich bei meiner Sammeltätigkeit zu unterstützen. Er kam denn auch richtig, und ich lernte ihn auf dieser Expedition zum ersten Male kennen. Ich hätte mir keinen besseren, hilfsbereiteren Gefährten wünschen können als ihn. Am 22. März, ziemlich spät am Vormittag, brachen wir gemeinsam nach Sircayuca auf. Der Indio Modesto hatte mir Tragochsen für diese kleine Reise besorgt. Auf steilen Pfaden, über verbranntes Gelände, erreichten wir am Nachmittag eine einsame Indianerhütte, gegen welche die im Tal von Sircayuca wogenden grauen Nebel heranrückten, stiegen dann die Hänge hinab und folgten der Quebrada bis zu dem verschlossenen Hause des Indios Delfin Hizquierdo, der abwesend war. Weiter wollten wir nicht vordringen, weil der Himmel mit Regen drohte. Auf einem freien Platz in der Nähe des Hauses schlugen wir das Zelt auf und begannen sofort mit unserer Sammeltätigkeit. Wie überall, war auch hier der Wald bis auf geringe Reste zerstört, noch gründlicher, als ich angenommen hatte. Nur an den Steilufern der steileingeschnittenen Quebrada von Sircayuca, bis zu der die Feuer nicht hatten gelangen können, war ein prächtiger Galeriewaldstreifen stehen geblieben. Seine dunklen, frischen Laubmassen standen im grellsten Gegensatz zu dem Braun und Gelb der durch die Feuer verwüsteten Pflanzenwelt ringsum. Als Hintergrund ragte wie ein ausgebrannter Krater der pechschwarz verkohlte steile Hang, an dem Bäume und Sträucher bis hinauf zum Wege nach Mamancanaca vernichtet worden waren. Wie eine stumme Anklage gegen dieses gänzlich überflüssige Zerstörungswerk standen die abgestorbenen schlanken Wachspalmen, bis in deren Kronen die haushohen Flammen emporgelodert waren. Ein glühender Lavastrom hätte kaum gründlichere Arbeit verrichten können.

Die Pflanzenwelt der Waldreste war so eigentümlich, daß ein Aufenthalt von einigen Tagen in Sircayuca immerhin lohnend schien. Die verschiedenartige Tönung des Laubes gab dem Walde schon auf den ersten Blick etwas recht Buntes. Mit Kronen, ähnlich denen der nordischen Kiefern, hob sich da und dort durch sein graugrünes, nadelartiges Laub ein stattlicher Podocarpus heraus. Sonderbare Proteaceen mit schlanken weißen Blütenrispen und rostrotem Filz der Unterseite der Blätter, gaben dem Grün des Waldes einen warmen, bräunlichen Ton. Hoch über den Laubmassen wiegten sich auch hier, wie am Alto de San Lorenzo, die schlanken, hellgrauen, geringelten Stämme der Wachspalmen. Unten in der Schlucht, von den Ästen über dem Bache hingen als lange Bündel zierliche hellgrüne Lycopodiaceen neben Orchideen, kleinen Pleurothallis-Arten und dem entzückenden Odontoglossum nevadense mit krausen, braungetigerten Blüten.

So bunt und artenreich der Wald von Sircayuca auch aussah, er lieferte doch nur einen verhältnismäßig geringen Beitrag zu unserm Herbar. Die Blütezeit der Bäume und Sträucher hatte eben erst begonnen, und die meisten Knospen waren noch so unentwickelt, daß ich ihr Aufbrechen nicht abwarten konnte. Nachdem wir uns nur drei Tage in Sircayuca aufgehalten hatten, kehrten wir nach San Sebastian zurück. Herr R. marschierte gleich bis Pueblo Viejo, um von dort Lasttiere für meine Rückkehr zu bestellen. Inzwischen hatte Santiago meinen Sattel von Mamancanaca wohl zurückgebracht, aber die entlaufene Mula nicht gefunden. Die Vorbereitungen zum letzten Teil meiner Reise waren getroffen. Es blieb nur noch das Eintreffen der neuen Recua abzuwarten, dann konnten wir aufbrechen.

XIV. Kapitel.

Heimkehr.

Am 2. April, kurz vor Mittag, traf, von Pueblo Viejo kommend, Herr St. mit einem seiner kleinen Söhne in San Sebastian ein. Sie brachten ein Reittier für mich und die Lastesel mit, die mein Gepäck nach Chinchicuá bringen sollten, wo ich einige Tage von dem Re'schen Besitz „Playoncito" aus die letzten, im Süden der Sierra Nevada erhaltenen Waldreste sammelnd durchstreifen wollte. Nachdem ich mich von den Mitgliedern der Kapuzinermission, die mir soviel Gastfreundschaft erwiesen, und von der Familie R. verabschiedet hatte, folgte ich der kleinen Karawane auf denselben Wegen über die verbrannten Hänge, von denen aus ich vor fünf Wochen zum ersten Male das Tal von San Sebastian hatte liegen sehen. Es wurde schon dämmerig, als wir über den Paß von Inarua in das Tal des Chinchicuá hinabstiegen. Als wir den Fluß überschritten, zeichnete bereits das fahle Licht des Mondes die Schattenrisse der Bäume auf den Pfad. Hier schwenkte die Karawane vom Wege ab in Richtung auf die Einsiedelei im Urwald. Die Tiere schienen den Weg, der in weiten Schleifen dem entwaldeten, lang sich dehnenden Rücken folgte, zu kennen. Endlich blitzte ein Licht aus dem dunklen Walde vor uns auf, und bald darauf standen wir vor dem einsamen Indianerhause „Playoncito", Herrn Re's. Besitz.

Der Eigentümer von Playoncito lebte auf seiner kleinen Finca tatsächlich als vollkommener Einsiedler mit seinen Tieren, dem Esel „Franz", der frei in den ausgedehnten Lichtungen um das Haus umherstreifen durfte, auf Anruf herbeikam und sich jeden Mittag sein Stück Rohrzucker holte, und einem kleinen Käuzchen, mit dem er sich dermaßen angefreundet hatte, daß der drollige kleine Vogel auf seine Schultern flog, wenn er nach Einbruch der Nacht das Haus verließ. Außerdem unterhielt Herr Re. noch freundschaftliche, wenn auch weniger enge Beziehungen zu einem Puma, der in dem Urwald neben der Hütte hauste und von seinen Pflanzungen die verwilderten Schweine fernhielt, die ab und zu argen Schaden anrichteten. Im Bergwalde von Chinchicuá machte sich die Anwesenheit des halbwilden Viehs der Indianer in der schlimmsten Weise geltend, denn nur eine dicke, solide Steinmauer ist imstande, diese Plage abzuschrecken. Wer ist aber in der Lage, solch umständlichen, kostspieligen Schutzwall rings um eine größere Pflanzung aufzuführen! Hatten doch umherstreifende Rinder aus einer benachbarten Indianersiedlung Herrn Re's. Kaffeepflanzung, das Ergebnis langer mühseliger Arbeit, völlig zerstört. Neben seinen Pflanzungsarbeiten zeigte der Besitzer von Playoncito großes Geschick für die Tischlerei und hatte sich deshalb nahe seinem Hause eine Werkstätte eingerichtet, in der er das beim Roden des Waldes gewonnene Holz zu Stühlen verarbeitete, für die er Abnehmer in Pueblo Viejo fand. Leider konnte mir Herr Re. nicht, wie ich gehofft hatte, Gesellschaft leisten. Er hatte von seinem Freunde, dem Zahnarzt H. in Valle de Upar, am Tage meines Eintreffens schlechte Nachrichten über dessen Gesundheitszustand erhalten und hielt sich für verpflichtet, in selbstloser Hilfsbereitschaft dem Kranken als Pfleger beizustehen. So brach er am kommenden Tage mit Herrn St. auf. Ich blieb mit Juan allein in Playoncito zurück, um in den Bergwäldern am Chinchicuá nach Herzenslust zu botanisieren. Mein Gehilfe hatte ein erstaunliches Interesse für die Natur, noch erstaunlicher waren seine Beobachtungsgabe und sein Formensinn. Binnen kurzem wußte er sich in dem Formenreichtum, der den Bergwald auszeichnete, zurechtzufinden und überraschte mich durch die Sicherheit, mit der er neue Funde in Beziehung zu dem brachte, was er bereits kannte. Der Wald von Chinchicuá erschien unerschöpflich an Formen. Leider mußten wir aber auch hier die Entdeckung machen, daß wir viel zu früh in der Jahreszeit gekommen waren. Meine Vermutung, daß die richtige Blütezeit im Bergwalde erst Anfang Mai beginnt, wurde mir später von Herrn Re. bestätigt. Dabei war hier, wie überall im Hochwald, das Sammeln schwierig, und besonders an die Lianen war kaum heranzukommen. Hatte ich im Fernglas irgendeinen blühenden Urwaldbaum festgestellt, von dem wir Proben für das Herbar mitnehmen wollten, so mußten wir zunächst einmal ermitteln, ob es möglich war, ihn zu fällen und ob er nicht etwa nach stundenlanger Arbeit mit der Axt so fallen konnte, daß er in den Kronen anderer Bäume hängen blieb. Manchmal lohnte es sich, ein anderes Exemplar derselben Art zu suchen, das günstiger stand, aber auch damit ging viel Zeit verloren. Unter Umständen erforderte die Beschaffung des Materials von den ganz Großen des Waldes einen halben Tag oder mehr, erfüllte uns dann aber auch mit ganz besonderer Genugtuung. Schon als ich den Wald am Chinchicuá beim Aufstieg nach San Sebastian zum ersten Male passierte, war es mir aufgefallen, daß die Kuppen und Rücken dieser leicht gewellten Landschaft, den mageren Rindern zuliebe, fast überall abgeholzt waren und nur noch am Fuß mehr oder weniger breite Waldgürtel trugen, die sich an den Wasserläufen zu größeren Beständen zusammenschlossen. Von diesen Lichtungen aus fraßen sich die alljährlich zur Trockenzeit von den Indianern angelegten Feuer immer weiter in die Waldreste hinein.

Manche Bäume, die ich anderwärts nur in bescheidenen Abmessungen gesehen hatte, erreichten auf dem fruchtbaren Humusboden bedeutende Höhe. So stand mitten im Walde, in der Nähe unseres Hauses, im vollen Flor ihrer rosaroten Blüten eine Andenrose (Bejaria) in Baumform von fast 20 m Höhe. Nirgendwo hatte ich so riesige Clusien gesehen, wie hier; ihre lederartigen, großen, glänzenden Blätter hatten die Größe eines Suppentellers. Überhaupt schien mir die Neigung zum Riesenhaften eine besondere Eigentümlichkeit dieses Waldes zu sein. Hier wuchs auch im Unterholz die größte aller columbischen Pfefferarten (Piper), Bäumchen bis zu 15 m Höhe mit Blättern von mehr als Fußlänge und den rattenschwanzähnlichen Blütenständen, die fast einen halben Meter maßen. Auch die in der Sierra Nevada mit so vielen Arten vertretenen Coca-Sträucher haben am Chinchicuá ihren riesigsten Vertreter stehen, das Erythroxylon macrophyllum, mit Blättern von mehr als Handlänge, in dem kaum noch der Verwandte des für die Indianer so wichtigen kleinblättrigen Strauches zu erkennen ist. Unter der im Bergwalde so überaus arten- und formenreichen Familie der Melastomaceen fiel uns besonders eine bisher unbekannte Art der Gattung Blakea auf, ein Baumwürger mit großen Blüten in der Farbe und mit dem Duft der Teerosen. Natürlich fehlte auch nicht die Psidiopsis Moritziana (Taf. 10 Abb. 19) mit ihren verschrobenen Stämmen, die weiß aus dem Halbdunkel des Waldes leuchteten. Lorbeerarten, Myrten, Theaceen mit großen porzellanglänzenden, unterwärts rostrot befilzten Blättern, riesige Brunellien mit weitausladender Krone, Styracaceen und Clethra-Arten mit duftenden Blüten, die äußerst häufige Chrysochlamys membranacea mit großen dichten Beerentrauben, Baumfarne und Zwergbambus vervollständigten dieses Bild. Schließlich sah ich in diesem wundervollen Walde zum ersten Male, und zwar in geschlossenen Beständen, Chinarindenbäume aus der Gattung Ladenbergia. Ihre großen weißen Blüten erfüllten den Wald mit heliotropartigem, durchdringendem Wohlgeruch. Selten nur waren merkwürdigerweise die Palmen, jedenfalls traten sie nicht annähernd in den Mengen in Erscheinung wie in den Wäldern am Nordhange des Gebirges.

Eine Woche hatten wir in der herrlichen, gesunden reinen Luft am Chinchicuá zugebracht, weder belästigt durch Kälte, noch durch die stechenden und kribbelnden Insekten, eine wohltuende Erholung! Freilich waren wir für die Nachmittage meist ans Haus gebunden, da bald nach 12 Uhr der Regen einsetzte. Wir hatten aber mit dem Trocknen der Pflanzen so reichlich zu tun, daß wir uns nicht über Langeweile zu beklagen hatten. Am 10. April vormittags traf Herr St., wieder begleitet von einem seiner Söhne, mit der Recua ein, die uns zunächst nach Pueblo Viejo, der zweiten Etappe unseres Rückmarsches ins heiße Land, bringen sollte. Dort würde sich dann das Weitere finden. Am folgenden Tage verschlossen wir die Tür des Hauses, dessen Besitzer noch nicht zurückgekehrt war, und nahmen von Playoncito Abschied. Dann begann der Abstieg auf schattigen Wegen durch den Wald, in dem sich, je tiefer wir kamen, desto sichtbarer, die kommende Regenzeit meldete. An der unteren Grenze des Waldes von Chinchicuá, bis zu der wir von Playoncito aus nicht vorgedrungen waren, standen weit mehr Bäume in Blüte als in den höheren Regionen. Ich hatte das nicht voraussehen können. Im andern Falle würde ich hier nochmals ein Standlager eingeschoben haben. So aber waren bereits meine Anordnungen für den Rückmarsch getroffen, an denen nichts mehr geändert werden konnte.

Als wir aus dem Walde auf die kahlen, sonnigen Höhen hinaustraten, an denen sich der Weg nach Pueblo Viejo hinunterzieht, sah ich, daß auch hier der Frühling einkehrte. Die Grasbülten trieben frisches junges Grün, und auf dem bisher kahlen grauen Boden dazwischen sproßte und blühte es in allen Farben. Da standen rosenrote Malven, zierliche Cissampelos, feurig goldgelbe Byrsonima und Palicourea, dazwischen die großen blauen Blumen der Clitoria. Weiter unten auf den Schotterterrassen kamen auch prächtige Orchideen hinzu, ein Cyrtopodium mit blattlosen dicken Bulben und gelben, braungetigerten Blüten. Um die Mittagszeit querten wir den Rio Ariguaní und waren kurz darauf, nachdem wir den steilen Rand der Mesa von Pueblo Viejo heraufgeklettert waren, vor dem Hause der Familie St. (Taf. 10 Abb. 20.)

Meine erste Sorge mußte nun sein, mich um Verbindungsmöglichkeiten nach Fundación zu kümmern. Nach reiflicher Prüfung des Für und Wider nahm ich den Vorschlag an, den mir Herr St. machte. Er wollte in den nächsten Tagen mit seinen Eseln nach Fundación, um dort Einkäufe zu machen. Diese Gelegenheit konnte ich benutzen, um meine Sachen bis dorthin zu schaffen, wenn auch zu bedenken war, daß die Lasten mit einer Eselkarawane nicht so schnell ans Ziel kamen, wie auf Mularücken. Da mir aber an besonderer Schnelligkeit des Marsches nichts lag, ich im Gegenteil bei langsamerer Reise mehr Einzelheiten zu sehen hoffte, auch eher Gelegenheit zum botanischen Sammeln hatte, so nahm ich Herrn St's. Vorschlag an. Ich tat das um so lieber, als er mir seine eigene Reitmula für diesen Marsch zur Verfügung stellte.

Bis zum Tage der Abreise hatte ich genügend Zeit, meine Sammlungen sorgfältig zu verpacken, ja sogar das Herbar noch um einige Pflanzen aus der Umgebung von Pueblo Viejo zu vervollständigen. In diesen Tagen hatte ich auch noch Gelegenheit, mich von Herrn Re. zu verabschieden, der von Valle de Upar zurückgekehrt war, nachdem er seinem erkrankten Freunde mit Erfolg beigestanden hatte, lernte auch noch das deutsche Ehepaar J. kennen, das ebenfalls auf Grund eines der verfehlten Kolonisationsunternehmen die deutsche Heimat verlassen und mutig den Kampf mit den vielen Widerwärtigkeiten aufgenommen hatte, welche die ganz ungewohnten neuen Verhältnisse mit sich brachten.

In der Frühe des 17. April war alles zum Aufbruch bereit. Unsere braven wohlgenährten Grautiere standen zufrieden mit ihren Freßbeuteln — eine Neuerung, die ihr in allen Dingen gründlicher und gewissenhafter Besitzer in Pueblo Viejo eingeführt — vor dem Hause, um ihre Lasten in Empfang zu nehmen, und bald darauf setzte sich die Recua in Bewegung. Ich selbst trabte auf dem mir bekannten Wege voraus in den prächtigen, frischen Morgen der beginnenden Regenzeit hinein. Zwar waren noch allerorten die Spuren der Busch- und Grasbrände zu bemerken, aber aus den Büscheln der harten Gräser, die der Zerstörung standgehalten hatten, sproßten neue Blätter. Schlimm war es allerdings um die kleinen Waldfetzen bestellt, an denen der Weg entlangführte. Hier hatte man, seit ich das letztemal durchgekommen, mit Axt und Feuer so gründlich aufgeräumt, daß fast nichts mehr übriggeblieben war. In einem dieser Waldreste, der an seinen Rändern auch bereits verkohlt und der Vernichtung geweiht war, schwebten hoch über dem Zwergbambus entzückende Falter, zarte Morphos in berückendem, märchenhaftem Farbenspiel, in dem Bernsteingelb mit glitzerndem Veilchenblau abwechselte. Am Abstieg über die kahlen, sonnendurchglühten Hänge wartete ich auf die Recua, die nur langsam marschierte, um mit ihr gemeinsam den Weg zu machen. Durch Cafetales und kleine Waldstücke, aber durch noch mehr verbrannte Wüsteneien absteigend, waren wir am Nachmittag wieder in dem schmutzigen Rancho von Tamaco.

Am nächsten Morgen brachen wir früh auf, denn ein großer Tagemarsch lag vor uns. Zunächst erfreuten wir uns noch des Schattens, den die unterhalb Tamaco sich dehnenden Waldreste spendeten. Dann marschierten wir stundenlang über unfruchtbares Geröll, durch heiße, schatten- und wasserlose Chaparrales, die sich in der Ebene verloren. Der Chaparro und die mit ihm vergesellschaftete Byrsonima standen in voller Blüte und machten diese Buscheinöde etwas freundlicher, vermochten aber dennoch nicht, über die Trostlosigkeit dieser Landschaft hinwegzutäuschen. Als wir dann aber in die Ebene kamen, begann ein bunter Wechsel: Wald mit geradezu riesigen Curua-Palmen, die oft geschlossene Haine bildeten, und Parklandschaften, so schön und eigenartig, wie ich sie bis dahin in noch keinem Teil von Columbien gesehen. Aus weiten hellgrünen Rasenflächen, völlig eben und kurzhalmig, als ob sie von Gärtnerhand gepflegt seien, hoben sich in wirkungsvollen Gruppen die prachtvoll ebenmäßigen Palmen heraus. Viele von ihnen trugen am Stamm große epiphytische Orchideen, einer Zuckerrohrpflanze nicht unähnlich, die zwar zu dieser Jahreszeit nicht blühten, aber sicher als Art der Gattung Cyrtopodium erkennbar waren. Stundenlang marschierten wir durch diese wundervolle Landschaft, deren Hintergrund die zerklüfteten blauen Kämme der Sierra Nevada waren, und ich vergaß völlig die lähmende Hitze, die über dieser Ebene lag, und unter der unsere Tiere sichtbar litten. Die Wasserläufe waren mit Ausnahme von einem, dem Rio Mariangola, den wir am Spätnachmittag kreuzten, bis auf kleine Tümpel mit trübem Wasser ausgetrocknet. An ihren Rändern stelzten durch das Naß graue Ibisse, die sich bei unserer Annäherung lärmend erhoben. Unsere Esel gingen an keiner dieser Pfützen vorüber, ohne in langen Zügen die laue Flüssigkeit in sich hineinzupumpen. Diese fast wasserlose Ebene war abermals ein Beitrag zu dem Thema „Waldverwüstung in der Sierra Nevada". Aber es kam in den folgenden Tagen noch schlimmer. Am Spätnachmittag nahm uns der hochstämmige Galeriewald auf, der die Ufer des Rio Mariangola säumt. An der Stelle, an der ich ihn querte, flatterten von einer verendeten, im Wasser liegenden Mula schwarze Gallinazos und bunte Königsgeier auf. Um meinen quälenden Durst zu stillen, mußte ich deshalb ein Stück weiter den Fluß hinaufreiten, dann suchte ich in dem weit auseinander liegenden Orte das Haus, in dem wir übernachten sollten. Nach und nach trafen dann unsere müden Grautiere ein und wurden von ihren Lasten befreit. In der Nähe unserer Posada zeigte man mir das Sterbehaus des unglücklichen Frankfurters, von dem ich in Villa Nueva gehört hatte, des ersten Opfers eines gänzlich verfehlten Kolonisationsunternehmens. (Taf. 10 Abb. 20.)

Die Tagemärsche, die den in Mariangola abgeschlossenen folgten, waren uns durch die Lage der Wasserstellen, vorgezeichnet. Der nächste führte zuerst durch Hochwald, dann, nachdem der Rio Diluvio passiert war, über unbeschreiblich ödes, verbranntes Land. Hier standen noch die halbverfallenen Baulichkeiten der verlassenen Kupferminen von Camperucho. Auch dieses Unternehmen war ein Opfer der Wasserlosigkeit geworden, mußte aus diesem Grunde aufgegeben werden. In den Betten der Wasserläufe standen nur noch winzige trübe Tümpel, die kleinen Herden genügsamer Schafe als Tränke dienten. Wirtschaftlicher Rückgang auch hier überall infolge Wassermangels. Von den Vorbergen der Sierra Nevada im Norden aber stieg der bläuliche Rauch der Buschbrände hoch; dort wurde unentwegt das Zerstörungswerk fortgesetzt, an der Austrocknung des Landes gearbeitet. Der Rio Garupal, der nächste Fluß, bei dem sich die fortgesetzte Waldzerstörung noch nicht durch Wasserlosigkeit während der Trockenzeit bemerkbar macht, begrenzte unsern heutigen Marsch. Die hohen, luftigen Ranchos von Caracoli, unter Curua-Palmen und knorrigen Chaparros am Flußübergang gelegen, nahmen uns hier auf und schützten uns unter ihren Palmblattdächern vor der furchtbaren Glut des Nachmittags. Der Fluß mit seinem Uferwald war wie eine Oase in der Wüste. Er ist der Lebensspender für das Land, das sich nach Osten auf einen halben Tagemarsch erstreckt, und für alles Land vor uns, weiter als ein ganzer Tagemarsch. Wie lange noch, und die Zeit kommt, da auch diese Wasserader während der Trockenzeit versiegen wird!

Am folgenden Tage hofften wir, eine große Wegestrecke zurückzulegen, aber die Mula machte uns einen Strich durch die Rechnung. Als sie des Morgens vom Potrero geholt werden sollte, verstand sie es, sich freizumachen und konnte erst nach längerer Jagd wieder eingefangen werden. Wir hatten dadurch viel kostbare Zeit verloren. Nachdem wir den Fluß hinter uns gelassen, lag die gefürchtete lange Durststrecke vor uns, über die ich schon in Fundación soviel gehört hatte, und ich hatte bald keinen Grund mehr, an dem zu zweifeln, was mir einmal ein Hacendado in Aracataca erzählt, der auf dem noch vor uns liegenden Marsch eine Herde von dreißig Rindern verloren hatte. Von jetzt ab sahen wir täglich am Wege, da und dort, die ausgedörrten Kadaver verdursteter Rinder liegen.

Allmählich begann das Gelände, zum Alto de las Minas zu steigen. Steile Felswände und eigentümliche, wollsackähnlich erodierte Felsgebilde erhöhten das Groteske dieser trostlosen Landschaft. Dann kletterten wir die kahlen, glühheißen Massen des Alto de las Minas hinauf. Am Abstieg traten wir zu meiner großen Überraschung in Hochwald, aber, was noch erstaunlicher war, dieser Hochwald schien noch nicht zerstört worden zu sein. Es war der erste mir bekannte Fall in Columbien, daß man den Wald an einem so vielbegangenen Karawanenwege in Ruhe gelassen und sich so des Schattenschutzes nicht selbst beraubt hatte. Aber freilich, dieser Wald konnte nichts mehr an der Klimaverschlechterung ändern, die der umfassenden Waldverwüstung oben im Gebirge notgedrungen hatte folgen müssen. Die Vegetation zeigte unverkennbar den Charakter des Regenwaldes, der allerdings in die klimatischen Verhältnisse dieser Gegenden nicht mehr hineinpaßte. Das Laub, soweit es nicht hart und lederartig war, und besonders das neu ausgetriebene, hing dürr von den Zweigen herunter, wie bei Bäumen, die man einige Tage zuvor gefällt hatte, Regenwald, den man in eine künstliche Wüste hineinversetzt hatte. Die Austrocknung war so vollständig, daß in keinem der Flußbetten, die wir kreuzten, auch nur ein Tropfen Wasser zu finden gewesen wäre. Gegen Mittag trafen wir an einer Häusergruppe ein, bei der wir, seit wir Caracolí verlassen, zum ersten Male die fast völlig erschöpften Tiere tränken konnten. Dazu mußte das Wasser, eine trübe gelbe Flüssigkeit, aus einem tiefen Brunnen, um den sich brüllend durstende Rinder drängten, Eimer für Eimer in einen Trog geschöpft werden. Nachdem sich so unsere Recua etwas erfrischt hatte, setzten wir in der Glut des Nachmittags unsern Marsch bis Las Pavas fort. Bei dem Zustande, in dem sich die Esel befanden, wäre es unmöglich gewesen, den Marsch noch weiter fortzusetzen. So mußten wir uns entschließen, in dieser ärmlichen Siedlung zu bleiben, obschon das Wasser für uns und unsere Tiere nur unter größten Schwierigkeiten heranzuschaffen war. Im Kiesbett der tief in die Alluvien eingeschnittenen Quebrada de las Pavas war ein vier Meter tiefer Schacht ausgehoben, auf dessem Grund sich kaum mehr Wasser sammelte, als in einer Totuma[7]) Platz hatte. In dieses Loch mußten wir hinabsteigen und mit Kürbisschalen das nur langsam nachsickernde Wasser Becher für Becher in Eimer schöpfen. Für unsere genügsamen Grautiere war das zur Not ausreichend, eine Viehherde hätte man hier aber nicht tränken können.

Der nächste Tag brachte die Fortsetzung des Marsches durch dieses verdurstete Land. Als wir von Las Pavas abmarschierten, sagte man uns, daß wir am Mittag in der Quebrada Copei fließendes Wasser für unsere Recua finden würden. Jedes Gespräch, das man anknüpfte, drehte sich auf diesem Wege des Durstes um Wasser, um nichts anderes als Wasser. Gerade als wir aufbrachen, wurde durch Las Pavas eine Viehherde ge-

---

[7]) Schale, die aus einem halben Baumkürbis gefertigt ist.

trieben, die Wolken von Staub aufwirbelte; verdurstete, armselige, magere Rinder. Es glückte uns, an dieser Herde vorbeizutraben, so daß wir nicht den ganzen Tag über diesen Staub einzuatmen brauchten. Der Marsch war ohnehin beschwerlich genug, denn fast bis zur Mittagszeit führte der Weg durch schattenlosen, erstickend heißen Rastrojo, gerade hoch genug, um jede Spur eines Luftzuges fernzuhalten. Als wir kurz vor Mittag in Copei eintrafen, stellte es sich heraus, daß es mit dem fließenden Wasser im Flusse nichts war. Wir mußten, über das Geröll des ausgetrockneten Flußbettes stolpernd, längere Zeit suchen, bis wir endlich im Schatten hoher Bäume, von Felsen eingeschlossen, einen noch leidlich •klaren Tümpel fanden, an dessem Rand sich gerade eine Herde Schweine grunzend und quiekend zu schaffen machte. Das sah nicht gerade verlockend aus, indessen, wenn einem vor Staub und Hitze nach fünf Stunden langem Marsch die Zunge am Gaumen klebt, schwinden alle Bedenken, und ich hatte schon schlimmeres Wasser getrunken als das aus diesem Tümpel, und so trank ich, tranken meine Gefährten, was in uns hineinwollte. Kaum waren wir dann mit dem Tränken unserer Tiere fertig, als das Blöken und Brüllen von Rindern meldete, daß die Herde, die wir am Morgen überholt, im Anmarsch war. Wie ein entfesselter Strom jagten die verdursteten Tiere in dem engen Bett des Flusses auf uns zu, und wir konnten uns gerade im letzten Augenblick in das Ufergebüsch hineindrücken, um nicht von ihnen überrannt zu werden.

Hinter Copei wurde das Marschieren dann aber weit angenehmer, denn wir kamen bald in prächtigen, hohen Urwald hinein, und was das Schönste war, dieser Urwald zeigte nichts von dem welken Aussehen der Wälder am Alto de las Minas. Es war offensichtlich, daß hier gerade die ersten Frühjahrsgewitter der Ebene niedergegangen waren. Wenn auch die Bachläufe noch keine Spur von Wasser zeigten, so standen doch hier und da lehmige Pfützen auf dem Wege. Diese Regen hatten Wunder gewirkt, denn viele der Waldbäume standen in voller Blüte. Die schöne Jacaranda lasiogyna, der „Gualanday", war über und über mit den veilchenblauen Glocken behangen, und andere Bäume, deren Blüten in den dichten Laubmassen nicht zu entdecken waren, erfüllten den Wald mit wunderbaren Wohlgerüchen. Auch die niedere Tierwelt, die für die heißen Wälder des tropischen Amerika so charakteristisch ist, hatten zwei oder drei Regen wie durch einen Zauber zu neuem Leben erweckt. Der Wald hallte wider von dem lange nicht gehörten schrillen Lärm der Cikaden, und Wolken von Schmetterlingen in allen Farben und Größen erfüllten wie buntes Flockengewimmel die Luft. An den Pfützen der Wege saßen mit zitternden Flügeln zu Hunderten und Tausenden, dicht aneinander gedrängt, große langgeschwänzte, blaßgrüne, gelbe und schneeweiße Segelfalter, zebraartig schwarzgestreift, erhoben sich in dichten Schwärmen, wenn wir nahten, um gleich wieder hinter uns am Wasser einzufallen. Das waren die untrüglichsten Boten der kommenden Regenzeit. So blieb es nun die folgenden Tage in Wald und Rastrojo. Ich hatte ähnliche Riesenmengen von Faltern in Amerika bisher nur in der Wildnis des Orinoco- und Amazonasgebietes gesehen oder in den feuchtheißen Wäldern um die Smaragdminen von Muzo.

Am Nachmittag erreichten wir Caracolicito, eine elende Ansiedlung fieberkranker, blutarmer Menschen, mitten im frischgeschlagenen Wald, in der es nur wenig schmutziges und schlecht schmeckendes Wasser gab. Weiter zu marschieren mochten wir wegen eines schnell heraufkommenden Gewitters nicht riskieren, und kaum waren wir unter dem schützenden Dach, als auch schon die Fluten vom Himmel stürzten. Für uns hatte dieser Regen etwas Beruhigendes. Er zeigte uns, daß die Schrecken der Trockenzeit vorbei waren oder doch nicht schlimmer werden konnten. Am folgenden Morgen traten wir gleich hinter den letzten Hütten von Caracolicito in schattigen, regenfeuchten Urwald ein. Es war ein köstliches Marschieren in der frischen aromatischen Luft, durch die zu neuem Leben erwachte Natur, die Fülle des tropischen Pflanzenwuchses und das bunte, lebensfrohe Gewimmel der Falter. Dann standen wir vor dem rauschenden, kristallklaren Fluß — dem einzigen großen, selbst in der Trockenzeit stets wasserführenden auf dieser langen, langen Durststrecke zwischen Caracolí und Fundación —, dem Rio Ariguaní. Vor zehn Tagen hatte ich ihn zuletzt nahe seinem Quellgebiet gequert und seinen kaum weniger wasserreichen Zufluß, den Rio Chinchicuá vor fast drei Wochen weiter oben im kühlen, dunklen Nebelwalde nahe der Hütte des deutschen Einsiedlers in der Bergwildnis.

Menschen und Tiere schwelgten im Genuß des langentbehrten, herrlich kühlen Wassers, von dem wir uns nur schwer zu trennen vermochten, und ich stellte dabei Betrachtungen über die Gefahren an, die auch diesem letzten größeren Flußlauf im Südwesten des Gebirges durch das herrschende Wirtschaftssystem in den höheren Regionen drohen. Werden die Behörden die Einsicht haben und die Reste der Bergwälder, denen der Rio Ariguaní sein Wasser dankt, gegen selbstsüchtige Willkür in Schutz nehmen, oder werden sie der Waldverwüstung ihren Lauf lassen? Fast scheint es so, als ob man mit dieser letzten Möglichkeit zu rechnen hat, und daß der Rio Ariguaní dasselbe Schicksal erleiden wird wie der Rio Cesar und viele andere ehedem wasserreiche Flüsse Columbiens, die heute ausgetrocknet sind und nur noch nach schweren Regen als zerstörende Wildbäche von ihrem Dasein Kunde geben. Die periodische Austrocknung des Rio Ariguaní, mit der bei dem herrschenden Wirtschaftssystem ernstlich zu rechnen ist, müßte notgedrungen das Ende der Viehzucht in einem Gebiet der Tiefebene zur Folge haben, dessen Umfang mit 3000 Geviertkilometern eher zu niedrig als zu hoch geschätzt wird; sie würde überhaupt das Land, durch welches der Weg von Fundación nach Valle de Upar führt, während der Trockenzeit für Mula- und Eselkarawanen völlig unpassierbar, zu einer absoluten Wüste machen.

Am Nachmittag dieses vorletzten Marschtages gingen da und dort über der heißen Ebene örtlich engbegrenzte Gewitter nieder. Auf die Wasserführung der zahlreichen kleinen Bachläufe, die unser Weg kreuzte, hatten sie nicht den geringsten Einfluß. Wir mußten sogar den Gedanken fallen lassen, in einem Rancho im Walde, den wir uns zuerst als Marschziel gesetzt, zu nächtigen, weil der Brunnen, ein bis zu großer Tiefe ausgehobener Schacht in der nahen Quebrada, nicht die geringsten Spuren von Wasser barg. Aus diesem Grunde war wohl auch der Rancho von seinen Bewohnern verlassen worden. Wir mußten, trotzdem uns ein Gewitter einzuholen drohte, bis nach der Häusergruppe von Santa Rosa weitermarschieren, wo wir am Spätnachmittag eintrafen. Santa Rosa war unser letztes Quartier auf diesem endlosen, ermüdenden, heißen Weg, der hinter uns lag, dem berühmten „Camino real del Valle de Upar", auf dem schon vor 400 Jahren die Karawanen der Conquistadoren gepilgert waren. Am nächsten Tage waren wir so rechtzeitig in Fundación, daß wir noch den Personenzug nach Santa Marta erreichten. Hier nahm ich mit Juan Abschied von unsern freundlichen, hilfsbereiten Reisegefährten St., Vater und Sohn. Am Spätnachmittag waren wir wieder in Santa Marta; unsere Rundreise um die Sierra Nevada war beendet.

* * *

Während des langen heißen Marsches durch die Ebene und bei der nun wieder beginnenden Tätigkeit in der Bananenzone merkte ich bald, daß die kurzen Wochen im Hochgebirge mich zwar etwas aufgefrischt, mir aber nicht die alte Spannkraft zurückgegeben hatten, und daß dies nur durch einen völligen Klimawechsel nach so vielen Jahren aufreibender Arbeit in den Tropen möglich war. So kam ich schneller, als ich gedacht, von heute auf morgen, zu dem Entschluß, den ich schon längst hätte fassen sollen, dem Entschluß einer Reise nach Europa. Nachdem mein Amt auf meine Bitte in die Hände des mir schon von gemeinsamem Zusammenwirken her vorteilhaft bekannten österreichischen Diplomingenieurs P., als meines Stellvertreters, gelegt worden, war das letzte Bedenken beseitigt, das einer solchen Reise entgegenstand. — Wie oft hatte ich Freunde, die von Santa Marta aus die Reise nach der Heimat antraten, bis zum Dampfer geleitet! Und wenn ich dann dem abfahrenden Schiff nachblickte, seiner am Horizont entschwindenden Rauchfahne, kam es stets wie Heimweh über mich. Nun war es nach langen Jahren so weit, daß ich selbst diese, wenige Tage vorher noch gar nicht erwogene Reise über das Meer antreten sollte. Am 8. Juni mittags waren meine Sachen an Bord des englischen, nach Rotterdam bestimmten Bananendampfers Aracataca. Aracataca, das war der Name des Flusses, dessen Macondowäldern im heißen Land meine ersten Streifen gegolten hatten, und von dessen Quellen hoch in der Schneekette, im Reich der silbernen Frailejones und des Kondors, ich jetzt zurückgekehrt war. Um 4 Uhr verabschiedete ich mich von Herrn P. und Juan Melendez, die mich an Bord begleitet hatten. Dann warf der Dampfer die Trossen los und nahm um die Morro-Insel seinen Kurs in das offene Karibische Meer. Lange noch konnte ich durch das Fernglas auf den Felsklippen von Santa Marta die schlanke Gestalt meines Stellvertreters erkennen, der mir jetzt allein von dem Platze nachwinkte, von dem ich selbst so oft den scheidenden Schiffen nachgesehen. Dann verloren sich die Einzelheiten am Lande. Die See ging hoch, und das Karibenmeer zeigte sich wieder in seiner ganzen wilden Schönheit. Mit einem eigenen Gefühl sah ich dem schwindenden Lande nach, denn — es ist etwas Eigentümliches — man läßt an Orten, an denen man lange gewirkt, stets etwas von seinem Selbst zurück und man fühlt das um so deutlicher, je schwerer und arbeitsreicher das Leben an diesen Orten war. Meine Augen vermochten sich von dem Lande im Süden nicht zu trennen. Über der Sierra Nevada lagen dichte, dunkle Wolken, aber noch hatte ich die Hoffnung nicht aufgegeben, einen letzten Blick auf die Schneeberge zu erhaschen, und diese Hoffnung trog nicht. Es war bereits nach 6 Uhr, die Sonne schon unter dem Kimm verschwunden, als sich plötzlich die Wolken lichteten und, von zartem Rosa übergossen, die Schneegipfel klar und scharf aus den grauen Massen auftauchten, fast so wie an jenem denkwürdigen Weihnachtstage bei den deutschen Landsleuten im Gebirge. So entbot mir die Sierra Nevada aus der Ferne ihren letzten Gruß, und ich sah in diesem Gruß zugleich die stumme Bitte, alles, was in meinen Kräften stände zu tun, um aufklärend dahin zu wirken — mehr lag ja nicht in meiner Macht! —, daß das verhängnisvolle Zerstörungswerk zum Stillstand kommt, mit dem menschliche Habsucht die wirtschaftliche Zukunft dieses reichen, schönen Landes in Frage stellt. So kam mir der Gedanke, meine Aufzeichnungen über die Waldverwüstungen und ihre wirtschaftlichen Folgen in diesem Buche niederzulegen.

Sitzungen und Veranstaltungen der Geographischen Gesellschaft 1935—37.

A. Allgemeine Sitzungen.

567. Sitzung. 3. Oktober 1935.

Vortrag: Professor Dr. Bruno Dietrich, Wien: „Vom Wesen des Amerikaners" (Rasse, Volk, Persönlichkeit und Wirtschaftsgeist).

568. Sitzung. 7. November 1935.

Vortrag: Dr. Ewald Volhard, Berlin: „Kulturen der Wüste" (Ergebnisse der letzten Frobenius-Expedition).

Der Vortragende gab zunächst einen Überblick über die verschiedenen Teilunternehmungen, aus denen sich die letzte Frobenius-Expedition zusammensetzte. Jede dieser Unternehmungen stellte besondere Aufgaben und mußte in eigener Weise ausgerüstet werden. Während z. B. in Abessinien Esel, Maultiere und Trägerkolonnen zur Beförderung der Expeditionsteilnehmer benutzt wurden, konnte sich der nordafrikanische Teil der zehn Kraftwagen vorteilhaft bedienen, da die weiten Strecken, die hier zurückzulegen waren, auf andere Weise kaum zu bewältigen gewesen wären.

In die besonderen Schwierigkeiten, aber auch in die Schönheiten einer solchen Fahrt ins Grenzenlose führte Dr. Volhard, der selbst den Nordafrika-Teil mitgemacht hat, durch eine erste Gruppe von Lichtbildern ein.

Eine zweite Gruppe zeigte eine kleine Auslese aus den Ergebnissen dieser Wüstenfahrt: Felsbilder aus den Gebirgen der Libyschen Wüste, deren überraschende Ähnlichkeit mit ostspanischen Felsbildern an Hand einiger Vergleichsaufnahmen dargestellt werden konnte. Diesen Stil in Nordafrika festzustellen und seine Verwandtschaft mit dem ostspanischen zu erweisen, ist die Hauptaufgabe der beiden letzten Forschungsreisen von Geh. Rat Frobenius gewesen. Im Gegensatz zu den Wildtier-Darstellungen der südfranzösischen und westspanischen Höhlen bevorzugen die ostspanischen und libyschen Bilder entschieden die bewegte Menschenfigur und das Haustier. Rinder, bei denen das Euter in herausfordernder Weise betont wird, beweisen, daß hier, wo heute auf viele hundert Kilometer hin Wüste ist, früher einmal eine üppige Pflanzenwelt die Ernährung großer Herden mit Milchwirtschaft ermöglicht haben muß. Auch die Darstellung von Schwimmern zeigt, daß hier einmal Wasser im Überfluß vorhanden gewesen ist, wovon auch die tiefen, längst ausgetrockneten Flußbetten noch heute Zeugnis ablegen. In einer Zeit also müssen diese Bilder entstanden sein, wo die Wüste mindestens teilweise noch fruchtbares Kulturgebiet war.

In Audjila, einer kleinen Oase zwischen Kufra und Bengasi, wurden die eigenartigen alten Moscheen aufgesucht, deren Bauweise an früh-mykenische Bauten erinnert. Fremdartiger noch wirken die Höhlenwohnungen, die vor allem in Nalut und Garian südlich von Tripolis zu finden waren. Um einen künstlich tief in den Berg gegrabenen Schacht lagern sich die dunklen Wohnungen, verborgen durch unterirdische Gänge, zu einer ganzen großen Stadt unter der Erde. Das Lebensgefühl dieser Unterweltsbewohner scheint dem vergleichbar, das die vorgeschichtlichen Menschen Südfrankreichs veranlaßt hat, sich die freilich natürlichen Höhlen mit ihren viele hundert Meter ausgedehnten Gängen, Sälen, Seen und Schluchten zur Wohnung auszusuchen.

In schroffem Gegensatz zu dieser Wohnweise stehen die leichten Strohhütten, in denen die schweifende Hirtenbevölkerung im Westen von Tripolis lebt. Auch sie aber kennt steinerne Sammelplätze, große Städte mit bis zu fünf-, ja siebenstöckigen Häusern, die aus einzelnen langgestreckten Tonnengewölben zusammengesetzt werden. In ihnen jedoch wohnt niemand, sondern sie dienen allein als Kornspeicher und zum gelegentlichen Aufenthalt nach der Ernte. Die großartigen Formen auch dieser Architektur wirken durchaus fremdartig und sind zweifellos uralt.

An Hand schöner, zum Teil farbiger Lichtbilder gelang es dem Vortragenden, die Hörer in verschiedene Kulturen der Wüste einzuführen und sie mit den Arbeitsgebieten der Nordafrika-Reise von Geh. Rat Frobenius vertraut zu machen. Immer mehr — so erklärte er zum Schluß — konnte die Kulturbeziehung zwischen Südeuropa und Nordafrika schon für die ältesten Zeiten sichergestellt werden, so daß die zur Zeit ihrer Entdeckung mit nichts anderem vergleichbaren und daher unerklärlichen Felsbilder Frankreichs und Spaniens heute mit den afrikanischen verglichen und mit ihnen in einen großen Kulturzusammenhang gestellt werden können. Andererseits hatten sich die alten Kulturen in der Wüste sowohl aufnehmend als ausstrahlend auch mit dem Osten auseinanderzusetzen. Manche Felsbilder der Libyschen Wüste erinnern an Ägypten und scheinen als Vorstufen der ägyptischen Kunst nach Osten weitergewirkt zu haben. Die verwandtschaftliche Beziehung zwischen Audjila und Mykene hingegen läßt an die alte, von Herodot erzählte Garamantensage denken. So muß das Afrika der Frühzeit in einer langen Kette lebendiger Beziehungen gestanden haben, deren weitere Erhellung noch ein weites Aufgabengebiet künftiger Forschung sein wird.

569. Sitzung. 5. Dezember 1935.

(Gemeinsam mit dem Ostasiatischen Verein Hamburg-Bremen).

Vortrag: Professor Dr. Wolfgang Panzer, Berlin: „Die ‚Kopfjäger'-Insel Formosa und ihre Bedeutung für Japan".

Formosa, an einer Hochstraße des Weltverkehrs gelegen und 1000 Kilometer von Japan entfernt, ist allgemein als die Insel der Kopfjäger bekannt. Durch das Eindringen von etwa 200 000 Japanern sind aber große Teile der

Insel, die auch von 4,2 Millionen Chinesen bewohnt wird, einem neuzeitlichen Verkehr erschlossen worden. An der Hand von Lichtbildern führte der Vortragende dann die landschaftliche Schönheit der Insel mit ihren vielen Gebirgen vor Augen. Formosa hat hauptsächlich warmes, regnerisches Klima und infolgedessen eine Pflanzenwelt von tropischer Üppigkeit.

In kühleren Gegenden ragt unter den Bäumen der Kampferbaum hervor, dessen Handelswert die Japaner früh erkannt hatten. Je nach der Höhe und Beschaffenheit der Gebirge sind Bambusgewächse, die Korkeiche, der Baum Taivania sowie Nadelwald vorherrschend, ferner blauer Enzian, Edelweiß und das Kaia-Gras. An den steilen Hängen und in der Ebene sind die Reisfelder, Bananen-, Ananas-, Zuckerrohr- und Teepflanzungen bedeutend. Außer den Gebirgen kennzeichnen besonders heiße Quellen und Korallenriffe die Landschaft der Insel.

Wo die Japaner die Gegend beherrschen, steht die Kultur sehr hoch. Große Verkehrsstraßen, Post, Eisenbahn, Kabel sind Errungenschaften der Japaner. Kopfjäger, die früher viel von sich reden machten, sind nur noch in einigen hochgelegenen Gebirgsdörfer der Insel anzutreffen.

570. Sitzung. 3. Januar 1936.

Vortrag: Dr. Ph. C. Visser, Kalkutta: „Meine Forschungen im Karakorum (Himalaya), 1935".

Der Vortragende ging zunächst auf die unendlichen Schwierigkeiten ein, denen eine Expedition in jenen Hochgebirgsgegenden durch die technische Voraussetzung und das Gelände ausgesetzt ist. Wenn man erfährt, daß nicht weniger als 21 000 Pfund Mehl und 1600 Pfund Butter dazugehörten, die Expedition Vissers zu verpflegen, so mag man ermessen, welche Leistungen vor allem von den 70 Trägern der Karawane verlangt wurden.

Anschaulich schildert der Forscher, wie diese Schwierigkeiten durch gute Organisation überwunden wurden.

Einen guten Begriff von den Geländeschwierigkeiten bekam man dann durch das ausgezeichnete Lichtbildmaterial, das die gigantischen Gebirgszüge jenes unerforschten Karakorums eindrucksvoll zeigten. Man erlebte mit dem Vortragenden zusammen noch einmal die vielen Gletscherüberquerungen mit, die ihm an Stellen gelangen, an denen zuvor andere Expeditionen scheiterten.

Im besonderen ging der Vortragende dann auf die Probleme der Gletscherforschung ein, die gerade durch die im Karakorum gefundenen und photographierten Eisformationen eine wesentliche Klärung erfahren konnten.

571. Sitzung. 6. Februar 1936.

Vortrag: Dozent Dr. Max Hannemann, Frankfurt a. M.: „Reisen und Erlebnisse in Texas und Louisiana".

Texas ist heute durch die Gewinnung von Baumwolle, Erdöl und Schwefel ein Rohstoffland ersten Ranges geworden. 61 v. H. der gesamten Welternte an Baumwolle kommen aus dem Osten des Staates. Der Baumwolle folgt das Erdöl mit 20 v. H. der Welterzeugung. Meilenweit bedecken die Bohrtürme das Land. Als drittes Landeserzeugnis tritt der Schwefel auf, der in den drei großen Schwefelgruben in Texas gewonnen wird.

Der Vortragende wandte sich dann dem Klima des Landes zu. Durch Texas geht eine große klimatische Scheidelinie. Diese verursacht im Osten Feuchtigkeit, die den Ackerbau begünstigt, der wiederum die Besiedlung und den Verkehr mit sich gezogen hat. Der Westen läßt nur die Rinderzucht zu. Im übrigen ist Texas ein sehr heißes Land. In der Prärie herrscht oft eine Hitze von 40 bis 50 Grad. Diesen Erscheinungen stehen die Stürme gegenüber, die einen Feuchtigkeitsgehalt bis zu 98 v. H. mit sich bringen und als „Norder" plötzliche Kaltlufteinbrüche verursachen, durch die die heißen Tagestemperaturen auf eine empfindliche Kälte hinunterschnellen, z. B. von 28 Grad Wärme auf 6 Grad Kälte, so daß der Regen sich in Eis verwandelt.

Eigenartig ist die Küste gestaltet, namentlich in Louisiana. Aus den Fluten des Golfes erhebt sich eine Flachküste, die in eine Tischebene übergeht, in der in langen Gräsern hauptsächlich Giftschlangen und Insekten die fast menschenleere Natur beleben. Der oft von Meeresfluten überschwemmte Boden ist salzgetränkt und läßt nur dürftiges pflanzliches Leben zu. Erst allmählich geht die Prärie in ein Pflanzenreich mit Bäumen und schließlich in die typischen Galerie-Wälder über. Weit aus dem Innern von Texas kommt der Colorado-Fluß. Das Gebiet um ihn wird oft von Niederschlägen bis zu fast 60 Millimeter heimgesucht, die weite Strecken des Tonbodens der Prärie überschwemmen. Der texanische Wald ist düster und traurig, in langen Strähnen hängen von den Bäumen, von denen die Zypressen die schönsten sind, spanisches Moos herunter.

Der Vortragende sprach ferner über die Städte in Texas, deren größte Houston mit 300 000 Einwohnern und Austin in Mittel-Texas sind. Die großen Städte sind neuzeitlich gebaut, von den kleineren aber sowie von den Dörfern und Landstraßen könne man das nicht immer behaupten. Unter den Bewohnern von Texas trifft man sehr viele Deutsche, die um die Mitte des vorigen Jahrhunderts sich dort angesiedelt und als Pioniere auf Farmen und in der Industrie an dem Aufschwung des Landes teilhaben.

Sonder-Sitzung. 21. Februar 1936.

Vortrag: Dr. Hakon Mosby, Bergen (Norwegen): „Die ‚Norvegia'-Fahrten im südlichen Eismeer".

572. Sitzung. 12. März 1936.

Vortrag: Leutnant Martin Lindsay, London: „Die englische Grönland-Überquerung 1934".

Bereits 1930 ging der Vortragende mit dem damals 23jährigen Grönlandforscher Gino Watkins und einer größeren Expedition nach Grönland. Es galt die Erforschung Ostgrönlands. Auf einer Schlittenreise gelangte eine Abteilung von der Basis an der Küste zum Mount Forel, der damals der höchste bekannte Berg der Aktis war. Von dort sahen die Teilnehmer nördlich Bergkette an Bergkette, Schneegipfel hinter Schneegipfel. Noch nie war es einem Menschen gelungen, dieses Land zu betreten.

Denn diese Gegend zwischen Scoresbysund und Forelberg ist eine der unzugänglichsten der Erde, die im Osten durch zerrisene Talgletscher und durch das schwimmende Packeis, das nur wenige Wochen im Jahr eine Annäherung an die Küste gestattet, abgeschlossen ist. Nach Westen zu dehnt sich dann bis zur Küste über 1500 Kilometer das Inlandeis. Diese Bergketten hatten es Lindsay angetan. Er wollte als erster diesen größten unbetretenen Teil der Erde bezwingen.

Gleichzeitig mit Lindsay entschlossen sich auch ein Franzose und ein Italiener zu einer Expedition in dieses Gebiet. Sie wollten versuchen, durch das Packeis längs der Ostküste hindurchzukommen, um dann mit ausgesuchten Bergsteigern zu versuchen, über die Gletscher ins unbekannte Hinterland zu gelangen. Dieser Versuch erwies sich als undurchführbar. Lindsay dagegen machte sich von Westen über das Inlandeis heran und hatte Erfolg.

Während sich der Photograph der Expedition, Andrew Croft, bereits im September 1933 nach Westgrönland einschiffte, um dort das Schlittenfahren zu erlernen und Hunde zu kaufen, folgten Lindsay und sein Kamerad Arthur Godfrey im April 1934 nach. Von Jakobshavn aus ging es dann unter ungeheuren Schwierigkeiten nordwärts die Küste entlang, bis sie in der Nähe des mächtigen Equit Sermia-Gletschers ein von Croft eingerichtetes Depot fanden.

Von hier aus begaben sich die drei Engländer mit ihren Schlitten in die unendliche Eiswüste, die es nun zu überqueren galt. Regen erschwerte das Vorankommen sehr. In wenigen Stunden war der ganze Schnee weggeschmolzen und überall lagen mächtige Gletscherspalten frei. Immer wieder fielen Hunde in diese oft außerordentlich tiefen Spalten hinein. Fünf verlor die Expedition auf diese Weise. Die Männer waren dauernd bis auf die Haut naß. So legten sie in den ersten zehn Tagen 340 Kilometer zurück.

Endlich, nachdem in fünf Wochen 750 Kilometer seit Verlassen der Westküste zurückgelegt waren, sichtete die Expedition die ersten Gebirge vor sich. Immer wieder galt es, Ortsbestimmungen, Vermessungen und Längenvermessungen vorzunehmen, zu photographieren und Panoramaskizzen anzufertigen, um die Karte zu verbessern. So entdeckten die Forscher den Ursprung vieler Gletschertäler und unter anderem auch zwei neue Bergketten von 70 und 145 Kilometer Länge.

Am 25. August 1934 erreichte die Expedition den Forelberg und strebte nun mit Macht der Küste zu. Endlich konnten nun auch die Hunde freigelassen werden. 15 Wochen waren sie an den Schlitten gebunden gewesen, nun wußten sie kaum noch, wie sie sich bewegen sollten. Die Gesamtlänge der Reise betrug 1900 Kilometer, 1750 davon wurden ohne fremde Hilfe unternommen.

Mit einem Aberdeener Fischdampfer ging es dann endlich wieder in die Heimat. Gewiß ist das Leben auf einem Fischdampfer sehr schwer, aber man kann verstehen, daß es den Forschern nach ihren Anstrengungen „himmlisch“ vorkam.

573. Sitzung. 2. April 1936.

1. Vorstandswahl für die satzungsgemäß ausscheidenden Vorstandsmitglieder Prof. Dr. E. Koch, Prof. Dr. Schlee, Dr. R. Schlubach und Prof. Dr. Thilenius. Die Herren Koch, Schlee und Schlubach werden wiedergewählt. Für den von Hamburg fortziehenden Prof. Thilenius wird Prof. Dr. L. Mecking in den Vorstand gewählt.

2. Auf Vorschlag des Vorstandes wird der holländische Generalkonsul Dr. Visser, Kalkutta, zum Korrespondierenden Mitglied ernannt.

3. Vortrag: Professor Dr. Franz Termer, Hamburg: „Reisen auf den östlichen Kanarischen Inseln Fuerteventura und Lanzarote".

Die Bewohner der Kanarischen Inseln, der „Inseln der Glücklichen", sind heute nicht mehr so glücklich; denn sie werden auf die verschiedenste Art von der Weltkrise getroffen. Durchweg stellt man sich die Inseln als ein Märchenland an Schönheit und Fruchtbarkeit vor, aber auch das stimmt nicht uneingeschränkt. Die östlichen Teile des Archipels sind genau wie die anderen vulkanischen Ursprungs. Die Insel Fuerteventura ist in großen Teilen stark mit scharfkantigen Blöcken und erkalteten Lavaströmen übersät. Recht stark macht sich auch eine fortschreitende Verkarstung bemerkbar, so daß nur an wenigen Orten kulturfähiger Boden vorhanden ist. Fließendes Wasser gibt es auf der ganzen Insel nicht; die Bewohner sind auf Zisternenwasser angewiesen. Dafür gibt es jedoch gute Autostraßen, allerdings lediglich zwei Autos, so daß der Vortragende, der 1932 zwei Monate auf Fuerteventura und Lanzarote zubrachte, doch das Kamel als Verkehrsmittel benutzen mußte. Er gab über die geologischen und geographischen Verhältnisse der beiden Inseln einen guten Überblick.

574. Sitzung. 7. Mai 1936.

(Gemeinsam mit der Patriotischen Gesellschaft in Hamburg.)

Vortrag: Professor Dr. A. Welte, Würzburg: „Der Donauraum".

Ausgehend von kurzen allgemeinen Bemerkungen über Raum und Volk als Grundlage staatlicher Ordnungen, gab der Vortragende eine politisch-geographische Darstellung des Donauraumes, in dem die Verhältnisse so gelagert sind, daß jede politische Organisation nur auf einem Ausgleich zwischen den raumpolitischen und nationalpolitischen Forderungen beruhen kann. Die alte österreichisch-ungarische Monarchie versuchte diesen Ausgleich unter Voranstellung des Raumprinzips und eines kulturellen Gemeinschaftsstrebens. Darauf wurden Raumbild, Raumgrenzen, Raumausstattung der drei Großlandschaftsgruppen der Sudeten-, Karpaten- und Ostalpenländer, die sich um die mittlere Donau ordnen, charakterisiert. Ihre staatliche Vereinigung sieht der Vortragende in erster Linie begründet in ihrer idealen gegenseitigen räumlichen Ergänzung zu einer Einheit höherer Ordnung. Getragen wird diese Einheit durch die ausgezeichnete Vermittlerlage des Wiener Beckens, durch das die drei Teile, nach außen klar abgeschlossen, sich berühren. Ein zweiter bedingender Faktor war die jahrhundertelange Lagegemeinschaft an der Türkenfront, die zur Schicksalsgemeinschaft wurde; ein dritter erst ist die Donau als unmittelbarer

Verkehrsträger. Die alte Ordnung war raumorganisch und wirtschaftsharmonisch; sie hat für die Vermittlung mitteleuropäisch-deutscher Kultur nach dem Osten Außerordentliches geleistet, und die Völker haben sich unter ihr im ganzen doch günstig und vorwärts entwickelt. Aber diese Einheit widersprach dem Nationalstaatsgedanken, der fast allein noch maßgebend war für die Beurteilung der Staaten. An den Forderungen ihrer Nationen ist die Doppelmonarchie zerbrochen.

Der zweite, durch eine große Zahl einprägsamer Karten im Lichtbild unterstützte Teil des Vortrages brachte eine Kennzeichnung der Neuordnung durch die Friedensverträge. Die Nachfolgestaaten wurden im einzelnen nach ihren räumlichen und völkischen Verhältnissen hin untersucht, und es wurde gezeigt, wie heillos die schönsten räumlichen Einheiten zerrissen, Zusammengehöriges getrennt, Fremdes zusammengefügt wurde, ohne daß dadurch aber auch nur eine annähernde Bereinigung der völkischen Probleme erreicht worden wäre. So ist der heutige Zustand zumindestens genau so unbefriedigend wie der alte lebhaft bekämpfte vor 1918. Vielleicht wird einmal der Gedanke eines freien realen nationalen Föderalismus, der ohne Utopien die Verhältnisse nimmt, wie sie sind, und sich von jedem Zwang eines neuen Imperialismus, gleichgültig welcher Art, fern hält, die Schwierigkeiten meistern können. Der Nationalsozialismus kennt diesen Gedanken und hat an der bitteren deutschen Wirklichkeit die Unterscheidung von Staat und Volk zu machen gelernt. Darin liegen vielleicht die Voraussetzungen für die Errichtung eines wirklich tragfähigen politischen Statuts zur Ordnung der schwierigen Verhältnisse auch im Donauraum.

Die geographischen Grundlagen in Raum und Volk sind keine unbedingt zwingenden Grundlagen der Politik, aber sie sind bedeutsame politische Faktoren, deren Vernachlässigung eine politische Dauerlösung erschwert.

575. Sitzung. 8. Oktober 1936.

1. Gedenkworte: Rud. Helm, Hamburg: „Zum 100. Geburtstag des hamburgischen Afrikaforschers Dr. Albrecht Roscher".

Der Vortrag ist in diesem Bande S. 1 bis 6 abgedruckt.

2. Vortrag: Professor Dr. E. Tiessen, Berlin: „Von Porto Alegre bis Pernambuco".

Der Vortragende kennzeichnete die großartige und einzigartige Bedeutung der Ostküste Brasiliens zunächst durch ihre Stellung zum gesamten Kontinent Südamerika. Aus der Tatsache, daß die Küste fast von Porto Alegre im äußersten Süden Brasiliens bis nahe an die Mündung des Amazonenstromes von einem alten Gebirgsland begleitet wird, dessen Züge und Schollen mit Höhen von nicht selten über 1000 m mehr oder weniger nahe an die Küste herantreten, und daß infolgedessen auch die Wasserscheide oft in einer erstaunlichen Nähe bei der Küste liegt, erklären sich die außerordentlichen Verhältnisse dieses langgestreckten Gebiets. Dazu kommt, daß dies küstennahe Hochland fast das ganze Jahr von mehr oder weniger feuchten Seewinden getroffen wird, die entsprechend hohe Niederschläge erzeugen und dadurch wiederum eine tropische Bewaldung bis über den Wendekreis hinaus hervorrufen. Das Küstengebiet teilt sich in drei Streifen: die Hohe

Serra, die Vorhügelzone und die eigentliche Küste. Nicht immer aber sind diese drei Streifen vorhanden, da an vielen Stellen das höhere Gebirge unmittelbar an das Meer herantritt. Diese Kampfzone zwischen den Energien des Festlandes und des Meeres erhält durch diese Tatsache eine ganz seltene Mannigfaltigkeit, einerseits durch die Stärke der Meeresbrandung, andererseits durch die fast unvorstellbaren Massen von Sinkstoffen, die von dem nahen Gebirge durch die kurzen, aber vom Regen geschwollenen Wasserläufe herabgebracht werden. So entsteht ein Wechsel, der von dem Extrem einer flachen oder gar mit Dünen begrenzten Strandebene bis zu einer von Klippen begleiteten und von Buchten zerrissenen hohen felsigen Steinküste wechseln.

Der Vortragende hat die gesamte Strecke von Porto Alegre bis Pernambuco im Flugzeug zurückgelegt, aber mit zahlreichen Unterbrechungen, die ihm auch größere Ausflüge ins Hinterland gestatteten. In seinen Ausführungen widmete er auch den wirtschaftlichen und politischen Verhältnissen, insbesondere der hochwertigen Stellung des Deutschtums, an verschiedenen Plätzen besondere Aufmerksamkeit. Den Schluß des von zahlreichen Lichtbildern unterstützten Vortrags bildete die Vorführung einiger besonders lehrreicher Wolkenbilder, die während des Zeppelinfluges in der Äquatorialzone über dem Atlantischen Ozean aufgenommen wurden und die einen Einblick in die wunderbaren täglichen Bewegungen des Wasserdampfes in dieser Zone vermittelten. Den Ausklang bildete der begeisterte Bericht von einem Stelldichein zwischen dem Luftschiff und dem deutschen Kreuzer „Karlsruhe“ auf dem nächtlichen Ozean.

576. Sitzung. 5. November 1936.

Vortrag: Professor Dr. Erich Obst, Hannover: „Durch Südafrika vom Indischen bis zum Atlantischen Ozean“.

Obgleich die afrikanische Erdrinde mit zu den ältesten Teilen der Kruste zählt, befindet sie sich doch noch in Bewegung. Langsam steigen die Randmassen empor, und darauf ist es zurückzuführen, daß überall in den Hochländern Afrikas die Klage laut wird, die Trockenheit und damit die Wüste nehme zu. Der Vortragende beschäftigt sich seit langem mit diesen Fragen. Um sie zu klären, hat er wiederholt längere Forschungsreisen durch Afrika gemacht. Im Frühjahr 1936 kehrte er wieder von einer größeren Untersuchung heim. Nach seiner Meinung ist unter Umständen die Verödung größerer Strecken zu vermeiden, wenn es gelingt, das nach großen Regengüssen talabwärts stürzende Wasser aufzuhalten, das jetzt teilweise 20 bis 30 Meter tiefe Schluchten in den Boden schneidet und dadurch die Oberfläche entfeuchtet.

Durch viele Lichtbilder vermochte der Vortragende gleichzeitig ein Bild des so verschiedengearteten Landes zu vermitteln, in dem auch das Problem „Schwarz oder weiß?“ eine bedeutsame Rolle spielt. Selbstverständlich hat der Redner auch Südwest durchquert und konnte bestätigen, daß es auch heute noch deutsches Land ist, das nicht nur durch Deutsche gewonnen, sondern auch heute noch von ihnen erschlossen wird. Hoffentlich ist die Stunde nicht mehr fern, da auch sie wieder zum Reich gehören.

577. Sitzung. 3. Dezember 1936.

Vortrag: Professor Dr. Nauck, Hamburg: „Land und Mensch in Mittel-China“ (Auf Grund eigener Reisen).

578. Sitzung. 7. Januar 1937.

Vortrag: Professor Dr. Titschack, Hamburg: „Land und Mensch in Süd-Peru auf Grund einer Forschungsreise in das Innere“.

579. Sitzung. 11. Februar 1937.

Vortrag: Dr. Paul Rohrbach, Berlin: „Deutscher Wiederaufbau in Kamerun“.

580. Sitzung. 4. März 1937.

Vortrag: Dozent Dr. G. Pfeifer, Bonn: „Die Landschaft und Wirtschaft in Kalifornien“.

581. Sitzung. 5. April 1937.

Vortrag: Dr. Kurt Krause, Leipzig: „Der Weltluftverkehr von heute“.

B. Fachsitzungen.

116. Fachsitzung. 17. Oktober 1935.

Dozent Dr. G. Niemeier, Münster: „Probleme der Siedlungs-Geographie, besonders an Beispielen Nordwest-Spaniens“.

117. Fachsitzung. 21. November 1935.

Dozent Dr. Spreitzer, Hannover: „Studien und Beobachtungen zur Morphologie des Harzes“.

118. Fachsitzung. 23. Januar 1936.

Dozent Dr. Wenzel, Kiel: „Reisen und Studien in Anatolien“.

119. Fachsitzung. 19. März 1936.

Professor Dr. E. Tams, Hamburg: „Geophysikalische Verfahren zur Auffindung von Bodenschätzen“.

120. Fachsitzung. 23. April 1936.

Dr. Johs. Petersen, Hamburg: „Geographie der Luftfahrt im Unterricht“.

121. Fachsitzung. 22. Oktober 1936.

Dr. E. Todtmann, Hamburg: „Forschungen am Vatna Jökull und ihre Bedeutung für die norddeutsche Glaziallandschaft“.

122. Fachsitzung. 19. November 1936.

Dozent Dr. Bartsch, Hannover: „Ankara und Istanbul. Die neue und die alte Hauptstadt der Türkei".

123. Fachsitzung. 21. Januar 1937.

(Gemeinsam mit der Fachgruppe Erdkunde des N. S. Lehrerbundes

Gau Hamburg.)

Dr. E. Bobzien, Hamburg: „Die Saaletalsperren und die Schieferbrüche bei Lehesten".

124. Fachsitzung. 18. Februar 1937.

Professor Dr. A. Herrmann, Berlin: „Völkerwanderungen und Kulturaustausch zwischen China und dem Abendland".

125. Fachsitzung. 18. März 1937.

Werner Heybrock, Hamburg: „Eine Studienreise in die nordpersischen Gebirge". (Die Reise war u. a. auch von der Geogr. Ges. Hamburg geldlich unterstützt.)

126. Fachsitzung. 15. April 1937.

(Gemeinsam mit der Fachgruppe Erdkunde des N. S. Lehrerbundes

Gau Hamburg.)

Dr. Curt Bender, Hamburg: „Neuzeitliche Wetterkunde".

C. Ausflüge.

13. Oktober 1935: Geographische Wanderung: Hittfeld—Tötensen—Gannaberg—Steinbek—Buchholz. Führung: Prof. Dr. E. Koch.

3. Mai 1936: Geographische Exkursion in das obere Alster- und Travetal mit Autobussen. Alstertal bei Lemsahl—Trillup (äußerste Endmoräne der letzten Vereisung mit Gletschertor-Landschaft)—Fahrt über Nahe, Leezen (Tunneltal), Mozener Tunneltal, Bad Segeberg nach Warder. Warder See, Rinnensee, Vicelin-Kirche. Zurück Travetal bei Rönnau und bei der Mönchsmühle. Spaziergang nach Högersdorf (Erosions- und Tunneltal.) — Zurück nach Bad Segeberg. — Travetal bei Herrenmühle, Spaziergang durch das Sühlener Durchbruchstal. — Engtal bei der Nütschauer Mühle, abwechselnd Tunneltal und Engtal über Oldesloe bis vor Reinfeld. — Rückfahrt über Oldesloe, Grabau, Sülfeld, über die Endmoräne zur Abzweigung des Beste-Tunneltales, durch das die Wässer des Tunneltals der Untertrave zeitweise in den Kayhuder Stausee und somit zur

Alster abliefen. Rückkehr über Nienwohld, Bargfeld, Stegen. Führung: Prof. Dr. Gripp.

9. Mai 1937: Besichtigungsfahrt nach dem Adolf - Hitler - Koog. Am Sonntag, dem 9. Mai, veranstaltete die Gesellschaft eine Besichtigungsfahrt durch Holstein nach dem Adolf - Hitler - Koog. Auf der Hinfahrt konnten die etwa 70 Teilnehmer an verschiedenen Punkten die charakteristischen Formen der Oberflächengestaltung der holsteinischen Landschaft wahrnehmen. In Burg in Dithmarschen wurde der fränkische Ringwall der Bökelnburg besichtigt und bei Kuden das Kliff der „inneren Küste" Schleswig-Holsteins (Litorinaküste) erstiegen. Die Besichtigung des Adolf-Hitler-Kooges nach Ansprache des Vorsitzenden Senator Dr. de Chapeaurouge und nach dem Vortrag des Kreisbaurats Jacobsen (Meldorf) vermittelte einen tiefen Eindruck von der Großzügigkeit der Planung, der tatkräftigen Durchführung und der Schönheit und Geschlossenheit dieses Werkes des Dritten Reiches, das hier in 2 Jahren 100 Siedler- und Bauernstellen schuf.

Nach einer geruhsamen Mittagspause in der Holländerei in Meldorf und Besichtigung des Dithmarscher Heimatmuseums erfolgte die Rückfahrt durch die Dithmarscher Geest über die Hochbrücke bei Grünenthal. Bei herrlichem Wetter wurde der überraschende Fernblick über das Holsteiner Land von Burg bis Rendsburg zu einem schönen Erlebnis. Auf der alten, von herrlichen Hünengrabanlagen besetzten Schleswiger Straße ging es über Schenefeld und die Kaaksburg (sächsischer Ringwall) nach Itzehoe zurück. Ein Abstecher nach Glückstadt ermöglichte ein kurzes Beisammensein vor der Heimfahrt.

Die Fahrt hatte solchen Anklang gefunden, daß sie am **19. September 1937** mit 36 weiteren Teilnehmern wiederholt wurde. Führung bei beiden Fahrten Prof. Dr. Petersen.

Abrechnung für 1935:

Barbestand am 1. Januar 1935 . . .			RM. 6 461.06
Einnahmen:			
Mitgliederbeiträge			
von 429 Ordentlich. Mitgliedern	RM. 4 226.—		
„ 1 Förderer	„ 100.—	RM. 4 326.—	
für den Verband deutscher Schulgeographen .		„ 1.—	
Zuwendungen			
von d. Landesschulbehörde (Hochschulwesen) .		„ 1 000.—	
Druckkostenzuschuß für den Band 44 der „Mitteilungen“:			
von Dr. Rod. Schlubach		„ 150.—	
„ der Gemeinnützigen Gesellsch. Würzburg (für die Karte Termer)		„ 300.—	
Erlös aus „Mitteilungen“ usw.		„ 105.08	
Zinsen auf Guthaben bei der Neuen Sparcasse von 1864		„ 190.12	„ 6 072.20
			RM. 12 533.26

Ausgaben für			
Sitzungen, Vorträge, Exkursionen			
Saalmiete, Vortragshonorare und Unkosten . .		RM. 1 955.95	
Verwaltung			
Geschäftsstelle u. Kasse, Schriftführer, Drucksachen, Porto, Telefon usw.		„ 1 718.24	
Bibliothek			
Bücher und Zeitschriften . . .	RM. 268.07		
Unkosten (Bibliothekar, Portokasse u. Feuervers. d. Bibl.) . .	„ 217.81	„ 485.88	
Band 44 der „Mitteilungen“			
Zeichnungen, Karten usw.		„ 662.85	RM. 4 822.92
			RM. 4 822.92

		Übertrag	RM. 4 822.92	
Beiträge und Zuschüsse				
Verein Jordsand, Mitgliedsbeitrag	RM. 20.—			
Festschrift Sven Hedin, Festschrift Volz, Leipzig u. Sapper-Ehrung	„ 91.40	„	111.40	RM. 4 934.32

Vermögensstand:

Barbestand am 31. Dezember 1935

Guthaben b. d. Deutschen Bank u. Disc.-Ges. Filiale Hamburg	RM. 406.92	
Guthaben auf Postscheck-Konto	„ 626.84	
Kassenbestand	„ 208.36	
	RM. 1 242.12	
Guthaben b. d. Neuen Sparcasse von 1864 (Rückstellung für die Druckkosten u. Versand d. Bd. 44 der „Mitteilungen")	„ 6 356.82	„ 7 598.94
		RM. 12 533.26

(gez.) R. Schlubach
z. Z. Schatzmeister.

Nachgesehen und richtig gefunden am 23. Januar 1936.
(gez.) C. L. Nottebohm
(gez.) Dr. M. Knoth

Abrechnung für 1936:

Barbestand am 1. Januar 1936				RM. 7 598.94
Einnahmen:				
Mitgliederbeiträge				
von 402 Ordentlich. Mitgliedern	RM. 3 976.—			
„ 13 Förderern	„ 1 300.—	RM. 5 276.—		
Zuwendung				
von der Hochschulbehörde		„ 1 500.—		
Erlös aus „Mitteilungen" usw.		„ 268.40		
Zinsen auf Guthaben bei der Neuen Sparcasse				
von 1864		„ 115.61	„ 7 160.01	
			RM. 14 758.95	
Ausgaben für				
Sitzungen, Vorträge, Exkursionen				
Saalmieten, Vortragshonorare u. Unkosten . .		RM. 1 690.10		
Verwaltung				
Geschäftsstelle, Schriftführung, Kasse, Drucksachen, Porto, Telefon usw.		„ 1 667.09		
Bibliothek				
Bücher und Zeitschriften . .	RM. 148.51			
Unkosten (Bibliothekar, Karten, Porto und Feuerversicherung .	„ 310.20	„ 458.71		
Band 44 der „Mitteilungen"				
Druckkosten, Versand usw. . .	RM. 5 594.80			
abzügl. Druckkostenbeitrag E. Helfferich	„ 556.12	„ 5 038.68		
Beiträge und Zuschüsse				
an den Verein Jordsand, Mitglieds-Beitr.	RM. 20.—			
zur Forschungsreise W. Heybrook nach dem Kaukasus . .	„ 150.—	„ 170.—	RM. 9 024.58	
			RM. 9 024.58	

		Übertrag	RM. 9 024.58				
zum Reise- und Forschungsstipendium der Geographischen Gesellschaften d. Deutschen Reiches	RM.	100.—					
Beteiligung am Geographentag in Jena	„	90.—	„	190.—	RM.	9 214.58	

Vermögensstand:

Barbestand am 31. Dezember 1936

Bankguthaben	RM.	1 092.41				
Postscheck-Konto-Guthaben . .	„	239.97				
Kassenbestand	„	239.56	RM.	1 571.94		
Guthaben bei der Neuen Sparcasse von 1864 (Rückstellung für die Druckkosten des Bandes 45 der Mitteilungen)			„	3 972.43	„	5 544.37
					RM.	14 758.95

Hamburg, im Januar 1937.

(gez.) R. Schlubach
z. Z. Schatzmeister.

Nachgesehen und richtig befunden am 10. 3. 1937.
(gez.) Nottebohm
(gez.) Wilh. Ganszauge.

Abb. 1. Die Bai von Santa Marta.

Abb. 2. Stamm eines mittelgroßen Macondo-Baumes bei Aracataca.

Abb. 3. Laubengang von Zwergbambus (Chusquea) im Bergurwald.

Abb. 4. Blick von San Lorenzo (2200 m) nach SO. auf die Schneekette.

Abb. 5. Caraula (Pithecolobium Vahlianum).

Abb. 6. Sierra Nevada de Sta. Marta: „Palma colorada“ (Euterpe purpurea), ca. 1400 m.

Abb. 8. Stamm des Dictyocarium Schultzei.

Abb. 7. Cedro (Cedrela) und Dictyocarium Schultzei.

Abb. 9. Indianerdorf San Andres. Blick nach Norden.

Abb. 10. Tara-Palmen (Copernicia) im Dornbusch.

Abb. 11. Verwüstetes Land am Wege Pueblo Viejo—San Sebastian.

Abb. 12. Sierra Nevada de Sta. Marta: Kapuziner-Kloster San Sebastian de Rábago (ca. 2000 m).

Abb. 13. Brennendes Land am Aufstieg zur Schneekette bei 3100 m Höhe.

Abb. 14. Sierra Nevada de Sta. Marta: Baumartige Anden-Rosen (Bejaria), die Rhododendron Süd-Amerikas, bei etwa 3100 m.

Abb. 15. Sierra Nevada de Sta. Marta: Im Tal von Mamancanaca. Blick aus 3500 m nach Osten. Rechts großer Frailejon (Espeletia).

Abb. 16. Blick von Cungucaca (4000 m) auf die Schneekette. Im Vordergrunde Kare und Moränen.

Abb. 17. Blick auf die Schneekette. Davor die große Aracataca-Moräne.

Abb. 18. Sierra Nevada de Sta. Marta: Unser Wohnhaus (Indianer-Hütte) in Mamancanaca (3450 m).

Abb. 19. Urwald am Chinchicuá mit „Guayabo de Piedra“ (Psidiopsis Moritziana).

Abb. 20. Pueblo Viejo.

FSC
www.fsc.org
MIX
Papier | Fördert gute Waldnutzung
FSC® C083411

Zeitfracht Medien GmbH
Ferdinand-Jühlke-Straße 7
99095 Erfurt, Deutschland
produktsicherheit@kolibri360.de